앗! 이런곳도

전국의 숨겨진 문화유산들을 속속들이 파헤친
여행전문 매니아 배인철의 민속 설화 탐방여행!

앗! 이런곳도

배인철 지음

오늘

여행 책 하면 대부분 명승지와 비경만을 소개하기에 바쁘다.

그런 책을 대하다 보니 나는 우리 조상들의 삶이 녹아 있고, 선조들의 체취를 느껴볼 수 있는 여행 책을 새로운 각도에서 써봐야겠다는 생각이 들었다.

그래서 10여 년간 여행전문 가이드로 있으면서 틈틈이 보고 기록한 것을 정리하여 우선 전설과 기이한 이야기를 갖고 있는 문화재와 유적들을 모았다.

유홍준 교수의 '문화유산답사기'가 본격적인 우리 문화 유산 답사기라면, 이 책은 민간 설화를 담은 '민속문화유산답사기'가 될 것이다.

450년 전의 미라, 용이 나온 무덤의 용묘(龍墓), 효자우물, 기적의 온천 달우물 약수, 귀신 항아리 속에서 쏟아져 나온 금싸라기, 감로주가 나왔다는 술샘, 뱀이 지킨다는 우물, 하늘에서 떨어진 쌀궤, 향유방울의 이적이 나타난 성모상, 소박맞은 여인들이 가보아야 할 봉황산 등 시간을 내어 이 책에 나오는 기이하고 신비한 전설 속으로 한번 여행을 다녀오는 것도 마음의 여유를 갖는 좋은 기회가 될 것이다.

필자는 이 책에 전국에 흩어져 있는 유적들을 골고루 챙겨 넣었는데, 지금까지 잘 알려

저 있지 않은 곳을 모으다 보니 한 지역에 편중되더라도 그것에 관계없이 많이 수록하는 쪽을 택했다.

　이 책에는 어릴 때 할머니 무릎에 앉아 전설 속의 신비한 옛 이야기를 가슴 조이며 듣고, 어두운 밤길을 혼자 가지 못해 쩔쩔 매던 우리 모두의 추억의 현장들이 숨쉬고 있다.

　이 책을 읽고 우리 민족의 정체성을 다시 한 번 일깨우며, 선조들의 숨결을 느낄 수 있는 소중한 여행길이 되었으면 한다.

　끝으로 자료를 제공해 주신 각계 시·군·면 관계자님들과 마을 주민들께 깊은 감사를 드린다.

저자 배인철

c o n t e n t s

강원도 편

강룡시
● 오죽헌의 갑자기 솟아난 나도밤나무

삼척시
● 척주동해비
● 우는 대나무 자명죽(自鳴竹)

속초시
● 울산바위
● 계조암의 수음바위와 흔들바위
● 신비한 음곡과 일출의 영금정

인제군
● 백담사 – 1백개의 담수와 절구골, 청동골
● 백담사 만해기념관
● 오세암
● 양기 부족한 사람에게 좋은 영시암(永矢菴)과 호식동
● 5대 적멸보궁의 하나인 봉정암
● 위장병에 특효인 방동약수
● 옥새바위

정선군
● 신(神)바위와 용두석(龍頭石)
● 귀신 항아리 속에서 쏟아져 나온 금싸라기

양양군
● 낙산사
● 의상대
● 홍연암
● 낙산 해맞이 축제와 동해 신묘제
● 바위에 용의 발자국이 있는 공수전 계곡
● 갈천약수
● 죽도의 절구바위

평창군
● 장바위 약수
● 오대산 상원사와 고양이 상
● 산신령이 일러준 영천, 방아다리 약수

원주시
● 구룡사, 의상대사와 용들의 전쟁
● 용마바위

춘천시
● 청평사, 청평계곡과 구성폭포

고성군
● 폐가 나쁜 사람에게 좋은 도원유원지
● 기암괴석의 전시장인 백섬

양구군
● 신령이 일러준 후곡약수

영월군
● 어라연(魚羅淵), 단종에게 진언한 물고기떼
● 단종과 태백산신

태백시
● 신선과 산삼의 신선바위
● 구렁이 바위
● 황지못
● 점샘(占泉)
● 이상향의 관문, '염해궁지'의 구문소 자개문
● 구문소, 용궁의 돌떡

강릉시

● 오죽헌의 나도밤나무

어느 날 신사임당은 율곡을 안고 마당가를 서성이고 있었다. 그때 스님이 찾아와 시주를 청하며 말했다.

"이 아기는 큰 인물이 될 상인데, 세 살이 될 때 호환의 액을 맞을 운명이니 참으로 애석하구나."

이 말에 깜짝 놀란 신사임당은 액운을 막을 수 있는 방도를 가르쳐 달라고 간청했다.

"아이가 세 살이 될 때까지 집 뒤에 밤나무 1백 그루를 심으시오. 명심하시오. 반드시 1백 그루가 채워져야 하오."

스님이 말하자 신사임당은 다소곳이 합장하며 그렇게 하겠노라고 말했다.

그 후 아이는 무럭무럭 자라나 세 살이 되었다. 어느 날 한 스님이 찾아와 갑자기 큰 호랑이로 변하더니 울부짖으며 아기를 내놓으라고 말했다.

"무슨 소리인가. 왜 아이를 달라고 하는가!"

신사임당은 놀라 꾸짖으며 말했다.

"이 아이는 호랑이에게 잡혀갈 운명을 타고났다."

"어떻게 하면 그 운명에서 벗어날 수 있느냐?"

"이 아이가 세 살이 될 때까지 밤나무 1백 그루를 심어 놓았다면 호식의 운명에서 피할 수가 있었겠지만, 어찌 그런 천기를 알 리가 있겠는가?"

호랑이로 변한 스님은 가소롭다는 듯이 호탕하게 웃으며 말했다.

"이 아이는 하늘에서 내려준 인물이라 천기를 알고 내 이미 1백 그루의 밤나무를 심어 놓았느니라."

신사임당이 말하자 호랑이는 눈빛이 흐려지더니, "그럴 리가……." 하고 말끝을 흐렸다.

호랑이와 함께 밤나무를 세어 보니 한 그루가 부족했다. 이때 호랑이가 껄껄 웃으며 아기를 데려가야겠다고 재촉하니, 나무 한 그루가 나서며 "나도 밤나무다!"라고 외치며 1백 그루를 채우는 것이었다. 그러자 호랑이도 어쩔 수 없었는지 분을 삼키지 못하고 중으로 둔갑하여 도망가고 말았다.

이리하여 율곡의 생명을 지킬 수 있게 되었다고 한다.

'나도밤나무' 란 나무는 밤은 열리지 않지만 밤나무와 똑같이 생긴 나무로 오죽헌 뒷산 일대에 많이 있다.

이러한 연유로 해서 이 나무를 '나도밤나무' 라 부르게 되었다고 한다.

오죽헌(보물 제165호)

강릉시에서 북쪽으로 4km 떨어진 경포대의 이웃에 오죽(검은 대나무)으로 둘러싸여 있는 집이다. 한국이 낳은 위대한 학자이며 정치가인 율곡 이이 선생과 어머니 신사임당이 태어난 곳으로 집안에는 율곡 기념관, 율곡 선생이 태어난 몽룡실(夢龍室), 율곡 선생을 모신 사당인 문성사(文成祠)와 자경문(自警門), 사주문(四柱門) 등이 있고 율곡 기념관에는 율곡의 어머니 신사임당의 글씨와 그림, 율곡 선생과 그 일가의 유품들이 전시되어 있다.

주변의 관광 명소

강릉시립박물관, 경포대, 선교장, 참소리 축음기 박물관, 울진 성류굴, 백암온천

교통 안내

1)강릉시에서 7번 국도로 주문진, 양양, 속초 방면으로 가는 오른쪽에 있으며 시청에서 약 3~ 4Km 떨어진 곳에 있다.

2)강릉시에서 시내버스를 이용하면 된다.

삼척시

●척주동해비

이 비석은 원래 정라진 만리도(지금의 방파제 끝)에 건립하였는데 서기 1708년(숙종 34년)에 풍랑으로 부러져서 바다 속에 빠졌다. 그리하여 당시의 부사 홍만기가 사방으로 찾아 문생 한국처에게서 원문을 구하여 모사 개각하였다. 서기 1710년(숙종 36년) 2월에 부사 박내정이 죽판도(지금의 육향산 동록)에 비각을 짓고 옮겨 세웠다가 1969년 12월 6일 현재 위치인 육향산 산정에 이전 준공하였다(높이 175cm 넓이 76cm 두께 23cm).

조수의 피해를 물리친다는 비문을 '퇴조비전설(退潮碑傳說)'이라고 하며 비문의 탁본을 떠서 집에 간직하면 모든 재앙을 물리치고 소원하는 모든 것을 성취하게 되며, 가정의 안녕과 번창을 보장해 준다는 믿음이 있어 많은 사람들이 소장하고 있다.

이 비문의 탁본을 판매하는 전시장이 있는데 구입하기를 원하는 사람은 죽서루 경내나 정라동 육향산 앞에 있는 삼척농협 정라분소에서 구입할 수 있다.

허목(1595년~1682년)

조선 현종 2년(1661년)에 퇴계 이황 선생의 성리학을 물려받아 근기의 실학 발전에 가교적 역할을 한 사람이다. 효종의 초상에 대한 모후의 복상기간이 논의되자, 서인 송시열 등의 기년설을 반대하여 남인 선두에서 3년설을 주장하다가 삼척부사로 좌천되어 1660년 이곳으로 부임하게 되었다. 그런데 당시 삼척은 홍수 때 오십천이 범람하여 주민의 피해가 극심하였다.

이를 안타깝게 여긴 허목은 1662년에 신비한 뜻이 담긴 동해송을 지어 정라진 앞의 만리도에 척주동해비를 세웠다. 그러자 바다가 조용해졌다. 그 후 비가 파손되어 조수가 다시 일자 숙종 36년(1710년)에 이를 모사하여 현재의 정상동 육향산에 세워 조수를 막았다. 문장이 신비하여 퇴조비라 하는 이 비는 전서체로 쓰여졌는데, 동방 제일의 필치라 일컬어지는 허목의 기묘한 서체로도 유명하다.

주변의 관광 명소

삼척항(정라 해안로), 삼척해수욕장, 죽서루, 환선굴

교통 안내

〈승용차편, 5분 소요〉 삼척 시내→정라동사무소→육향산 산정(척주동해비)

〈버스편〉 삼척 시내→정라진·사직간 시내버스 수시 운행(15분 소요)

● 우는 대나무 자명죽(自鳴竹)

근덕면 덕봉산(德峯山)에 있는 대나무에 관한 이야기이디.

덕봉산에 밤마다 소리내어 우는 대나무가 하나 있었는데, 맹방(맹바우)에 사는 홍견(洪堅)이라는 사람이 신령에게 제사를 지낸 뒤 자명죽을 찾아 그 대나무로 화살을 만들어 무과에 급제하여 홍씨 가문을 빛냈다고 한다. 지금도 덕봉산에 소나무 숲을 뺀 나머지는 온통 푸른 대나무 군락을 이루고 있으며 양옆으로 아름다운 해수욕장을 껴안고 있어 해풍을 맞고 자라는 대나무의 푸름이 싱싱하기만 하다.

속초시

● 울산바위

이 거대한 암산(岩山)은 하늘 천(天), 울음 후(吼), 즉 하늘에서 사자와 같은 소리를 낸다고 하여 일명 천후산이라 한다.

6개의 웅대한 봉우리의 둘레는 무려 10리나 되며 높이는 950m이다. 울산바위를 철사다리를 타고 올라가 보면 바람이 세게 부는 날, 이 산의 울부짖음이 들리는 듯하다. 울산바위 입구에서 사다리를 오르기 전에 오른쪽 산허리쯤을 유심히 살펴보면 영락없이 아름다운 여인이 벌거벗고 포즈를 취하고 있는 모습이 산허리 춤에 새겨져 있는데, 그 정교함에 실로 입이 다물어지지 않는다.

옛날 유달리 금강산에 애착을 갖고 있던 산신령은 금강산 봉우리를 1만2천 봉으로 하고 그 형체를 가지각색으로 만들려고 전국의 각 산에 있는 바위들에게 모이라고 명령을 했다.

이때 경상도 울산 땅에서 그 고을에서는 자기가 최고라고 자부하는 울산바위가 이 소식을 듣고 기뻐하며 금강산에서 최고의 봉우리가 되겠다고 자랑을 하며 금강산으로 부지런히 길을 걸었지만 워낙 덩지가 큰 바위라 걸음이 빠를 리 없었다.

어느덧 날이 저물자 지금의 자리에서 잠을 자고 다음날 아침 일찍 출발하려고 하는데, 이미 금강산에는 어젯밤까지 1만2천 봉이 다 모였다는 말을 듣고 크게 실망하여 그 자리에 눌러앉게 되었다고 한다.

또 다른 설은 원님이 울산에 부임했는데, 설악산에 울산바위를 빼앗겼다는 이야기를 듣고 그 보복의 일환으로 설악산 스님들을 골탕먹일 계획을 꾸몄다.

울산 원님이 신흥사에 도착하여 스님들에게, "우리 바위가 여기 설악산에 있으니 올해부터는 바위 세금을 내도록 하라. 그렇지 않으면 폐찰을 면치 못하리라." 하자 이후부터 할 수 없이 신흥사에서는 매년 가을에 바위 세를 울산에 바쳤다고 한다.

이 사실을 안 어린 동자승이, "스님들, 너무 걱정하지 마십시오. 저에게 좋은 생각이 있습니다." 하고 지략을 내어 처리하겠다며 스님들을 안심시켰다.

울산 원님이 바위 세를 받으려고 행차했을 때 동자승은, "그렇지 않아도 바위를 가져가시라고 할 참이었습니다. 저 바위가 없으면 그 터에 곡식을 심어 큰 식량을 얻을 수가 있지요." 했다.

이 말에 깜짝 놀란 원님은 다른 꾀를 내어 동자승에게, "좋다. 그러면 저 바위를 가져갈 테니 태운 새끼줄로 묶어놓아라." 하였다.

그 다음날 동자승은 마을 청년들을 시켜 소금에 기름을 덮어씌운 새끼줄을 울산바위에 묶고 불을 질렀다. 새끼줄의 겉은 불에 까맣게 탔지만 소금이 있는 새끼줄 속은 타지 않았다.

다음날 절에 도착한 원님은 이것을 보고 동자승의 기지에 탄복을 하고 바위 세 받는 것을 포기하고 울산으로 되돌아갔다고 한다.

등산 코스

설악산 소공원→신흥사→내원암→계조암(수음바위, 흔들바위)→울산바위(나체 여인, 4km, 2시간)

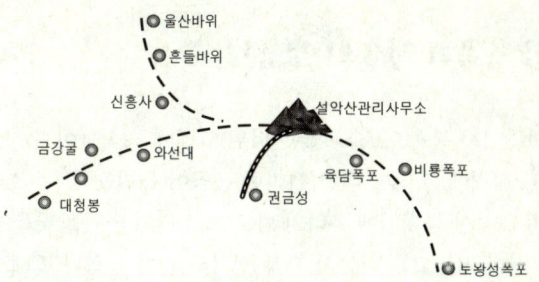

● 계조암의 수음바위와 흔들바위

계조암은 두운조사가 창건했다. 계조암에서 유명한 것은 수음바위와 흔들바위인데 이것에 관련된 흥미 있는 설화가 전해진다.

수바위는 흔들바위 오른쪽에 전나무 한 그루가 있는데, 이 나무 아래쪽에 남자의 성기처럼 뾰족하게 튀어나온 바위이다. 음바위는 흔들바위 뒷쪽에 있으며, 여자가 가랑이를 쫙 벌리고 앉아 오줌을 누고 있는 듯한 모양을 하고 있는 바위이다.

이 수음바위에서 샘물이 나오는데 이 물을 마시면 힘이 세어진다고 한다. 그래서 이 물을 마시고 장사가 된 사람이 장사가 더 이상 나오지 못하도록 이 물을 막아 버렸다고 한다.

흔들바위는 한 사람이 흔들어도, 열 사람이 흔들어도 흔들림이 똑같다고 하는데 모양이 목탁처럼 생겼다고 하여 목탁바위라고도 하며 옛날에 이 바위에서 새벽이면 목탁소리가 나서 스님들이 이 소리에 잠을 깼다고도 전해진다. 계조암 앞에 있는 이 흔들바위를 높은 곳에서 내려다보면 마치 소가 누워 있는 모습을 하고 있다.

소가 동쪽으로 누워 있는 형상인데 입과 눈도 다 볼 수 있다. 바로 흔들바위가 소의 뿔이라고 하는데 일제시대 때 이곳의 정기를 끊으려고 소의 꼬리 부분을 정으로 박아 버렸다. 계조암으로 들어가서 화장실이 있는 곳에 터가 있는데 이

곳이 소의 꼬리 부분이라고 하며 아직도 정을 박은 자국이 남아 있다.

흔들바위는 와우암(두 개의 쇠뿔)이라 하여 두 개가 있었는데 하나는 힘센 사람이 밑으로 굴려 떨어뜨려 지금은 하나만 남아 있다. 이 바위의 무게는 7만 천 근이나 된다고 한다.

●신비한 음곡과 일출의 영금정

속초 동명항에서 북쪽으로 나 있는 바위 일대에 괴석들이 수정알처럼 박혀 있고 파도가 석벽에 부딪힐 때면 신비한 음곡이 들리는데, 이 소리가 어디서 나오는가 하고 석산 꼭대기에 올라가 봐도 그 소리의 근원을 찾을 수 없다고 한다. 또한 신령이 거문고를 타는 곳으로 정자와 같이 생겼다고 해서 이곳을 영금정이라 부르게 되었다고 한다.

영금정 위에는 징바위라는 바위가 하나 있었는데, 한 사람이 치나, 여러 사람이 치나 징 울리는 소리가 났다고 한다. 그 언덕에는 말발자국처럼 생긴 형상이 파여 있고 천마가 달리고 간 자국이라 하여 신선의 왕대가 있었다고 전해오고 있다.

또한 선녀들이 밤이면 몰래 내려와 목욕도 하고 신비한 음곡을 읊으며 즐기는 곳이라 하여 비선대(秘仙臺)라고도 부른다. 지금은 석산은 속초항 개발을 위해 없어지고 정자가 최근에 완공됐다. 이곳은 해안선에서 50m가량 되는 바위 위로 다리를 설치해 사실상 바다 위에서 해돋이를 볼 수 있도록 했다.

교통 안내

1) 승용차를 이용할 때 동명항 입구에 대형 주차장이 있어 편리하다.

2) 속초 시외버스터미널에서 걸어서 10분 정도, 시내버스는 동명항 입구에서 하차하면 된다.

인제군

●백담사, 1백개의 담수와 절구골, 청동골

백담사는 원래 낭천(지금의 화천)에 바금사라는 이름으로 있었는데 그 산에는 짐승들이 많아 포수들이 짐승들을 마구잡이로 잡았다. 그 까닭에 산수가 부정해졌지만 스님들은 그것을 모르고 샘물을 떠서 부처님께 공양을 드리니 더러움을 싫어한 산신령이 하룻밤 사이에 이 절을 설악산 대승폭포 아래 한세사 터로 옮겨 버렸다.

이 사실을 몰랐던 스님들과 길손이 아침에 깨어 보니 절은 본래 것으로 틀림이 없는데 주위가 달라져 있음을 알 수 있었다.

또한 산신령이 절을 하룻밤에 옮기다 절구와 청동 화로를 떨어뜨렸는데 지금도 절구가 떨어진 자리를 '절구골'이라 한다.

청동화로가 떨어진 곳이 한계리 부근이며 이곳을 '청동골'이라 부르고 있는데 전설과 지명이 절묘하게 맞아떨어지는 곳이다.

이 절의 이름을 백담사로 개명한 이유는 이 절에 잦은 화재가 발생하고 도둑이 들끓자 주지스님이 절 이름이 잘못되어 그런 줄 알고 이름을 고치려고 애쓰던 중 어느 날 밤 꿈에 백발 노인이 나타나, "대청봉에서 절까지 담수(潭水)를 세어 보아라." 하고 말했다.

다음날 아침에 주지스님이 대청봉에서 절까지 담수를 세어보니 꼭 1백 개였다. 그래서 백담사로 개명하니 전처럼 화재가 자주 발생하지 않았다고 한다.

등산 코스

비선대→마등령→오세암→영시암→백담사→매표소 18km(8시간 50분 소요)

●백담사 만해기념관

1997년 11월 9일, 백담사에서 만해정신의 신앙과 민족사관을 고취시키기 위해 경내에 만해기념관을 건립하고 만해사상 선양회 등 각종 사업을 하고 있다.

만해 스님이 이곳 백담사에서 잠시 머물 때 집필했던 '님의 침묵'을 비롯하여 '불교대전' '불교유신론' 등 10여 점의 원본과 글씨 등이 전시되고 있으며 만해 스님에 관한 기념품들도 판매하고 있다.

만해 한용운은 충남 홍성 출신으로 28세에 출가하여 중국으로 건너가 일찍부터 독립운동에 전념하였고 애국애족의 정신이 투철하여 귀국해서 평생을 독립운동에 바쳤다.

일제시대 때는 일본인에게 호적을 맡길 수 없다고 거절하여 평생을 호적 없이 살았으며 1919년 독립운동을 주도한 33인 중 한 분으로 불교계를 대표하여 참여하였다. 일본 관헌에게 체포되어 3년간 옥살이를 하였으며 백담사에서 '님의 침묵'이라는 시를 통하여 조국의 암울한 시대를 일깨우는 데 큰 역할을 했다.

67세로 타계하기까지 '성북구의 명소'로 알려진 서울특별시 기념물 제7호로 지정된 심우정에 기거하였으며 그의 묘소는 망우리 공동묘지에 있다.

● 오세암

내설악 백담사에서 마등령 사이에 있는 오세암은 주변의 산세가 험하고 가파른 곳에 위치해 있다. 다섯 살에 득도한 신동이라 하여 오세(五歲)라는 이름이 붙여졌는데 애절하고도 신기한 전설이 전해진다.

옛날 이 암자에서 설정대사가 부모 잃은 조카를 기르고 있었는데, 관음상을 가리켜 어머니라 일러주었다.

조카가 다섯 살 되던 해에 월동 준비가 늦어져 늦가을이 돼서야 양식 마련에 나서게 되었다. 설정대사는 조카에게 하루 동안 먹을 것을 마련해 놓고 "양식을 구하여 내일이면 돌아오겠다." 하고 하산했는데, 그날 밤새도록 큰 눈이 내려 온 계곡이 묻혀 버리고 말았다. 온 산야가 백설에 덮여 있어 사람의 힘으로는 도저히 그 험한 산길을 오를 수가 없었으므로 설정대사는 속수무책으로 눈이 녹기만을 기다릴 수밖에 없었다.

봄이 되어 눈이 녹자 설정대사는 부랴부랴 암자에 돌아왔다. 설정대사는 어린 조카가 죽었을 것이라고 생각했는데 어찌된 일인지 암자에서 경 읽는 소리가 들려오는 것이 아닌가?

"아니, 저 소리는?"

설정대사가 급히 안으로 뛰어들어 가니, 조카가 반기면서 "대사님, 이제야 오셨습니까?" 하고 인사를 하였다.

"아니, 이게 도대체 어찌된 일이냐?"

"예, 대사님, 대사님이 안 계실 때 어머니가 오셔서 밥도 해주시고 글도 가르쳐 주셨습니다."라고 하였다. 이때 백의선녀가 와서 아이의 머리를 쓰다듬으며 경전을 주고는 새가 되어 날아갔다.

후일 이 아이는 득도하여 큰스님이 되었고 다섯 살 난 아이가 있었던 이 암자를 이후 '오세암' 이라 부르게 되었다.

● 양기가 부족한 사람에게 좋은 영시암(永矢菴)과 호식동

인제군 북면 용대리

설악의 숨은 비경과 묘경들이 숨어 있는 내설악 영시동의 영시암 근처에는 호식동이라는 마을이 있다. 삼연 김창흡이라는 사람이 이 마을에 와 있을 때, 종을 한 사람 데리고 영시암 뒤에 있는 골짜기에 나갔는데, 그만 종은 호랑이에게 물려가고 말았다고 한다. 글자 그대로 호랑이가 사람을 잡아먹었던 곳이라 하니 얼마나 첩첩산중이었는가를 가늠케 한다.

청선 계곡과 청림으로 덮여 있어 양기(養氣)하기에 좋은 곳이라 병약하고 기가 허한 사람들이 이 소문을 듣고 구름처럼 몰려와 휴양처로 인기가 높다고 한다.

● 5대 적멸보궁의 하나인 봉정암(鳳頂庵)

인제군 북면 용대 2리

봉정암은 백담사의 부속 암자이며 신라 선덕여왕 12년(643년)에 자장율사가 입당하여 세존사리(世尊舍利)를 얻어와 5층 석탑을 세우고 사리(舍利)를 봉안했다고 한다. 또 설악산의 대소사암(大小寺庵) 중 제일 먼저 창건되었고 전국 불교 사찰 및 암자 중 제일 높은 곳에 위치해 있는 곳으로 유명하다. 특히 산세가 좋고 기암괴석이 병풍처럼 둘러싸고 있어 자연 경관의 극치를 누릴 수 있는 곳으로도 알려져 있다.

전해내려 오는 이야기는 다음과 같다.

지금부터 1,350여 년 전, 당나라 청량산에서 3.7일(21일)기도를 마치고 문수보살로부터 부처님의 진신사리와 금란가사를 받고 귀국한 자장율사는 금강산으로 들어가 불사리를 봉안할 곳을 찾고 있었다. 그런데 어디선가 찬란한 오색빛과 함께 날아온 봉황새가 스님을 인도했다. 한참을 따라가다 바위가 병풍처럼 둘러쳐진 곳에 이르렀고, 봉황은 한 바위 꼭대기에서 사라져 버렸다. 그런데 바위가 부처님의 모습을 닮아 있었다.

"바로 이곳이구나."

부처님의 사리를 모실 인연처임을 깨달은 스님은 탑을 세워 부처님의 사리를 봉안하고 조그마한 암자를 건립하였다고 한다.

교통 안내

〈승용차편〉 서울→홍천→인제→원통→용대 2리(백담사)

〈버스편〉 서울(구의동·상봉동)→인제→원통→용대 2리(백담사)

(한정버스 1일 16회) : 용대 2리→백담사(소공원)

●위장병에 특효인 방동약수

인제군 기린면 방동리

방동 약수는 1670년경 조선 현종 때, 어느 심마니에 의해 세상에 알려지게 되었다. 이 약수는 무색 투명한 광천수이며 천연 탄산수가 다량 함유되어 있어 위장병이 있는 사람들이 이곳을 많이 찾는다.

약수터 주변은 아름드리 적송과 3백 년 이상된 엄나무가 자생하고 있으며 계곡의 경치가 뛰어나 휴양지로도 크게 각광받고 있다. 이곳을 휴양처로 찾아오는 사람들을 위해 방동리 방골 마을에서 민박을 운영하고 있다.

교통 안내

기린면 소재지인 현리까지 약 28km, 현리에서 동쪽으로 방대천을 따라 약 7.5km 들어가면 방동리 방동교(방동리에서 1km)가 나온다. 거기서 다시 2km쯤 더 들어가면 계곡 속에 방동 약수터가 있다.

● 옥새바위

인제군 남면 김부리

　신라의 국운이 쇠퇴해질 대로 쇠퇴해진 신라 경순왕 9년 10월에 경순왕이 중신들을 모아 나라의 흥망이 걸린 국사를 논의하고 있었다.

　"견훤이 신라를 시시각각으로 넘보고 있어 그야말로 국가의 흥망이 기로에 놓여 있소. 어쩌다가 신라가 이 꼴이 되었는지 모르겠소. 뭐 좋은 방법이라도 없겠소?"

　"전하, 견훤의 세력은 실로 막강하여 우리 군사로 막아내기에는 어렵사옵니다. 그러하오니 차라리 고려에 귀속하여 후일을 도모하는 것이 나을까 하옵니다."

　"안 되는 말이오. 아무리 견훤의 군사력이 막강하다고 하나 저들과 일전을 가하여 신라를 지켜야 하옵니다. 전하."

　"모르시는 말씀을! 우리가 저들과 대항한다 한들 우리의 적은 군사로 어찌 막아낼 수가 있단 말이오."

　"맞아요. 그러니 차라리 고려에 귀속하여 후일을 도모하는 것이 상책일 것입니다."

　이렇듯 의견만 분분하고 해결책이 없자 답답한 경순왕은 탄식의 한숨만 내쉬고 있었다.

　특히 왕자인 마의태자는, "절대로 그들에게 이 나라의 천년사직을 고스란히 넘겨서는 아니 되옵니다. 전하, 끝까지 싸워서 신라를 지켜야 하옵니다." 하고 말했다. 그러나 기울어 가는 국운을 어찌 바로 세울 수가 있으랴!

　결국 경순왕은 시랑 김봉휴로 하여금 국서를 가지고 고려에 귀속을 청하니 사실상 나라를 내주고 만 것이다.

　이렇게 해서 천년사직의 신라가 망하고 말았다.

　그러나 마의태자는 끝까지 신라를 포기하지 않고 신라의 뒤를 이으려고 이곳 김부리에 와서 '김부대왕'이라 칭하였는데 김부리에는 두 개로 포개어져 있는 모양의 바위가 있다. 이 바위에다 옥쇄를 감췄던 것으로, 여러 빛깔을 한 뱀들이 가끔 나와서 돌아다닌다고 하니 아마 이 옥쇄를 지키는 뱀들이 아닌가 한다.

　그 후부터 이 바위를 옥쇄바위라고 불렀으며 마침내 모든 일이 수포로 돌아가자 마의태자는 통곡하며 왕을 작별하고 금강산으로 들어가 속세와 인연을 끊었는데 그 후부터 마의태자의 행방은 알려지지 않았다고 한다.

인근의 거릿말 서북쪽 산에는 대왕당이 있어 김부대왕(마의태자)을 위하여 음력 5월 5일과 9월 9일에 넋을 기리는 제를 올리고 있다.

정선군

● 신(神)바위와 용두석(龍頭石)

정선군 고양산에 효자 사당이 있고 그 안에는 신의 바위가 있는데 이 바위는 효자가 변하여 생긴 바위라고 한다.

옛날 고양산에 몸이 불편한 홀어머니를 모시고 살아가는 효자가 있었다.

어느 날 산 속에서 나무를 해가지고 돌아왔는데 어머니가 집에 계시지 않자 걱정이 되어 온 주위를 샅샅이 찾아 나서게 되었다.

어느덧 밤이 되자 다음날 일찍 찾기로 하고 집으로 돌아왔는데 아무리 찾아도 안 계시던 어머니가 방안에 앉아 있었다.

아들은 크게 안심하고, "어머님, 몸도 불편하신데 어디를 다녀오셨습니까? 얼마나 걱정을 했는데요." 하고 말했다. 그러자 어머니는 "아가야! 나는 아무 곳에도 가지 않았다. 계속 집에 있었단다." 하고 아무렇지도 않은 듯 말했다.

며칠 후 효자의 꿈에 산신령이 나타나서 "지금 너의 어머니는 진짜 어머니가 아니니라. 천상에서 죄를 짓고 쫓겨나 이 산 못에 살고 있는데, 머리는 용이고 몸은 뱀인 괴물이다. 이 괴물이 너의 모친을 살해했느니라. 또한 너도 해칠 것인데 그 괴물을 물리칠 수 있는 방법은 눈을 찔러야 하느니라. 너의 효성이 지극하여 알려주노니 시키는 대로 하지 않으면 너도 죽임을 당할 것이니라." 하였다.

잠에서 깨어난 효자는 놀라 온몸에 땀이 흥건히 배었다. 그는 아무리 영험한 꿈이지만 도저히 믿을 수가 없었다.

"내가 피곤하다 보니 별 이상한 꿈도 다 꾸는구나." 하며 대수롭지 않게 여기고 평상시보다 더 지극한 정성으로 어머님을 모셨다.

그러던 어느 날 꿈에 또다시 신령이 나타나서, "내일이 보름이니 달이 연못 한가운데에 왔을 때 이 화살로 연못에 비춰진 달을 향해 쏘거라." 하였다.

놀라 잠에서 깨어난 효자는 "이런 꿈을 두 번씩이나 꾸게 되다니 이상하군!" 하고 생각했다. 그런데 꿈에 본 화살이 바로 자기 옆에 있는 것이 아닌가?

드디어 보름날이 되자. 효자는 '오늘은 잠자는 척하다가 몰래 어머니의 행동을 지켜봐야지.' 하고 벼르고 있었다.

잠자는 척하고 어머니의 행동을 지켜보고 있는데 어머니가 일어나 밖으로 나가는 것이었다. 몰래 뒤를 따라 나선 효자는 순간 흠칫 놀라 하마터면 비명을 지를 뻔하였다. 어머니가 연못으로 들어가는 것이었다. 괴물이 연못으로 사라진 후 효자는 꿈에서 일러준 대로 달이 연못 한가운데로 왔을 때 활을 쏘았다. 그러자 갑자기 조용하던 수면이 점차 소용돌이치면서 엄청난 괴성과 함께 무지무지한 괴물이 솟아오르는 것이었다.

그때 번개가 괴물을 치니 괴물은 그 자리에서 죽어 돌로 변하고 말았다. 이 기이한 일이 사실인 줄 알게 된 효자는 어머니를 잃은 슬픔을 견디지 못하고 울다가 지쳐서 죽고 말았다. 이를 불쌍히 여긴 고양 산신령이 그의 몸을 돌로 만들어 어머니 무덤을 지키게 하였다.

이 바위를 신석이라 하며 돌이 된 괴물의 머리는 용머리를 닮았다고 하여 용두석이라 부르고 있다.

교통 안내
〈승용차편〉 정선→강릉→나전→북면→여량면사무소(50m)→오른쪽으로 고양리 가는 길→고 양산(25분 소요)
〈버스편〉 정선 버스터미널→북면행 1번 버스 승차→여량리(30분)→고양산

● 귀신 항아리 속에서 쏟아져 나온 금싸라기

정선군 북면 여량리
이 마을에 전순갑이란 사람이 살고 있었는데 언제부터 쌓여져 있었는지는 알 수 없었으나 아주 오래된 돌담이 그가 경작하고 있는 밭 가운데에 뻗쳐 있어 농사를 짓는 데 상당한 불편을 느끼고 있었다. 그래서 그는 돌담을 헐어버리고 경지를 정리하기 위해 조금씩 밭을 일구어 나갔다.

1933년 11월, 전과 다름없이 돌담을 파내던 중 호미 끝에 무언가 걸려 있음을 알고 온 힘을 다해 팠더니 항아리 하나가 나왔다.

그는 이상하게 생각하고 혹시나 이것이 귀신 항아리가 아닐까 하고 겁이 나 헐어버리던 돌담 한쪽 구석진 곳에 항아리를 놓아두었다. 그리고 담 허는 일을 계속하고 있는데 나무하러 가는 이웃 총각이 있어 그에게 항아리를 한번 봐달라고 부탁했다.

이 말을 듣고 총각은 혹시 귀신이 나올까 조심조심하면서 지게 막대기로 항아리를 힘껏 내리쳤다. 그러자 항아리 안에서 금싸라기가 나왔다. 전씨와 총각은 놀라 금싸라기를 주워담을 수 있을 만큼 잔뜩 담아 가지고 집으로 돌아왔다.

일제시대인지라 소문이 나면 신고하지 않았다는 이유로 곤욕을 치를까 염려되어 조선총독부 여량 지소에 신고하였다. 신고된 항아리는 총독부 본부까지 보고되어 6개월이 지난 후에야 전씨에게 되돌려 주었는데 전씨에게 회수된 금싸라기는 당시 신고했을 때보다 4분의 1정도밖에 돌아오지 않았다고 한다.

그래도 전씨는 다행으로 여기며 이것으로 문전옥답을 장만하였다. 또한 전씨의 아들 전봉대 씨도 10여 년 전 금싸라기가 출토된 장소에서 매장문화재 무쇠솥 4점을 발견하여 신고함으로써 당시 10만 원 상당의 보상금을 받았다.

양양군

●낙산사

양양군 강현면 전진리

낙산해수욕장과 가까이 있는 한국 제일 관음도장(觀音道場) 낙산사는 신라 문무왕16년(676년)에 의상대사가 처음 세웠다.

낙산사가 있는 산 이름을 낙산(洛山)이라 한 것은 천축의 보타(寶陀) 낙가산(洛伽山)에서 딴 것이라 하며 이것을 '소백화'라고 하는데 백의보살의 진신이 머물러 있는 곳이라 하여 그렇게 불린다.

의상대사는 당나라에 유학하여 화엄종을 공부하고 신라로 귀국하여 화엄종 10개 사찰을 건립하여 많은 제자를 배출하였으며 낙산에 관음도량을 세웠다. 그 후 신라 말에 범일선사에 의해 중창되었다.

범일선사가 당나라에 들어와서 명주에 있는 개국사에 이르렀을 때 좌중에 서 있던 스님 가운데 왼쪽 귀가 잘려나간 한 스님이 다가와, "소승은 신라인입니다. 집은 명주계 익령현 덕기방인데 선사께서 귀국하시면 반드시 제 집을 지어주십시오." 하고 부탁하였다.

이윽고 범일선사는 제안선사에게 법을 얻은 후 귀국하여 전법에 열중하였다.

약 10년 후(858년) 어느 날 밤 선사의 꿈에 명주 개국사에서 만나 자기 집을 지어달라고 부탁하던 스님이 나타나, "선사님, 제가 부탁드린 대로 제 집을 지어주십시오." 하였다.

범일선사는 곧 익령으로 가서 '덕기'라는 여인을 만나 도움을 청하였다. 그리하여 아이들이 노는 다리 밑 물 속에서 돌부처 하나를 찾아보니 왼쪽 귀가 떨어져 나간 모습이 그때 그 스님과 닮은 것을 알 수 있었다. 이것이 '정취보살'이다. 범일선사는 돌부처를 낙산으로 가져와 불전세간을 지어 모셔놓았는데, 이를 '삼국유사'에서 기술하고 있다.

절 안에는 홍연암, 동종, 홍예문 등의 불교 유적과 받침대 높이 2.8m, 불상 높이 16m의 해수관음상이 낙산의 신선봉 위에 있다.

이 낙산 동쪽 바닷가에 바닷물이 출렁거리는 굴이 하나 있는데 이 굴은 대관음보살인 백의(百衣)보살이 거처하던 성지라고 한다.

항상 바닷물이 출렁거리고 파도가 심하여 아직까지 들어가 본 사람이 없다 하여 더더욱 호기심이 생기는 곳이다.

양양 낙산에 성지가 있다는 말이 퍼지자 의상대사가 이 성지에서 관음보살에게 예불을 하려고 찾아왔다. 대사는 이곳에 와서 사람을 시켜 바닷물에 돗자리를 깔게 하고 목욕재계를 한 다음 그 돗자리에 올라앉았다. 그랬더니 바다속에서 여덟 마리의 용이 나와 대사를 모시고 굴속으로 들어갔다.

굴속에 들어간 대사가 그 안에 안치되어 있는 부처님께 예불을 하니 공중에서 수정염주가 내려와 염주를 받아 가지고 굴을 나왔다. 그러자 동해의 용이 여의주 한 알을 바쳐 그것도 받아왔다.

의상대사는 원통보전 앞에 위치하고 있는 보물 499호인 7층 석탑 안에 관음보살로부터 받은 수정염주와 여의주를 봉안하였다.

의상대사가 다시 7일 동안 재계하니 비로소 관음의 진신을 보게 되었다. 관음보살은 "앉은자리 위 산꼭대기에 한 쌍의 대가 솟아날 것이니, 그 땅에 불전을 짓는 것이 마땅하리라."고 전했다. 스님이 그 말을 듣고 굴에서 나오니 과연 쌍죽이 땅에서 솟아 나왔다. 이에 금당을 짓고 관음상을 빚어 모셨다.

관음보살(觀音菩薩)

자비로서 중생을 구제하는 보살. 관세음, 관자재 보살이라고도 한다. 법화경의 관음보살 보문품에는 대자대비 보살로 어려운 일을 만났을 때 그 이름을 외기만 해도 중생의 성품에 따라 구제된다고 한다. 대세지보살과 함께 아미타불의 왼쪽 협시보살로 보관에는 아미타 화불이 새겨져 있고 손에는 보병 연꽃을 들고 있다. 관음신앙 발달에 따라 변화 관음이 나타나는데 11면 관음, 천수 관음, 수월 관음, 양류 관음 등이 있고 특수 관음을 모은 33관음도 있다.

● 의상대

의상대사가 낙산사 창건 중에 이곳에 와서 쉬었다고 하여 이곳에 정자를 짓고 의상대라 불렀다고 한다. 의상대는 낙산사의 동쪽 100m 거리에 있는 바닷가 낭떠러지에 세워져 있으며, 앞으로는 끝없이 맑고 푸른 동해바다를 마주하고, 오른쪽 절벽 아래에는 낙산 해수욕장의 긴 모래벌이 있으며 뒤로는 유서 깊은 낙산사와 울창한 소나무 숲이 있어 이곳에서 동해 수평선 위로 떠오르는 해는 장관을 연출한다.

● 홍연암

의상대에서 200m쯤 바닷가로 나가면 의상대사가 도를 통했다는 홍연암이 있다.

이 암자는 의상대사가 참배할 때 파랑새를 만났는데 새가 석굴 속으로 자취를 감추자 굴 앞에 있는 반석에 앉아 밤낮으로 7일간 기도하였더니 별안간 바위 위로 빨간 연꽃이 솟아 그 속에 관음보살이 현신하여 의상대사가 관음을 친견함으로써 짓게 되었다.

빨간 연꽃이 솟았다고 하여 암자 이름을 홍연암이라 했으며 석굴 위에 지어진 유일무이한 법당으로, 법당마루를 열고 밑을 내려다보면 의상대사가 기도를 했던 보타굴이 보이고 푸른 바닷물이 넘실거린다.

이렇게 만든 것은 여의주를 가져다준 용이 불법을 들을 수 있도록 배려하기
위해서였다고 한다.

교통 안내

시내버스 9번(속초에서 양양행, 양양에서 속초행)을 타고 낙산 앞에서 하차한다.

● 낙산 해맞이 축제와 동해 신묘제

매년 12월 31일 오후 6시

50명으로 구성된 농악대의 길놀이를 시작으로 신년의 이미지를 살리는 가곡
이 이어지며 신년 1월 1일 0시를 맞아 낙산사에서 33회의 타종식이 거행된다.

새해 다음날 1일 오전에는 소망 기원 연날리기와 풍선 날려보내기 행사가 마
련되며 이와 함께 동해 신에게 풍년과 풍어, 안녕을 기원했던 동해신묘 제례행
사가 90년 만에 복원돼 양양을 찾는 관광객들과 지역 주민들에게 새로운 볼거
리를 제공한다. 모든 참가자들이 떠오르는 해를 보며 경건하게 신년 소망을 기
원하는 축제의 장에 모여 소원성취를 이루어 보자!

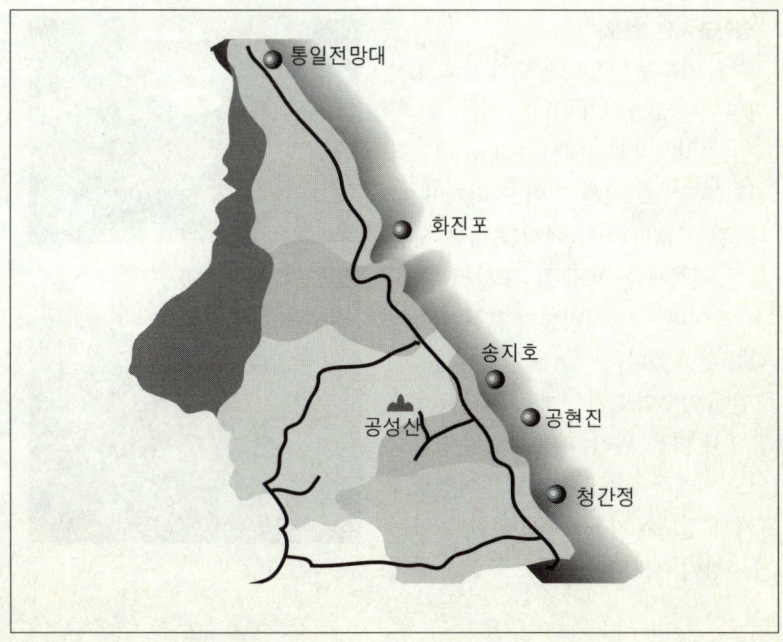

● 바위에 용의 발자국이 있는 공수전 계곡

공수전(公須田) 계곡은 용소골이라고도 하는데 서린천의 구비를 감돌아 흐르는, 말 그대로 심산유곡이다.

울창한 수림으로 온통 포장하듯 펼쳐진 곳곳마다 바닥까지 들여다보이는 옥수가 햇살에 빛나고 하얀 이빨을 드러낸 것 같은 자갈밭이 어우러진 비경이다. 공수전 계곡의 핵심은 용이 승천했다는 전설이 어려 있는 용소로, 용의 발자국이라고 전해 내려오는 흔적 이 바위에 새겨져 있다.

교통 안내

1) 오색약수 입구→44번 국도 양양 방면(13.3km)→논하 3거리 오른쪽 56번 국도→(1.75km)→갈림길에서 좌회전→(2.55km)→좌회전하여 1km 정도 가면 공수전 계곡 주차장 도착.

2) 양양 · 갈천, 창촌행 완행버스 이용. 공수전 계곡 입구에서 하차(2시간 간격 운행, 45분 소요.)

● 갈천 약수

양양군 서면 갈천리

갈천 약수는 약수의 농도가 강해서 진귀한 약수로 알려져 있다.

약수터는 갈천리에서 1.5km 정도의 산길(30분 소요)을 걸어 올라가야 한다. 갈천(葛川) 마을에서는 마을 사람들이 채취해 온 나물취, 고사리, 다래순, 목이버섯, 영지버섯과 갈천산 머루즙을 팔고 있다.

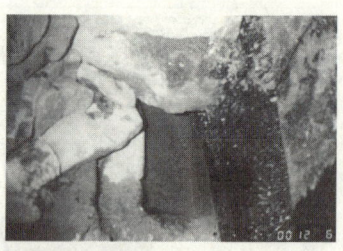

갈천 약수터로 가는 계곡은 갈천리 마을에서 마을 관리 휴양지로 운영하고 있으며 계곡에 2천 평 정도의 야영장과 1백 대 정도의 자동차를 주차할 수 있는 주차장이 확보되어 있다.

양양을 기점으로 한계령길 44번 국도로 가다가 4km 지점 상평리에서 좌회전하여 56번 국도를 탄다. 거기에서 약 30km 더 달리면 구룡령 북쪽 기슭에 갈천리가 있다.

● 죽도의 절구바위

양양군 현남면 인구리

인구리 마을 바로 앞에 해변의 백사장과 이어져 있는 죽도(竹島)가 있다.

이 죽도 동쪽 해안은 큰 바위로만 되어 있고, 이 바위 중 유별나게 가운데가 파여 마치 절구 모양으로 되어 있는 것이 있다.

이 바위에 얽힌 전설이 있다.

옛날에 옥황상제를 섬기던 마고 할미가 옥황상제가 어느 밀실에 들어가 큰 공 만한 둥근 돌로 열심히 바위를 갈아 바위에 구멍을 내는 것을 목격했다.

마고 할미는 '아, 바로 저 둥근 돌에서 옥황상제의 권능이 비롯되는구나. 저 돌을 훔쳐서 인간 세상으로 내려가면 온 세상을 통치할 수 있겠구나.' 하는 욕심이 생겨 옥황상제가 없는 틈을 타서 몰래 돌을 훔쳐 가지고 인간 세상으로 내려왔다.

인간 세상에 내려온 마고 할미는 이 돌을 아무 데서나 갈다가 혹시 사람들의 눈에 띄기라도 하면 옥황상제에게 잡혀갈 것 같아, 인적이 드문 바닷가에서 밑돌을 구하여 갈기로 하고 이곳 죽도에 자리를 잡았다.

마고 할미가 며칠 동안 돌을 갈아 겨우 구멍 하나를 만들어 놓으면 바다가 거세져 물결이 작업하는 장소까지 들이쳤다. 그래서 할 수 없이 다른 돌을 다시 갈았지만 거의 만들어 가면 또다시 바닷물이 밀려들어 돌 하나도 채 갈지 못하고 옮겨다니다 보니, 훔쳐온 둥근 돌이 다 닳아 쓸 수 없게 되어, 마고 할미의 세상을 지배하겠다는 꿈은 좌절되고 말았다고 한다.

지금도 죽도 동쪽 바닷가에는 구멍이 파여 있는 돌이 여러 개 흩어져 있는데, 이 돌들은 마고 할미가 갈다가 파도 때문에 포기한 돌들이라고 한다. 이 돌들이 파도 때문에 마모되어 구멍이 나면 큰 변란이 생긴다 하여 이곳 사람들은 나라에 변란이 있을 기미가 보이면 이곳 돌의 구멍 상태를 살폈다고 한다.

평창군

●장바위 약수

평창읍 한천동

전설에 의하면 이 약수물로 머리를 감으면 나쁜 일과 재수 없는 일을 잊어 버려 머리가 맑아진다고 한다.

옛날 이 마을 한천동에 살고 있던 어떤 아낙이 머리에 원인 모를 종기가 나서 몹시 고생하고 있었는데 6월 유두날 이 약수터에 찾아와 산신께 기도 드리고 폭포에서 떨어지는 물로 머리를 감았더니 며칠이 지나자 머리에 난 종기가 깨끗이 사라졌다고 한다.

이런 소문이 퍼지자 전국에서 피부병을 앓는 환자들이 이 약수를 많이 찾아오고 있다고 한다.

교통 안내

평창읍에서 장평 방면으로 4km 정도 가다 보면 뱃재 밑에 주진이라는 동네가 나오는데, 이 마을 한천동에서 동쪽으로 산허리를 타고 올라가면 으슥한 곳에 장바위 약수가 있다.

오대산 국립공원

화강암과 조면암으로 구성된 오대산(1,563m)은 서쪽에 호령봉(1,560m), 서대산(1,302m), 동북으로 상왕봉(1,485m), 북대산(1,420m), 두로봉(1,422m), 동남으로 동대산(1,434m) 등이 힘차게 뻗어 있다. 품위와 산세가 아름다운 비로봉을 중심으로 5개의 잎이 원을 그려 연꽃 모양을 하고 있는 형국이라 해서 오대산이라 부른다고 한다.

최고봉인 비로봉(1,563m)을 비롯하여 호령봉, 상왕봉, 동대산, 두로봉 등의 산봉우리로 이루어진 오대산은 1975년에 국립공원으로 지정되었다. 고사목과 여기에 덮여 있는 적설은 겨울 산의 설경을 더욱 신비롭게 만들기도 한다. 비로봉을 지나 월정사에서 상원사, 적멸보궁을 잇는 10km는 수많은 계곡과 전나무 등의 큰 나무들이 수두룩하며 잡목이 우거져 위압감마저 느끼게 한다.

청학동 소금강은 금강산의 축소판이라 하며 금강산성과 만물상, 무릉계, 식당암, 구룡폭포, 명경대 등은 절경이 빼어나다.

등산 코스

1) 관대거리→상원사→적멸보궁→비로봉 · 상왕봉 · 북대산→상원사(12.5km, 5:00)

2) 연화교→동대산→두로봉→상왕봉→비로봉→호령봉→연화교(30km, 12:00)

3) 진고개→노인봉→만물상→소금강(14km, 5:30)

〈야영장〉 오대산 단지 내 1일 3천 원, 캠프파이어 금지(중형 4천5백 원, 6천 원대)

〈산장〉 오대 산장(150명 수용), 진고개 산장(80명 수용), 3천 원~4천 원 수준

● 오대산 상원사와 고양이 상

평창군 진부면 동산리

　오대산의 상원사는 월정사와 함께 신라 선덕여왕 때 자장율사가 세웠으며, 성덕왕 4년(705년)에 중창하였으나 1946년에 불타 1947년에 새로 지었다. 상원사를 중창하기 위해 세조가 쓴 친필어첩인 중창권선문이 있다. 이 절의 자랑은 신라 성덕왕 24년에 만든 높이 1.67m, 지름 91cm의 우리 나라에서 가장 오래된 범종(국보 제36호)이며, 그 소리가 맑고 청아하기로 유명하다.

　또한 문수동자상(국보 221호)은 세조가 직접 친견했다는 오대산 문수동자의 모습을 조각한 목조좌상이다. 문수동자상의 복장에서 나온 법화경 등 경책과 적삼, 사리함 등의 모든 유품을 보물 793호로 지정했다.

　세조와 문수보살과의 얽힌 다음과 같은 전설이 내려온다.

　세조가 어린 조카인 단종을 몰아내고 왕위에 오른 직후, 꿈에 단종의 어머니가 나타나 "네 이놈아! 어린 조카를 몰아내고 왕을 하다니 치사하고 더럽다." 하며 손등에 침을 뱉었는데, 깜짝 놀라 꿈에서 깨어보니 손등이 몹시 가려웠

다. 그때부터 온몸에 종기가 나고 고름이 나고 가려워 피부가 홀딱 까 벗겨지도록 긁어대도 계속되는 가려움에 견디기 어려워 명의를 불러 온갖 명약을 다 써보았지만 효험이 없었다.

세조는 병을 치료하려고 오대산으로 행차하게 되었는데 월정사에서 참배를 마치고 상원사로 가던 중 계곡의 맑은 물을 보자 말에서 내려 잠시 쉬어 가기로 했다.

주위 시종들에게 자기의 추한 모습을 보이지 않기 위해 어의(御衣)를 벗지 않았던 세조도 맑은 계곡에서 시원하게 목욕이 하고 싶어지자 시종들을 멀리 있게 하고 혼자 그곳에서 목욕을 하고 있는데 한 조그마한 동자승이 숲 사이를 노니는 것이 눈에 띄었다.

세조는 동자승을 불러 "애야! 이리 와서 내 등 좀 밀어주겠느냐?" 하고 부탁하자 동자는 씨익 웃으면서, "예, 제가 깨끗이 해드리겠습니다." 하고 말했다.

그는 동자가 등을 미는 것이 어찌나 시원하고 후련한지 잠시 고통에서 벗어날 수가 있었다.

시원하게 목욕을 마친 세조는 몸을 이리저리 살펴보니 신기하게도 몸이 깨끗해져 있었다. 몸이 나았다는 사실을 알고 크게 기뻐하며 동자승을 불러보니 그 동자승은 온데간데없었다. 세조는 감동하여 화공을 불러 자신의 기억을 더듬어서 그 동자승을 그리게 하였다. 그리고 실제와 똑같은 동자승을 완성하고 그것을 상원사에 봉하도록 명하면서 자기가 겪은 일화를 유포하도록 명했다.

그 동자승은 문수보살의 현신이었던 것이다. 지금은 문수동자의 화상은 없어지고 본당의 오른쪽에 모셔진 목각상이 바로 문수동자상이라고 한다. 그 후 사람들은 세조가 의관을 벗어 나무에 걸었다는 길목을 '갓걸이' 또는 '관대걸'이라 불렀다.

불치의 병을 고친 세조는 곧장 상원사 법당으로 올라가 예배를 올리고자 하였다. 그때, 별안간 고양이 한 마리가 나타나더니 세조의 옷소매를 물고는 가지 못하게 하는 것이었다. 이를 이상하게 여긴 세조는 병사들을 시켜 법당의 안팎을 뒤지게 하니, 불상을 모신 탁자 밑에 자객이 숨어 있었다.

왕은 자객을 참하고 자기를 구해준 고양이에게 밭을 하사했는데 그 밭을 '묘전'이라 했다. 지금도 상원사 뜰에는 돌로 다듬은 고양이 상이 있어 이 전설의 신빙성을 뒷받침해 주고 있다.

문수보살(文殊菩薩)

지혜를 상징하는 보살이다. 반야경의 내용과 관계가 깊은 보살로서 석가의 왼쪽에 서서 보현보살과 함께 삼존불을 형성하였고 후대에는 비로자나불의 왼쪽 협시보살이 되기도 한다. 동자형으로 표현되는 경우도 있으나 보통은 오른손에는 지혜의 칼이나 경전을, 왼손에는 연꽃을 들고 있다. 대좌는 연화대좌가 일반적이나 사자를 타고 있는 모습도 표현된다. 드물게는 코끼리 위에 앉아 있는 문수, 보현 보살이 표현되기도 했다.

교통 안내

1) 영동고속도로, 상진부 출입구→4km→월정 3거리(월정주유소) 좌회전→4km 북상, 간평교→삼거리에서 좌회전→4km, 월정사 앞 주차장→8.3km 북상→상원사 앞 주차장

2) 월정사 경유 상원사행 시내버스 이용 (13회 운행) 월정사 20분 소요, 상원사 40분 소요

●산신령이 일러준 영천인 방아다리 약수

평창군 용평면 척천리

방아다리 약수의 성분은 나트륨, 칼륨, 철, 염소, 칼슘, 프랑슘, 마그네슘, 불소 등 12가지 성분이 고루 함유되어 있다. 따라서 이 약수는 위장병, 신경통, 피부 질환에 특효가 있다고 해서 찾아오는 사람이 많다.

이 약수를 발견하게 된 동기는 지금으로부터 70여 년 전, 경상도 사람 이씨가 당시 56세의 나이에 불치병에 걸려서 전국을 전전하면서 명약을 찾아다니다가 방아다리까지 오게 되었다. 돈이 다 떨어진 그는 그곳의 어느 집에서 머슴 노릇을 했다.

그러던 어느 날 꿈속에 산신령이 나타나서 말하기를, "개울을 건너 잣네골에서 약수를 마시되, 100일 동안 비밀을 지켜라." 하여 그 지시를 따랐더니 병이 완치되었다는 것이다. 이 전설을 사실로 뒷받침해 주듯 방아다리 약수터 옆에는 용신각이 있으며 용신각이 신령한 약수를 지켜준다고 한다.

교통 안내

영동고속도로 속사 출입구를 벗어나 북쪽 원통행 31번 국도를 따라 들어서서 2km쯤 가면 오른쪽 방아다리 약수터 입구에 안내 표지판이 있다. 거기서 우회전하여 약 6km쯤 들어가면 주차장이 나오고 거기서 다시 300m쯤 숲길로 들어서면 방아다리 약수가 있다. 진부 출입구를 지나 간평리에 들어서면 약 10km 거리이다.

(1일 코스─평창)

장평→효석 문화마을→이승복 기념관→방아다리 약수→오대산(월정사, 상원사)

원주시

● 구룡사, 의상대사와 용들의 전쟁

원주시 소초면 학곡리

치악산의 으뜸 봉우리인 비로봉에서 학곡리 쪽으로 6km쯤 떨어져 있는 구룡사는 신라 문무왕 때 의상대사에 의하여 창건되고 조선 숙종 때 중건되었다고 한다.

건물은 다포집으로 조영되었고, 내부닷집은 2중포작에 사실적으로 조각된 용문 등의 수법과 섬세한 결구는 다른 곳에서는 보기 드문 수작이다.

구룡폭포를 비롯하여 귀암, 호암, 용연 등의 경치 좋은 곳을 주변에 가지고 있는 이곳은 의상대사가 치악산에 절터를 잡았을 때의 설화인 아홉 마리 용 이야기가 얽혀 구룡사라 한다.

1,300여 년 전 의상대사가 치악산 구룡골에 절터를 잡을 때 연못에는 용 아홉 마리가 살고 있었다고 한다. 절을 메우려면 연못을 메워야 했는데 이 사실을 알게 된 용들은 의상대사를 쫓아내기 위해 내기를 걸었다.

먼저 용들은 조화를 부려 뇌성과 벼락으로 우박 같은 비를 내려서 산이 물에 잠겨 버리게 했다. 그러나 의상대사는 태연히 바위에서 낮잠을 즐기고 있었다.

대사는 연못에 부적 한 장을 그려넣어 던졌다. 그랬더니 연못의 물이 순식간에 말라 버렸다. 이리하여 용 한 마리는 눈이 멀게 되고 나머지 여덟 마리는 얼마나 다급했던지 이곳 앞산을 여덟 개로 쪼개놓으며 도망을 쳤다.

　현재 구룡사에서 동해를 향해 능선이 여덟 골로 나뉘어진 것도 이러한 연유에서라고 한다.

교통 안내

1) 서울 상봉터미널에서 직행버스 1일 4회 운행(2시간 30분 소요)

2) 서울 동서울터미널에서 직행버스 1일 3회 운행(2시간 30분 소요)

3) 원주역, 시외버스터미널에서 시내버스(41번) 25분 간격 운행(45분 소요)

● 용마바위

　용마바위 벼랑 끝에는 지금도 말발자국 형태로 패인 사리와 사람의 손가락 자국같이 패인 곳이 있으며 그 밑으로는 피의 흔적이 있다.

　옛날 상원사 주지는 충북 제천 땅의 백연사 주지를 겸직하면서 백연사에는 본 마누라, 상원사에는 소실을 두어 천리 길을 달리는 용마를 타고 두 절을 내왕했다.

　하루는 본 마누라가 질투가 나서 이 용마에 먹이를 덜 주자 용마가 힘이 달려 상원사의 벼랑 위를 뛰어 넘다가 떨어져 죽고, 스님은 떨어지는 순간 바위 끝에 손을 짚고 뛰어올라 목숨을 건졌다. 그래서 용마바위의 피의 흔적은 이때 흘린 용마의 피라고 하며 손가락 자국은 주지스님의 손자국이라고 한다.

교통 안내

새말 I.C에서 고속도로를 벗어나 T자 갈림길 오른쪽으로 600m 지점에서 다시 우회전하여 1.9km되는 학곡리 3거리에서 개울을 따라 좌회전한다. 4.4km 진입하면 구룡 주차장에 이른다.

● 청평사, 청평계곡과 구성폭포

이 절은 서기 4세기경 불교 개조자 아도화상이 창건하였으며 문종 22년 (1068년)에 중건하여 보현암(普賢庵)이라 하였다가 선종 6년(1089년)에 이 자현이 중건하고 그 이름을 청평사(淸平寺)라 하였다. 극락전은 정면 3간, 측면 3간의 건물이었으며 회전문은 정면 3간, 측면 1간, 내부 중앙은 2간으로 되어 있고 보물 제164호로 지정되었다. 청평사는 6 · 25전쟁으로 소실되고 그 전면에 세웠던 회전문만 남아 있다.

또한 청평사 계곡은 오봉산(779m)의 젖줄이자 관광의 중심을 이루고 있는 곳으로 특히 계곡의 가운데쯤에 있는 구성폭포는 그리 큰 규모는 아니지만 맑디 맑은 계곡물이 항상 흘러내려 계곡의 아름다움을 더해주고 있다. 자연 경관이 좋아 연간 약 30만 명의 관광객이 찾아온다고 한다.

옛날 아름다운 공주가 있었는데 궁궐을 짓던 도목수가 공주의 모습을 본 후 그 아름다움에 넋을 잃고 그만 상사병에 걸렸다. 그러나 자신의 천한 신분으로는 어찌할 수 없어 하늘과 세상을 원망하다가 끝내 죽고 말았다. 상사병으로 죽은 도목수는 상사뱀으로 환생하여 오매불망 그리워하던 공주를 찾아가 공주의 몸에 달라붙어 떨어지지 않았다.

왕은 뱀을 죽이려고 온갖 수단을 다 써보았지만 공주를 다치지 않고 뱀을 죽일 방법이 없자, 어쩔 수 없이 공주를 추방하였고 공주는 정처없이 헤매다가 어느덧 이곳(청평사)까지 이르게 되었다.

당시 이곳에는 조그만 암자가 있었는데, 공주는 상사뱀에게 "식량을 구해와야 하는데 뱀을 보면 다들 도망칠 터이니 잠시 기다리라."고 이르니 몸을 칭칭 감았던 뱀이 몸을 풀어주었다.

암자로 들어간 공주는 자초지종을 말하고 암자의 스님에게 식량을 구해서 나오고 있었다. 그때 갑자기 맑은 하늘에서 벼락이 쳤다. 그러자 밖에서 기다리던 뱀은 날벼락을 맞고 그 자리에서 즉사하고 말았다.

하늘이 도와 뱀에서 풀려나 자유의 몸이 된 공주는 그리운 왕궁으로 돌아가게 되었다. 죽은 줄로만 알았던 공주가 살아 돌아왔으니 왕뿐만 아니라 온 나라가 경사였다.

공주에게 자세한 얘기를 들은 왕은 감사의 뜻으로 이곳에 절을 크게 지어 주었다. 또한 뱀이 죽은 자리는 아름다운 폭포로 변했다고 하는데 이 폭포가 바로 구성폭포라고 추측하고 있다.

등산 코스

1) 배후령→오봉 정상→구성폭포(4km, 2시간)

2) 배후령 →오봉 정상 · 청평사 · 구성폭포(6km, 3시간)

3) 청평사 선착장→구성폭포→청평사→오봉 정상→청평사
→선착장(7km, 3시간 30분)

4) 부용계곡→오봉 정상→청평사→구성폭포(4km, 2시간)

교통 안내

〈시내버스〉 춘천시내~소양댐 10분 간격 운행, 25분 소요

고성군

● 평가 나쁜 사람에게 좋은
   도원유원지

고성군 토성면 도원 1리

도원유원지는 여름철 고성의 바닷가를 찾는 사람들이 뜨거운 해안의 햇살을 피해 깨끗한 계곡물과 저수지에서 녹색 피서를 즐겨볼 만한 곳이다. 유원지와 함께 위치한 도원리 곳곳에는 감자꽃이 흔하게 피어 고향의 향수를 만끽하게 한다.

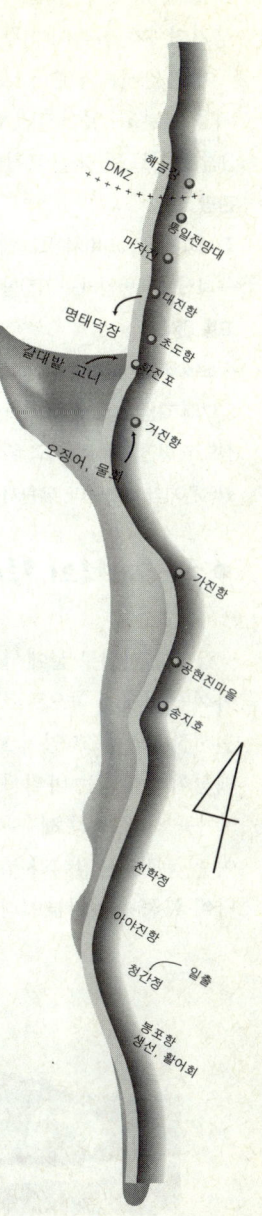

도원리는 1, 2, 3리로 나뉘어 있는데 1리와 3리는 지난 1968년 도원저수지가 생기며 수몰민들이 이주해 새로 형성된 마을이다.

이 마을에는 왼손으로 돌을 잡고 양다리 사이로 던져 돌이 바위에 올라가면 아들을 낳고, 떨어지면 딸을 낳는다고 전해지는 아들 바위가 있고, 결핵환자가 3년을 치료해 병을 고쳤다는 참샛물도 있다.

관광 코스

장사항→하일라비치콘도 해변→봉포항, 천진항→청간정→천학정→문암 2리항→송지호→가진항→반암리→거진항→화진포→대진항→명파리→통일전망대

교통 안내

속초에서 7번 국도를 따라 북으로 향하다 청간과 아야진을 지나 직진한다. 동광농고 앞에 있는 군부대 교통안내소에서 좌회전하면 된다(여기에 입간판이 있음). 좌회전 후 외길을 따라 20분 정도 달리면 '학야리 막국수'가 보이는 곳에서 왼쪽으로 다시 진로를 변경해 계속 직진하면 도원유원지가 나타난다. 유원지 가는 길에 마을 샛길을 지나 저수지 왼쪽으로 진입하면 된다.

● 기암괴석의 전시장인 백섬

거진항 진입로 끝에서 등대가 위치한 해안 절벽을 끼고 북쪽 해안도로로 돌아서면 바닷가 쪽으로 거대한 바위섬이 있는데, 마치 칼로 조각한 듯 기암들이 전시장을 이루고 있어 보는 이로 하여금 탄성을 자아내게 한다. 이 섬이 바로 백섬이라 불리는 바위섬이다.

이곳 앞에 백섬 해수욕장이 있는데 거진항 뒤쪽에 위치해 있어 지역주민들이 뒷장해수욕장이라 부른다. 백섬 해수욕장의 매력은 물이 유난히도 맑아 바닥이 훤히 들여다보인다는 것이다. 고성군 전지역을 통틀어 이렇게 아름다운

바위섬의 장관을 연출하고 있는 곳은 이곳뿐이다.

백섬 해수욕장은 관광객들에게는 거의 알려져 있지 않아 한여름에도 비교적 조용한 편이다. 해마다 거진 1리 마을 청년회에서 해수욕장을 운영하므로 바가지 요금은 없다.

교통 안내

속초에서 거진, 대진행 시내버스나 직행버스를 타고 거진항에서 하차한다. 승용차로 속초에서 갈 경우, 7번 국도를 타고 북상해 간성, 대대리 검문소를 지나 거진항에서 진입로를 타고 계속 들어가면 된다.

주차 요금은 3천 원~5천 원이며, 이곳 해안도로에서 야영할 경우 하루에 5천 원만 내면 텐트 설치가 가능하다.

양구군

● 신령이 일러준 후곡약수

양구군 동면 후곡리

이 약수에는 다음과 같은 전설이 전해져 오고 있다.

1백여 년 전, 후곡리 마을에 살던 한 임산부가 출산 후 중병에 걸려 몇 개월 동안 약을 썼으나 병세는 날로 악화되었다.

어느 날 산모의 꿈에 백발 노인이 나타나 "어느 지점에 가서 암석을 들추면 약수가 나올 테니 그 약수를 마시라."고 일러주는 것이었다.

산모는 남편의 등에 업혀 꿈에서 가리켜 준 곳을 찾아가 약수를 발견하였다. 그리고 그 약수를 마셨더니 신기하게도 1주일 만에 병이 완쾌되었다고 한다.

1982년 강원도 보건연구소에서 실험 분석한 결과 불소, 철, 유리탄산, 규산, 칼슘, 나트륨 등이 함유되어 있는 것으로 나타나자 양구군에서는 이 약수를 관광자원으로 개발하여 약수터 진입로를 포장하고 약수터에 석축을 쌓는 등 단장을 하였다.

양구 읍내에서 31번 국도로 동명 방향 약 7km를 들어가면 후곡 삼거리에서 멀지 않은 곳에 후곡 약수터가 있다.

영월군

● 어라연(魚羅淵), 단종에게 진언한 물고기떼

어라연은 영월군 영월읍 거운리와 문산리 사이 영월 동쪽을 가로 흘러 리프팅 지역으로 유명세를 안고 있는 동강 윗줄기 12km쯤에 안겨 있다.

어라연은 조선 6대 단종의 슬픈 사연이 담긴 곳으로 영월에서 가장 아름답고 신비로움에 감싸인 계곡이다. 단종의 혼령이 영월에서 제일 경치가 뛰어난 어라연을 보고는 거기서 신선처럼 살고자 하였는데, 어라연의 크고 작은 고기들이 줄을 지어 현신하여 단종에게 태백산 산신령이 되어야 한다고 하여 단종의 혼령이 그렇게 하였다. 그래서 이곳을 고기가 떼지어 진언한 곳이라 하여 어라연이라 부르게 되었다고 한다.

거운리 나루터에서 강줄기를 따라 걷다 보면 물줄기가 나누어지는 어라연이 나오는데, 양쪽 기슭의 천길 단애의 낭떠러지 사이로 뿌리를 내리고 있는 늙은 소나무들이 운치를 더해 주어 천하의 명승지임을 느끼게 해준다.

교통 안내

1) 영월읍 4거리→영월 동쪽 외곽인 동강교→중리 3거리→태백 방면 1km→상리 3거리→좌회전→9.5km→어라연 계곡 입구

2) 영월역 · 시외버스터미널→거운리 시내버스 이용(3~4회 운행, 20분 소요(8km))

3) 거운리→어라연 계곡(도보로 1시간(4km))

〈단종의 유배 길을 더듬으며〉

1456년 6월 22일~6월 28일(7일간) 광나루~영월

광나루(천호대교)→(뱃길)광주→양평→여주군 금사면 이포 나루→여주군 대신면 상수리→

양주→광주 배알미리→원성군 부론면 단강리 단강 초등학교 단정지→부론면 운남리 뱃재→
신림역→황둔→주천과 황둔의 경계인 솔치고개→주천 물미마을 어음정→꽃내미제→주천
신흥역 공순원→주천 나루터→주천면 거안리→서면 신천리→군동치 고개→배일치 고개→
정동→갈골→옥녀봉→선돌→청령포

●장릉

조선조 제6대왕인 단종의 능을 말한다.

단종은 문종의 아들로 12세의 어린 나이에 왕좌에 올랐지만 숙부인 수양대
군(후 세조)에게 왕위를 찬탈 당하고 1456년에 허울 좋은 상왕위에 있었다. 그
후 성삼문 등이 주동이 되어 복위 계획을 꾀했으나 탄로가 나자 동년 6월 22일
노산군으로 강봉되어 영월의 청령포로 유배되었다. 1457년 10월 24일(당시
17세) 단종이 승하하자 영월호장으로 있던 충신 엄홍도가 시신을 거두어 모셨
는데 이곳이 바로 장릉이다.

●관풍헌

청령포에 유배되었던 단종이 1456년에 일어난 큰 홍수로 객사인 이곳으로
옮겨와 생활을 했던 곳이다. 영월호장인 엄홍도는 생명을 무릅쓰고 은밀히 이
곳에 찾아와 단종을 알현하여 말벗이 되어 주곤 하였으며 충신 추익환은 단종
에게 머루를 따서 드렸다.

●영모전

삼각산의 서낭당 터에 정면 3간, 측면 2간의 팔각지붕으로 건립되었다. 태백
산신령이 된 단종과 추익환이 단종에게 산과(머루)를 바치고 있는 모습의 영
정이 있는데 이 영정은 운보 김기창 화백이 그린 것이다.

●청령포

단종의 유배지로 서강(평창강)을 경계로 한 청룡포는 강 가운데 있으며 뒤에

는 절벽이 천 길을 솟아 있고 온통 단애로 펼쳐져 있는 구의봉이 요새처럼 버티고 있어 오갈 데 없이 갇혀 있는 섬이다.

청령포는 영월읍 방절리와 광천리 청령포로 나뉘어지는데 방절리 청룡포에는 왕방연 시비가 있고 관천리 청령포에는 단종의 비각과 금표비, 망향탑, 노산대, 관음송 등의 유적이 있는 지역이다. 청령포라 부른 것은 사시사철 푸른 포구라고 한 데서 비롯된 말이다. 이곳에서 건너편을 바라보면 대왕각이 있는데 그곳에 공중에 떠 있는 것처럼 보이는 '공중바위'가 있다.

● 자규루

영월읍 중심가인 관풍헌 바로 옆에 있는 누각이다. 이 누각은 세종 때 영월군수 신권근이 창건하여 '매죽루'라 불렀다. 그 후 이 누각이 홍수로 유실되자 1791년 강원도 감찰사 윤사국이 중건하여 자규루라 하였다. 단종은 이곳에 와서 가슴 저리는 애절한 시를 남겼다.

한 마리 원한 맺힌 새가 궁중에서 나온 뒤로
외로운 몸, 짝없는 그림자가 푸른 산 속을 헤맨다.
밤이 가고 밤이 와도 잠을 못 이루고
해가 가고 해가 와도 한은 끝이 없구나.
두견새 끊어진 새벽 멧부리엔 달빛만 희고
피를 뿌린 듯한 봄 골짜기에 지는 꽃만 붉구나.
하늘은 귀머거리인가.
애달픈 이 하소연 어이 듣지 못하는지.
어쩌다 수심 많은 이 사람의 귀만 홀로 밝는고.

● 단종과 태백산신

태백산에 산신이 존재하고 있다는 태백산의 서쪽지류인 영월과 경상북도 봉화군의 물야, 순흥 등지에서는 조선조 6대 임금인 단종을 태백산 산신이라고 여기고 있다.

태백산의 처음 산신은 마고할미였다. 마고할미가 태백산에서 살면서 마고단 (현 천제단)을 쌓고 하늘을 오르내렸다는 전설이 있으며 문수봉에는 마고할미 우물이 있고 두문동 고개에는 마고할미탑이 있으며, 연화산에도 마고할미의 통시(화장실)가 있다.

태백산 산신은 '마고할미'에서 '우두성모(牛頭聖母)'로 이어져 '대천왕신 (大天王神)' 또는 '찬왕신(天王神)' '왕신(王神)'이라고 부르다가 조선조 후 기에 접어들면서 단종을 태백산신으로 매김하게 되었다.

단종이 태백산 산신이라고 주장하게 된 연유는 단종이 영월에서 한많은 생 을 마감하고 충신 추익환의 꿈에 나타나, "나는 태백산 산신령이 되어 간다." 라 는 이야기와 태백산 망경사와 천제단 사이에 단종비각을 세우면서 부각되지 않았나 추측된다.

단종과 비슷한 시기에 세조에게 죽었던 단종의 숙질인 금성대군도 죽어서 소백산신이 되었다고 하며, 고치령 정상에 있는 신령각에는 태백산신 단종과 소백산신 금성대군의 모습이 나란히 그려져 있다.

1일 코스 : 영월 · 태백권

영월→12km→고씨동굴→청령포→2.5km→장릉→2km→태백(1박)→2km→태백산(석 탄박물관/청원사/단군성전)→구문소→검룡소→용연동굴 당골 유원지→정선→화암 8경(화 암약수→거북바위→화암 종유굴→소금강)

1일 코스 : 문화유적

장릉→보덕사→금몽암→청령포→관풍헌→자규루→금강정→민충사→낙화암→영모전 →고씨동굴

1박 2일 코스 : 문화유적

요선정→마애여래좌상→법흥사→주천삼층석탑→들꽃민속촌→영월(1박)→장릉→보덕사 →금몽암→청령포→은행나무→관풍헌→자규루→금강정→민충사→정조대왕 태실비→ 낙화암→영모전→고씨동굴

태백시

● 신선과 산삼의 신선바위

태백시 소도동

민족의 영산 태백산에는 다수의 신선바위들이 10여 군데나 있는데, 바위 이름에서 알 수 있듯이 신선들이 천하의 선경에 흠뻑 취하여 놀다간 흔적들과 바둑을 두던 흔적들이 신비한 전설과 함께 남아 있어 얼마나 경치와 산세가 수려한지 엿볼 수 있다.

소동동에서 함백산의 준령을 거슬러 올라가면 하늘을 가리우듯 반듯이 솟아 숲 터널을 이루고 있는 숲길 사이로 평평하고 넓은 암반을 보게 되는데, 이 바위가 신선바위이다.

옛날 소롯골에 화전을 일구며 살아가는 작은 마을이 있었다. 마을이래야 불과 7~8가구밖에 되지 않아 서로 가족같이 의지하고 소박하게 살아가고 있었다. 이 마을에 박 첨지라고 불리는 사람이 있었는데 그는 노모를 정성으로 모시면서 자식된 도리를 다했다. 그러나 노모가 산에 올라 산나물을 캐다가 그만 발이 미끄러져 계곡에서 떨어져 크게 다쳤다.

워낙 나이가 들어 점차 생명이 위독하게 되었는데 크게 걱정하던 식구들이 백방으로 약을 구하고 의원을 모셔다가 치료를 했지만 차도가 전혀 없었다.

어느 날 의원이 박 첨지에게, "이보게, 어머님께 산삼을 달여 드려야 나으실 걸세." 하고 말했다.

이 말을 들은 박 첨지는 온 산을 이잡듯 샅샅이 뒤졌지만 찾을 수가 없었다.

'그래, 좀더 깊은 곳에 가면 찾을 수 있겠지. 어머님을 생각해서라도 힘을 내야겠다.'

온몸은 지쳐오고 가시덩쿨에 몸이 찢겨도 아랑곳하지 않고 오로지 산삼을 캐야겠다는 일념으로 찾아 헤매는데 자신도 알지 못하는 깊은 골까지 들어오다 보니, 배도 고프고 길도 알지 못하여 방황하다 지쳐 쓰러져 버렸다.

얼마 후 눈을 뜬 박 첨지는 오색영롱한 빛이 나는 안개 속에서 두 노인이 바위

위에서 바둑을 두고 있는 것을 보게 되었다. 그는 기운을 내어 두 노인에게 다가가, "어르신들, 저는 산아래 마을에 사는 박 첨지라고 합니다. 어머님 약에 쓸 산삼을 구하려다 길을 잃고 이곳까지 들어오게 되었습니다. 두 분

은 범상치 않으신 분들 같아 부탁 드리오니 산삼을 구할 수 있는 방도를 가르쳐 주십시오." 하고 말했다.

한 노인이 빙그레 웃으면서, "네가 올 줄 알고 있었느니라. 너의 효성이 지극하여 육구만달(큰 산삼) 한 뿌리를 줄 터이니 정성껏 달여 드리도록 하여라." 하고 말했다.

산삼을 받은 박 첨지는 꿈인지 생시인지 분간하지 못하고 있다가 "이 은혜 평생 잊지 않겠습니다." 하고 엎드려 절을 한 후 정신없이 집을 향해 내어달렸다. 그리고 산삼을 정성껏 달여 어머님께 드리니 어머님의 병을 씻은 듯이 나았다.

이튿날 박 첨지는 음식을 장만하여 두 노인이 바둑을 두고 있던 그 바위로 갔으나 두 노인을 찾을 수가 없어 할 수 없이 그 바위에 음식을 차려놓고 제사를 지냈다. 그 후 자손들이 해마다 잊지 않고 제사를 지내왔다고 한다.

또 하나, 이 바위의 신비한 점은 비가 오기 며칠 전이면 바위의 색깔이 변한다고 한다. 그래서 주민들은 바위의 색깔을 보고 비에 대비한다고 한다.

● 구렁이 바위

태백시 화전 2동

화전 2동에 가면 뒷골과 드릅밭골 사이에 보기만 해도 을씨년스러운 폐가된 기와집이 온통 상처투성이가 된 채 쓸쓸히 남아 있다. 또 이 집터에 있는 깨진 구렁이 바위가 있는 터도 온갖 잡초더미에 묻혀 있어 그때의 사연을 지닌 채 오늘도 김씨네를 원망하듯 서 있다.

지금부터 150년 전, 이 동네에서 매우 부자였던 함척 김씨네가 이 집에서 살

고 있었다.

김씨는 뒤뜰에 벌통을 놓아 벌을 길렀다. 벌통 수가 많다 보니 상당량의 꿀을 얻을 수가 있었는데 길목에 길쭉하게 튀어나온 바위 하나가 있었다. 이 바위의 모양은 뱀의 머리처럼 생겼으며 김씨네 집 부엌을 들여다보는 형상을 하고 있었다.

그래서 꿀을 뜨러 다닐 때마다 거추장스럽고 밭갈이하는 데도 불편하여 그만 정으로 깨버렸다. 그랬더니 깨어진 바위 속에서 피가 흘러나오고, 그날부터 집 주위에 팔뚝 만한 구렁이가 나와 돌아다녔다. 질겁을 한 김씨네는 구렁이가 보이는 대로 죽이기 시작했는데, 그 후 김씨네는 가세가 기울더니 망해 버리고 말았다.

이 집이 잘살았던 것은 구렁이처럼 생긴 바위가 구렁이 바위신으로 이 집을 수호하여 주었기에 가능했었다. 그런데 바위를 깨어 망해 버렸다고 하여 그 집을 구렁바위터라 한다. 그것을 모르고 깨버렸으니 망하는 것은 당연하지 않겠는가?

● 황지못

황지(黃池)못은 낙동강 근원의 못으로 옛날에는 천황(天潢)이라 불리던 하늘 못이었다. 3개로 되어 있으며 이 중 가장 큰 못은 상지(上池)인 마당 늪이고 두번째 못을 방앗간 늪, 세번째 못을 통시 늪이라고 한다. 마당 늪의 물 색깔이 변하면 나라에 큰 변고가 생긴다고 전해지는데 마당 늪 속에는 바위 절벽이 솟아 있고 이 바위 절벽 밑에는 커다란 굴이 있는데 거기서 물이 나온다. 또한 이 굴 속에는 지금도 용이 살고 있다고 한다.

옛날 황지못 터에 인색하기로 소문난 황 부자가 살고 있었다. 어느 날 이 집에 노승이 시주를 청하자 황 부자는 쌀 대신 소똥을 한 바가지 떠서 바랑에 넣어주었다.

노승은 아무 말 없이 합장을 하고 그 집을 나갔는데 이 광경을 본 며느리가 시아버지 몰래 노승에게 달려가, "스님, 저의 시아버님의 잘못을 용서하십시오." 하고는 쌀을 한 바가지 시주하였다.

노승은 며느리를 물끄러미 바라보더니, "착한 그대의 성품을 보아 일러주는 것인데, 내일 아침을 먹은 후 이 집을 떠나 높은 산으로 피하시오." 하였다.

"그게 무슨 말씀이십니까?"

"내일이 되면 자연히 알 것이오. 그리고 어떤 일이 있더라도 뒤를 돌아보아서는 아니 됨을 명심하시오."

다음날 아침 며느리는 시아버님께 아침식사를 올린 후 아이를 업고 그 집을 나서는데 집에서 키우던 개 한 마리도 며느리 뒤를 졸졸 따라왔다.

며느리가 송이재를 넘어 통리로 해서 도계읍 구사리 산등에 왔을 때 갑자기 천지를 뒤흔드는 소리가 나더니 뇌성벽력이 치고 엄청난 빗줄기가 쏟아져 내렸다.

깜짝 놀란 며느리는 노승이 일러준 말을 깜빡 잊고 그만 뒤를 돌아보고 말았다. 황 부자네 집 땅은 꺼져 큰 못으로 잠겨 버렸고, 뒤를 돌아본 며느리는 순간 돌로 굳어져 버려 지금의 구사리 산등에 서 있는데 아이를 업은 모양을 하고 있다. 이 바위를 미륵바위라 부른다. 그 옆에는 며느리를 따라가던 개가 돌이 되어 굳어 버린 개바위가 있다.

그때 황 부자네집 터는 세 개의 못으로 변했는데 가장 큰 못인 마당 늪은 황 부자네의 마당터이며 방앗간 늪은 방앗간 터이고 통시 늪은 화장실 자리라 한다.

교통 안내

〈승용차편〉 황지교 4거리→시내 방면→농협 앞에서 좌회전→황지못(200m, 5분 소요)

〈버스편〉 통리·장성·철암·소도행 승차→구종점(06:00~23:30, 하루 66회, 10분 소요)

● 점샘[占泉]

태백시 창죽동

창죽동 모바위골에 점을 친다는 점샘이 있다.

태백산 금대봉 밑 절벽 밑에서 석간을 타고 흘러들어 사시사철 물이 흘러나오는데 하루 용출량이 약 1천 톤 가량 된다고 한다. 이 샘은 넘치지도 않고 줄지도 않으며 아무리 추운 겨울에도 얼지 않고 오히려 김이 무럭무럭 난다고 한다.

반대로 여름철에는 손이 저릴 정도로 차가운데, 이 샘에서는 2, 30년에 한 번씩 쌀뜨물 같은 뿌연 물이 나온다고 한다. 이 물이 나오면 마을에 풍년이 들고 붉은 물이 나오면 불길한 징조가 생긴다고 하여 이 샘의 물빛으로 길흉을 점쳐오고 있다고 한다.

● 이상향의 관문, '염해궁지'의 구문소 자개문

태백시 동점동

낙동강 물줄기를 거슬러 올라가면 자연이 조각해 놓은 절묘한 기암들의 기이한 모습이 마침내 장엄한 모습을 드러낸다. 천길 단애의 벼랑 끝을 타고 닿는 끝자락에는 또다시 기암 병풍이 둘러쳐 있어 이상향의 별천지를 연상케 한다. 또한 끝자락엔 석문으로 뚫린 커다란 구멍이 있는데 이것이 바로 구문소이다. 그런데 물이 나오는 동굴이 너무 커서 거대한 석문이 다른 별천지 세계로 들어가는 성문처럼 그 위용이 대단하다. 구문소라는 말은 굴에 있는 소라는 뜻이다.

강물이 산을 뚫고 나오므로 '천천' 이라 부르기도 하는 구문소 동굴의 높이는 약 30m 정도로 거대한 석회동굴이다. 이곳 석문을 자개문이라 부르는데 이는 자시에 문이 열린다는 뜻이다. 자시에 문이 열릴 때 그 속으로 들어가면 오복이 존재한다는 오복동이라는 낙원의 세계에 들어간다고 한다.

오복동을 우복동이라고도 하는데 보통 사람의 눈에는 보이지 않고 선택된 사람에게만 보인다는 신계의 동네다.

오복(五福)이란 무엇일까?

첫째, 삼재불입지(三災不入地)로 삼재(水災,火災風災)가 들지 않아 천재지변이 없고

둘째, 흉년이 없어 식록이 부유한 땅이며

셋째, 질병이 없어 무병장수하는 땅이고

넷째, 병화가 없고 화평과 강녕의 땅이며

다섯째, 산수가 수려해 천하지 명당이다.

이처럼 정감록(鄭鑑錄)에도 기술되고 민간에도 구전으로 전해내려 오는 것으로 보아 바로 구문소의 석문은 우리 나라에서 대표적인 무릉도원으로 가는

입구가 아닐까 생각된다.

정감록이란 책에 보면 동차결(東車訣)이 있고 그 속에 '삼척국기로정기(三陟局基路程記)'라는 글에 다음과 같이 이르고 있다.

'북관으로부터 동해의 여러 고을에 이르러 태백의 궁해염지에 가려면 삼척에서 황지로 가는 10리 지점에 호암동이라 부르는 체망동이 있는데 이씨들이 사는 마을로 활기라고 한다. 서쪽을 향하여 무인지경을 30리 정도 가면 사기점동이 있다. 그곳으로부터 서쪽으로 60리를 가면 곧 금곡과 목곡이 있다.

또한 샘이 있어 못 가운데로부터 물이 솟아올라 아래로 흘러내린다. 10여 길이나 되는 두 개의 커다란 돌이 있어 내를 남북으로 나눈다. 그 돌을 큰 세목이라 하고 석쟁이라 하며 혹 부영이라 하고 혹포항상산파라 하는데 돌아서 가려면 아마도 50리나 될 것을 이곳으로 가면 한 마장 거리면 된다.

그곳에 기이한 돌이 있으니 이름하여 지석문이다. 자시에 열리고 축시에 닫히는데 그때 얼른 그곳 석문을 들어가면 한 마을이 있으니 궁해엽지지라 한다.'

염해궁지의 구문소 안쪽을 들어가면 짠물이 샘솟는 못이 있다고 한다.

자, 구문소 안의 세계는 과연 어떻게 생겼을까 하는 궁금증을 풀기 위해 여기에 전해지는 얘기를 토대로 신계의 세계로 들어가 보자.

어떤 사람이 구문소 석문을 들어가서 몇십 리를 가니 넓은 땅이 나타났다고 한다. 사방이 높은 산으로 둘러쳐 있어 천연의 철옹성 같았다고 한다.

안개가 자욱히 끼었을 때 까마귀 한 마리가 울어대 어디서 나는 소리인가 하고 찾아가 보니 까마귀가 바위를 쪼고 있었다. 그 바위는 밀가루 회칠을 한 듯 희었으며 약간 붉은빛이 났는데 가까이 가보니 석염(돌소금)이었다고 한다. 그러나 천지를 분간하기 어려운 짙은 안개 때문에 그 지점을 다시는 찾지 못했다고 한다.

이렇듯 또 다른 신비의 별천지가 존재한다는 신빙성을 뒷받침해 주는 오복동의 이야기도 전해져 온다.

구문소 석문을 지나 태백시 혈동에 가면 혈리국이 있는데 석회동굴로, 굴속에서 물이 나온다. 가을에 굴속에서 배춧잎이 떠내려오는 수가 가끔 있는데 이곳 사람들이 전하는 이야기로 굴속에 신선이 사는 이상세계인 별천지가 존재한다고 하며 정선군 남면 무릉리에도 물이 나오는 석회 동굴이 있다. 이 동굴에는 굴속에 무릉도원의 이상향이 있다고 전해지며 정선의 옛 이름이 도원인 것은 이 동굴에서 유래된 것이다.

정감록의 '북두류노정기'에도 다음과 같이 기술되어 있다.

'평강읍에서 석장량까지는 20리, 석장량에서 구동에 이르는 마삽까지는 50리, 마삽에서 구곡천에 이르는 길이 30리이다. 구곡천에서 청화산으로 들어가면 좌우에 큰산이 있고 긴 골짜기가 40여 리까지 골을 이루고 있는데 이 끝에 또 큰산이 있으며 이 산 머리에 당도하면 수칸불당이 있다.

그 불당 뒤쪽에는 '천장폭포'가 있고 폭포 안으로 들어가면 길이가 10리 정도나 되는 석굴이 나타난다. 이 굴 끝에 다다르면 명랑세계(明朗世界)가 있다.'

이곳이 바로 또 다른 이상향의 세계라는 곳이다.

이처럼 태백 영산의 줄기마다 서려 있는 천혜의 절경과 어우러져 예로부터 오늘날까지 숨쉬어 내려오는 천하의 명승지 속에서 미지의 세계를 엿볼 수 있다.

● 구문소, 용궁의 돌떡

옛날 구문소 옆에 엄종한이라는 사람이 노부모를 모시고 살았는데 매일 구문소에 나가 그물로 고기를 잡았다. 어느 날 그물을 쳐놓은 곳으로 가보니 그물이 없어져 버려 그물을 찾다가 그만 실족해서 물에 빠져 버렸다. 한참 후 눈을 뜬 엄씨는 주위를 두리번거리며 살피고 있는데 그곳은 지상에서는 보지 못한 별천지였다.

'내가 죽었나 살았나. 여기는 또 어떤 곳이란 말인가? 내가 지금 꿈을 꾸고 있는 것은 아닐까?'

엄종한은 자신이 구문소 물밑 용궁세계에 와 있음을 깨달았다. 그때 어디선가 웅성웅성 하는 소리가 들리더니 용궁군사들이 들이닥쳐 엄씨를 끌고 갔다.

용왕 앞에 끌려간 엄씨는 사시나무 떨듯 꿇어앉아 있는데 용왕이 말했다.

"네놈이 엄종한이라는 자냐?"

"예. 그렇습니다."

"너는 왜 남의 닭을 잡아갔느냐?"

"그런 적은 없습니다."

"끝까지 거짓말을 하고 있구나, 고얀 녀석 같으니라고."

엄씨가 가만히 생각해 보니 자기가 잡았던 물고기가 바로 이곳의 닭이었다. 그래서 "용서하십시오. 저는 물고기를 잡아 부모님께 봉양하며 살았는데 그게 닭인 줄 미처 몰랐습니다." 하고 말했다.

용왕은 엄씨의 사정 얘기를 듣더니 화가 풀리는지 부드럽게 대하며, "네 말을 듣고 보니 참으로 효성이 지극하도다. 모르고 한 것이니 내 용서를 해주마. 다음부터는 절대로 닭을 잡지 말아라."

"명심하겠습니다."

용왕의 용서를 받은 엄씨는 3일 동안 용궁에서 편히 쉬며 융숭한 대접을 받았는데, 생생 처음으로 먹어보는 귀한 음식이었지만 부모님과 처자식을 생각하니 음식이 넘어가지 않았다.

'이 맛있는 음식을 부모님께 드릴 수 있다면 얼마나 좋을까?' 하고 몰래 떡한 조각을 주머니에 넣어 두었다.

식사를 마치자 안내인이 다가와, "이제 인간 세상으로 돌려 보내니 이 강아지를 따라가시오." 하였다.

엄씨가 하얀 강아지를 따라 물 밖으로 나오자 강아지는 죽었고, 구문소 강가에서는 무당이 굿을 하고 있었다. 엄씨 집에서 혼이라도 건지려고 무당을 불러굿을 열고 있었던 것이다. 이때 물밑에서 엄씨가 나오자 주위에 몰려 있던 사람들이 까무러칠 듯 놀라며, "귀신이야!" 하였다.

"나요, 엄종한이오. 나는 죽지 않고 살아왔소."

가족들은 죽은 줄만 알았던 사람이 살아왔으니 그 기쁨이야말로 다 설명할 수 없었다.

용궁에서는 3일 동안이었지만 지상에서는 3년이란 세월이 흘러갔으므로 어떻게 살아 돌아왔는지 누구 하나 믿으려 하지 않았다.

엄씨는 마침 용궁에서 가져온 떡이 생각나서 주머니에서 꺼내 보니 떡은 이미 딱딱한 돌로 굳어 있었다. 엄씨는 이것을 버리기가 아까워 빈 쌀독에 그냥 넣어두었는데 다음날 엄씨의 아내가 쌀독을 열어보더니 기겁을 하며 남편을 불렀다.

"여보, 이리 와 보세요!"

빈 쌀독에는 하얀 쌀이 가득 채워져 있는 것이 아닌가. 온 식구들은 모처럼 하얀 쌀밥을 배부르게 먹었다. 그런데 쌀독에 있는 쌀을 아무리 퍼내도 조금도 줄지 않고 그대로 있는 것이었다. 엄씨는 용궁에서 가져온 돌떡(백병석)이 신비한 조화를 부렸던 것을 알고 소중히 보관하고 있었다. 그리고 날마다 늘어나는 양식으로 엄씨는 점차 부자가 되어 풍족한 생활을 누리게 되었다.

그때 한양 조씨에게 시집간 딸이 경북 대현리 배지미라는 곳에서 살고 있었는데, 친정 아버지가 용궁에 갔다 와서 부자가 됐다는 소문을 듣고 친정으로 와 어머니에게 그 돌떡을 잠시 빌려달라고 간청했다.

"아버지가 아시면 큰일나니 빌려줄 수가 없구나." 하며 거절했는데도 딸은 한사코 사정을 하며 "저의 시집이 워낙 가난하니 며칠만 빌려주세요." 하였다.

딸의 애절한 간청을 뿌리치지 못한 어머니는 딸에게 빌려주며 "며칠만 사용하고 다시 가져와야 한다." 하고 신신당부를 했다.

그렇게 하겠다고 말하고 딸은 시집으로 돌아갔는데 그 후 아무 소식이 없었다. 나중에 이 사실을 알게 된 엄씨는 다시 돌떡을 찾으려 했지만 딸의 시집인 조씨네는 이미 안동군 서후면 저진리 마을로 이사를 해버렸다. 이로 인해 조씨네는 부유하게 잘살게 되었고 돌떡을 잃은 엄씨네는 차츰 가세가 기울어 예전처럼 궁핍하게 되고 말았다.

엄씨는 자기를 안내해준 강아지를 구문소 안쪽 둔산이라는 곳에 묻어 주었는데 그 위치는 삼 형제 폭포 윗쪽 강 건너편이라고 한다. 엄씨는 메밀뜨리 건너편 등골이라는 곳에 묻혔는데 이 묘를 용궁묘라 불렀다. 그러나 근래 들어서 강원탄광에서 채탄을 하기 위해 굴착을 하여 용궁묘의 지반이 내려앉아 버렸다. 그래서 강원탄광에서는 이장 공고를 하여 후손들이 묘를 옮기게 되었다.

한편 돌떡을 차지한 엄종한의 사위인 조씨는 경북 봉화군 석포면 대현리 배지마을의 장군대좌형이라는 명당에 묻혀 있다. 그리고 조씨 무덤 아래에는 조씨 후손의 무덤이 여러 개가 있고 매년 조씨들이 시제를 지낸다. 또한 용궁 할아버지(엄종한)의 후손들은 가세가 궁핍하여 이장을 어떻게 해야 하나 하고 고심하다가 조씨가 묻혀 있는 장군대좌형 위쪽에 이장을 하였다.

이런 일이 있자 처음에는 양가에서 분쟁이 있었지만 조씨네 할머니(엄종한의 딸)를 봐서라도 남도 아닌 집안이 되다 보니 양가측에서 협의가 이루어져 원만하게 치러졌다.

또한 낙동강에서 올라온 거북이가 구문소를 통과하여 오복동천을 향해 가다가 서낭당 앞에서 눌러앉아 그만 돌이 되고 말았다는데, 이것을 거북바위라 부른다.

경기도 편

안양시

● 여름에도 얼음이 얼 정도로 차가운 수리산

안양시를 굽어보고 있는 수리산(528m)은 아기자기한 능선이 뒤틀리며 교태를 부리는 듯하고 산허리를 둘러감은 능선봉과 병목안 계곡, 잣나무 숲 터널이 장관을 이루는 산이다.

이 산은 여러 가지 이름을 갖고 있는데 첫째, 견불산(見佛山)이라 부른다. 이것은 어느 왕손이 이 산중에서 득남기도를 올리던 중 부처를 친견했기 때문이라 한다. 둘째, 이 산 남쪽에 신라 진흥왕 때 창건된 고찰 수현사(修現寺)라는 조그마한 사찰이 있는데, 이 절은 심신을 수련하는 성지의 절이 있는 곳이라하여 그 후 산 이름도 수현산(修現山)이라 불렀다고 한다. 셋째로 산의 정상인 태을봉에는 병아리를 낚아채 가는 새인 수리가 앉을 만한 공간만이 있어 수리산이라 부르는데, 이 산에는 지금도 종종 조개껍질과 굴 껍질이 나오고 있어 풍수연구가들은 옛날에는 이 산까지가 바다가 아니었을까 추측하고 있다.

산 속에 녹아 있는 듯한 싱그러운 정취와 소나무 숲 사이마다 전개되는 깊은 골을 스치면서 용진사라는 작은 암자를 지나 올라가면 점점 길이 가파르게 이어진다. 조금 더 가면 공터에 시민들이 운동과 휴식을 취할 수 있도록 꾸며진 체육공원이 나온다. 이른 새벽이면 찬 공기를 폐부 깊숙이 담아내는 사람들이 여기저기 눈에 띈다. 여기서 잠시 쉬어 산 아래의 경치를 조망하면서 호흡을 가다듬으면 기분이 좋아진다.

공터 모퉁이에는 약수가 있는데, 이 찬 우물(약수)은 산줄기 따라 패여 있는 우물 중에서 단연 물맛이 시원하고 좋으며, 아무리 가물어도 이 우물만은 마르지 않는다고 한다. 이 우물에 관한 다음과 같은 전설이 내려오고 있다.

옛날 어떤 찢어지게 가난한 부부가 척박한 산등성이에서 밭을 갈아 일구

어 경작하며 어렵게 생활하고 있었는데 하늘 물이 말랐는지 몇 해 동안 비가 오지 않아 땅은 쩍쩍 갈라지고 농부의 애타는 마음도 쩍쩍 갈라졌다. 농사를 지을 수가 없게 되어 굶어 죽을 수밖에 없게 되자 마지막 남은 음식으로 정성껏 제물을 마련하여 수리산 꼭대기에 올라가 제사를 지냈다. 그리고 꿈을 꾸었는데 꿈에 노인이 나타나, "너의 밭 가운데 가장 높은 곳을 찾아 우물을 파거라. 그러면 거기서 물이 나올 것이다."라고 일러주는 것이었다.

꿈에서 깬 농부가 이상하다고 생각하고 있는데, 옆에서 자던 부인도 똑같은 꿈을 꾸었다고 했다. 신비스러운 일이었다. 부부는 꿈에 나타난 노인이 일러준 대로 했다. 그랬더니 정말 샘물이 솟아나는 것이 아닌가. 부부는 크게 기뻐하며 신령께 감사를 드리고 이 우물로 농사를 지어 많은 수확을 거두었다.

더욱 신기한 것은 아무리 무더운 여름날에도 이 우물 주변은 얼음이 얼 정도로 차갑다는 것이다. 산 정상에 오르면 멀리 군자 앞바다와 소래 염전, 그리고 인천, 수원의 시가지가 한눈에 들어온다.

교통 안내

안양시와 시흥시 장상동, 군포시 산본동 및 화성군 반월면 속다리에 걸쳐 있음.

안양 버스터미널→병목안→안양 한증막→삼거리 마트에서 하차

승용차로 병목안까지 10여 분 소요, 시내버스는 10, 10-3, 15-2 이용

시흥시

●하연의 혼령과 홰나무

시흥시 신천동 계란마을

하연은 영의정까지 오른 인물로 벼슬을 내놓은 후 낙향하여 이곳에서 여생을 보내고 있다가 죽기 전에 자기의 묏자리를 미리 잡아두고, 그 주위에 홰나무를 많이 심어 놓았다.

하연이 죽은 지 수백 년이 지나자 홰나무는 무성하게 자라 숲을 이루게 되었다. 그런데 많은 사람들이 홰나무를 탐내자 그 후손들이 홰나무를 베어내어 팔

기 시작했다. 그러자 울창했던 홰나무 숲은 점점 훼손되어 갔다.

이 시점에 인천 관아에서는 괴이한 변고가 일어났는데 이곳에 부임해 오는 부사마다 하루도 못 넘기고 죽어 나갔다. 그러자 인천 관아에서는 담이 세고 무예가 뛰어난 부사를 파견하였다.

부임한 부사는 동헌에 육방 관속들을 다 모아놓고 "내가 밤을 새워서라도 무슨 일이 있는지 그 연유를 알아내야겠으니 관속들은 즉시 횃불을 많이 만들어 관아를 대낮같이 밝히라." 하고 말했다.

모든 관속들은 하나같이 "이번 부사도 무사하지 못할 거구먼." 하고 말했다.

관속들과 관졸들 모두 또다시 어떤 일이 일어날까 무서워하면서도 정신을 바짝 차리고 관아 주위를 물샐틈없이 지키고 있었다.

어느덧 시간이 흘러 해가 기울더니 점차 달이 떠올랐고, 주위는 고요 속에 파묻혔다.

부사는 방안에서 큰칼을 차고 밖의 동향을 주시하고 있었다.

드디어 한밤중이 되자 웬 관복을 입은 노인이 기척도 없이 부사에게 다가왔다. 분명히 방문을 잠갔는데도 이 노인은 방으로 들어온 것이다. 입은 옷은 고관들이 입는 관복차림이었다.

흠칫 놀란 부사는 "당신은 누구요?" 했다. 노인은 조용히 미소를 지으며 "나는 영의정을 지냈던 하연이라는 사람인데 부사에게 한 가지 청이 있어서 찾아왔소이다." 했다.

부사가 노인을 자세히 보니 고관을 지낸 사람임에 틀림없어 보였다.

"그런데 어떻게 방안으로 들어올 수 있었습니까?"

"이미 혼령이 된 몸이라 자유롭게 들어올 수 있었소. 그리고 내 모습은 오직 부사에게만 보일 뿐이오."

이 말을 듣고 혼령임을 알고 나니 아무리 담력이 강한 부사였지만 머리털이 쭈뼛해지고 얼굴이 창백해지기 시작했다.

"그렇다면 이곳에 부임해온 부사마다 횡사를 당한 것은 무슨 이유 때문이오?"

"내가 부임해 오는 부사에게 간청을 드리려고 찾아오면 나를 본 후 그만 놀라서 죽고 만다오. 그런데 부사는 담력이 있어 이렇게 간청할 수가 있으니 참으로 다행이구려."

부사는 정신을 가다듬고 위엄을 잃지 않으려고 애써 여유를 부리며 "핫핫!"

하고 호탕하게 웃고는 "간청하시는 게 무엇입니까?" 하고 물었다.

"예, 말씀 드리지요. 소래산에 있는 내 무덤 주위에는 생전에 내가 심어놓은 회나무가 울창하게 숲을 이루어, 밤이 되면 내가 나와 그곳에서 놀곤 했는데, 후손들이 나무들을 베어버려 그곳에서 놀 수가 없게 되었소. 부사께서 그 나무를 베어내지 못하도록 해주시오."

"그런 일이라면 염려 놓으십시오."

아침이 되자 관속들은 이번 부사도 시체가 되어 있지 않을까 하고 방안의 기척을 살피고 있는데, 갑자기 문이 열리며 부사가 걸어나오는 것이 아닌가.

"여봐라. 소래산에 있는 회나무를 베어 가는 것을 당장 금하도록 하고 이를 어기는 자를 발견하면 즉시 옥에 가두어라. 그리고 회나무를 더욱 많이 심도록 하여라." 하고 부사는 임명을 내렸다.

이런 일이 있은 후 하연은 가끔씩 부사를 찾아와 놀다가곤 했는데, 이를 귀찮게 여긴 부사는 한 가지 꾀를 내어 더 이상 오지 못하게 했다.

어느 날, 하연이 부사를 찾아오자 부사는 짐짓 반갑게 맞이하며 "어르신, 이 세상에서 귀신이 가장 무서워하는 것이 무엇입니까?" 하고 넌지시 물었다.

"귀신은 복숭아나무를 싫어해서 그 근처에는 얼씬도 하지 않는다오."

이 말을 들은 부사는 관헌 뜰마다 복숭아나무를 심도록 했다. 그러던 어느 날 밤 하연이 찾아와 "부사가 나를 피하려고 복숭아나무를 심어 놓았구려. 이제는 나타나지 않으리다." 하고 사라졌는데 그 후부터는 나타나지 않았다고 한다.

또 다른 얘기가 전해 내려온다.

하연은 생전에 아들 셋을 두고 있었는데, 둘째아들의 그림 솜씨가 뛰어나 부친의 영정을 석 장 그려서 형제간끼리 한 장씩 나눠가졌다. 그 후 임진왜란이 일어나자 막내아들의 후손이 영정을 산소 앞에 있는 사당에 놔두고 피난을 가게 되었는데 왜병이 이 영정이 탐이 나서 가져가려고 하자, 엄청나게 무거워서 가져갈 수가 없게 되었다.

전쟁이 끝나자 마을에 돌아온 후손들은 영정이 없어진 줄 알고 사방으로 찾았지만 찾지 못하고 있었는데, 어느 날 꿈에 하연이 나타나서 영정이 있는 곳을 일러주었다.

일러준 대로 가보니 영정이 바위 틈에 쑤셔 박혀 있었다. 그래서 후손들은 그 영정을 찾아서 다시 모셨다고 한다.

● 죽율동의 황금닭

시흥시 죽율동

시흥시 죽율동에 가면 '댐' 이라 불리는 마을이 있다. 이 마을에 '생금집' 이 있었는데 지금은 폐허가 된 채 그때의 얘기만이 전해질 뿐이다.

옛날부터 '생금(生金)' 이라는 이름을 얻게 된 신기한 얘기가 전해져 오는데 이 이야기가 정설인지 정확히 구분할 수는 없지만, 마치 실제로 있었던 것처럼 다루어져 더욱더 흥미를 느끼게 된다.

옛날 김창권이라는 할아버지가 땔감을 구하려고 집을 나섰는데 좀더 굵직한 나무를 구해야겠다고 생각하고 덕물도(옥구도)에 가기로 했다.

언젠가 썰물일 때 그곳에 가본 적이 있었는데 그곳의 역적산에 굵직한 나무들이 많이 있는 것을 보고 그곳으로 가서 나무를 해오기로 한 것이다.

이윽고 건너가기에 적당한 날이 오자 할아버지는 아침 일찍부터 서둘러 그곳으로 갔다.

옥구도에 도착한 할아버지는 역적산 아래에 있는 유명한 생금 우물가에 지게를 내려놓고, 땔감으로 쓰기에 좋은 나무들을 한참 모으고 있었다. 힘이 들어 잠깐 쉬고 있는데, 앞에서 바스락거리며 무언가가 반짝거리는 것이 보였다. 할아버지가 그곳으로 다가가 살펴보니 움직이는 것은 닭 한 마리였다. 할아버지는 조심스럽게 닭에게 다가갔지만 닭은 도망가지 않고 얌전히 앉아 있었다.

닭을 붙잡고 보니 신기하게도 금빛 깃털을 한 닭이었다. 할아버지는 나무하는 것을 대충 끝내고 보자기에 닭을 싸서 지게에 지고 급한 걸음으로 집으로 돌아왔다.

집에 돌아오자마자 할아버지는 아무에게도 알리지 않고 닭을 골방의 궤 속에 숨겨놓았다. 그런데 닭을 쌌던 보자기에 닭의 깃털이 하나 빠져 있어서 만져보니 딱딱한 금속 같은 것이었다. 할아버지는 이것을 주머니 속에 잘 넣어두고 다음날 한양으로 올라가 금은방을 찾아가서 닭의 깃털을 보여주며 "이것이 무엇인지 알려주시오." 하고 말했다. 찬찬히 깃털을 살펴보던 금은방 주인의 눈이 휘둥그레지면서 "아니! 이거 어디서 난 물건이오?" 하고 물었다.

"그냥 값이 얼마나 나가는지나 알려주시구려."

"50냥 드리리다. 내게 파시오."

처음으로 50냥이라는 거금을 손에 들고 정신없이 집으로 돌아온 김 할아버지는 가슴이 마구 뛰고 자꾸 누군가가 자기의 돈을 노리는 것 같아서 식은땀이 났다. 그래서 좌불안석이었는데 부인이 "영감, 무슨 걱정거리라도 있수?" 하고 물었다.

"걱정은 무신 걱정이여."

"아무래도 이상해요. 도대체 왜 그리 안절부절못하시는 게유?"

"글씨, 아무 일도 아니라니께."

"무슨 일인데 나한테까지 숨기는 거유?"

자꾸 집요하게 치근대는 부인에게 할아버지는 할 수 없이 사정을 얘기해 주며 "이 일은 임자만 알아야 하오." 하고 신신당부를 했다. 그리고 신비스런 황금 닭을 부인에게 보여주었다. 이것을 본 부인도 놀라지 않을 수 없었다.

"이런 복이 우리에게 내리다니 이게 꿈이에요, 생시예요?"

그 후 할아버지는 닭의 깃털을 하나씩 떼어 팔 때마다 다른 금은방을 찾아가곤 했다. 그렇게 해서 재물이 쌓이자 생활이 윤택해지기 시작했다.

그러나 특별한 일도 없이 부자가 된 할아버지를 본 마을 사람들은 이상하게 생각하게 되었는데, 급기야 이 집에 대한 갖가지 소문이 나돌기 시작했다.

여러 가지 소문이 꼬리에 꼬리를 물고 퍼져 나갔다. 하지만 부자가 된 김 할아버지는 전혀 교만하게 행동하지 않고 어려운 사람들을 도우며 근검 절약하면서 살아갔다.

몇 해가 지나 영남지방으로 시집을 갔던 딸이 친정에 들르게 되었는데, 옛날의 자기 집은 온데간데없고 반듯한 큰집이 들어서 있는 것이 아닌가. 가난했던 집안이 이렇게 큰 부자가 되었다니 믿을 수가 없었다.

집에 부모님이 모두 출타하고 없자, 딸은 집안 여기저기를 둘러보다가 그만 숨겨놓았던 황금 닭을 보고 말았다. 딸은 비로소 아버지가 어떻게 해서 부자가 되었는지 알게 되었다. 그리고 가난하게 살아가는 시집의 처지를 생각하고 닭을 보자기에 싸가지고 집을 나와 버렸다.

길을 가다가 잠시 쉬면서 보자기를 풀고 황금 닭을 살펴보는데, 이게 웬일인가? 닭은 보이지 않고 돌멩이만 있을 뿐이었다.

"그럴 리가 없는데!"

순간 깨달음을 얻은 딸은 친정 집으로 다시 돌아와 부모님께 눈물로 용서를 빌었다.

"아버님, 용서하세요. 어려운 시집 생각에 그만……."

"아니다. 다시 돌아와 준 것만으로도 너는 착한 딸이다. 시댁이 그렇게 어렵다니 너도 얼마나 고생을 많겠느냐." 하고 오히려 위로해 주며 딸에게 재산을 떼어 주었다.

그리고 그 돌을 고이 싸서 신주처럼 소중하게 모셨다. 하지만 이미 빛을 잃은 닭의 광채는 영영 되살아나지 않았다. 이 집은 1994년 향토 유적 제7호로 지정되었다.

용인시

● 꽃골

용인시 남사면 창리 화곡부락

화곡부락 골짜기에 꽃골이 있다. 고려 중엽에 과거보러 가던 한 선비가 이 골짜기에 들러 물을 마시려고 샘을 찾았는데, 이곳 주위에는 온통 이름 모를 아름다운 꽃들로 가득 차 있었고 상큼한 꽃향기가 퍼져 마치 꽃동네를 연상케 했다. 그래서 그가 꽃골이라 이름 붙였다고 한다.

그런데 여기서 반드시 주의해야 할 점이 있다. 꽃을 꺾으면 집안이 망하거나 식구 중에 누군가가 앓게 되거나 운이 빠져나간다고 한다. 우리 나라 사람들은 아름다운 꽃을 보면 그냥 지나치는 법이 없는데, 이 말을 그냥 우스갯소리로 흘려 넘기면 안 될 것이다.

파주시

● 450년 전의 미라

단국대학교 석주선 박물관

조선조 중종 때 참의를 지냈던 정온(鄭蘊)의 묘소가 파주시 공설운동장으로 들어서게 됨에 따라 경주 정씨 제안공파 종산인 금촌읍 금능리에서 1996년 11월 6일 오전 10시에 이장 작업을 하게 되었다. 작업하던 중 신기하게도 450년이나 지난 시신이 매장 당시 모습 그대로인 미라로 발견되어 학계에 비상한 관심을 모으게 되었다.

입관된 시신은 170cm 정도의 키에 얼굴 형태와 뼈와 살 등이 썩지 않은 상태였고 치아와 상투, 수염 등이 원형 그대로였으며 내관에 채워놓은 7겹의 수의 20여 점과 다라니경문 초상화도 그대로 있었다.

또한 내관 양면에는 나비 무늬로 장식되어 있고 연결 부위마다 송진이 칠해져 있었으며 목관은 두꺼운 석회로 덮여 있었다. 전혀 통풍이 되지 않아 시신이 부패되지 않은 것으로 추정된다. 현재 단국대학교 석주선 박물관에 전시되어 있다.

우리 나라도 유적과 유산에 관한 좀더 치밀한 연구가 필요하다고 생각되어 이집트 박물관의 유적과 유물 관리 등에 대해 몇 가지 언급해 보고자 한다.

이집트 박물관은 B.C 5,300~3,500년 전의 유품들을 10만 점 이상 소장하고 있다. 그 중에서도 특히 1922년 11월에 영국의 하워드 카터가 발견한 투탕카멘(황금 마스크) 왕의 유품은 이곳의 강국들에 의하여 발굴되었지만, 카이로 박물관의 투탕카멘 왕의 유품처럼 전량이 한 장소에 전시되어 있는 박물관은 전 세계에서 이곳뿐이라고 한다.

더구나 투탕카멘 왕릉 발굴 때에는 이미 고대 이집트의 왕릉과 고분들이 약 700~900개가 발굴된 후이며, 다른 왕들과는 달리 투탕카멘 왕은 소년 왕으로서 9세에서 18세까지 불과 9년밖에 집정하지 않아 많은 학자들은 무덤이 없을 것으로 간주하였다. 그래서 수색을 중단하여 가장 늦게 발견된 것인데 유품 중에서 순금으로 된 미라 관은 당시의 섬세한 세공기술을 잘 보여주고 있다.

외국의 경우를 보아서도 알 수 있듯이 우리도 유적과 유물을 더욱 소중히 아끼고 보전하는 자세가 절실히 요구된다.

● 용바위와 황희정승

파주시 정자동

정자동 북쪽 구연천변에는 높이가 40자나 되는 용바위가 우뚝 서 있는데 그 모양이 용이 일어서 있는 모습과 흡사하여 섬뜩 놀라게 된다.

이 용바위에 있는 용의 귀는 원래 두 개가 있었는데 임진왜란 때 왜장 가등청정이 그 모양이 심상치 않다고 생각하여 활을 쏘아 왼쪽 귀를 부러뜨리고 말았다고 한다.

이 용바위는 용이 배꼽을 드러내고 있는 형상을 하고 있는데, 신기하게도 배꼽에 구멍이 나 있어서 돌을 던져서 배꼽구멍에 들어가면 아들을 낳는다고 하여 이곳에 오는 사람들마다 한 번씩 던져보고 간다고 한다.

또한 이 용의 배꼽은 절반쯤 회칠한 듯 회빛으로 물들어 있는데 이 색깔이 용의 목까지 더 올라가게 되면 나라에 평화가 온다고 한다.

이 용바위에서 남쪽으로 300m쯤 가면 개자리(방촌)라는 마을이 있는데 이곳이 황희정승이 태어난 곳이다. 황희정승의 아호가 방촌이라고 일컫는 것으로 보아 그가 얼마나 고향을 사랑했는가를 알 수 있다.

황희정승은 그의 부모가 용바위 밑에서 1백 일 동안 정성으로 기도를 드려서 얻게 되었는데, 그가 태어날 때 구연폭포가 말랐다가 흘렀다고 하며 용바위에서 백마가 세 번 크게 우는 소리가 들렸다고 한다.

용바위 폭포 앞에는 노거수가 있는데 팔뚝만한 나뭇가지에 창호지를 걸고 정성을 드리는 부인들이 하나씩 돌을 갖다 쌓아놓은 것이 큰 집더미를 이루게 되었다고 한다.

황씨가선묘에 관한 실록에 보면, '토산용아(兎山龍庵)'는 익성공 황정승의 구기(舊基)'라 적혀 있으며 중국사자는 이 형태의 기이하고 웅장한 것을 보고, "중원(중국 땅)에도 이렇게 기이한 곳이 없다."고 하면서 반드시 대현인이 날 것이라고 했다고 한다.

● 천자지지의 명당인 심악산

파주시 교하면 동패리

심악산은 경기 오악(송악, 감악, 심악, 북악, 관악) 중 하나이며 이 산의 기상은 '장군 영병 비룡상천형'이라 하는데 웅장한 암봉들을 무수히 거느리고 있다. 또한 천자지지의 명당터가 있다는 말과 딱 들어맞을 만큼 수려함과 신괴함이 배여 있는 산이기도 하다.

이 산 동편 중턱에는 법성사라는 절이 있는데 이 절 위에는 속병이 잘 낫는다는 신기한 약수가 있다. 아마 이 산의 정기를 받은 수맥을 타고 흘러나온 물이어서 그런 것이 아닐까?

더욱 특이한 것은 온통 암벽인 산봉우리 중심부 주위에 약간 평평한 곳이 있는데 여기를 수십 자 파내려 가도 비세황토 흙이 나오며 바로 여기가 풍수지리설에 의한 천자가 나올 땅, 즉 천자지지라는 곳이다.

조선말 김포에 살던 이지열이라는 사람이 이 마을에 들어와 훈학을 하고 있었는데 부친이 사망하자 이곳에 몰래 시체를 매장해 버렸다. 그런데 이상하게도 이곳에 시체를 매장한 후 산이 울었다고 한다.

그 후 마을에 뜻하지 않은 변고가 또 일어나자 사람들의 걱정이 태산 같았는데, 하루는 이 마을에 사는 김면제라는 하인이 갑자기 미쳐서, "상봉에다 이지열이 산소를 썼다네." 하면서 동네방네 떠들고 다녔다.

이 사실을 알게 된 동네 사람들이 산에 올라가 시체를 파헤쳤다고 한다. 그후부터 이 자리에 아무도 묘를 쓸 엄두를 못 내었다고 한다.

● 신비한 구절초

파주시 교하면

아이를 갖지 못하는 어느 여인이 장명산 중턱에 있는 약수터에서 약수물에 밥을 지어먹고 구절초 달인 물을 먹으며 지성으로 기도를 하고 난 뒤 아이를 갖게 되었다.

이 소문이 한양에까지 퍼지자 아이를 갖지 못한 부인들이 매년 음력 9월 9일이면 이곳 장명산에 올라 약수물에 밥을 지어먹는 등 그 여인처럼 정성을 쏟아 아이를 갖게 되었다는 전설이 전해지고 있다. 그러나 지금은 아쉽게도 이 약수물의 흔적이 사라져 버렸다.

구절초는 여자들의 냉증에 특효가 있다고 한다.

●달걀귀신

파주시 조리면 탑삭골

우리 나라 어디를 가더라도 '도깨비 이야기'가 있게 마련인데 이 마을에도 도깨비 얘기가 단순히 구전으로만 전해져 온다.

봉일천에서 약 1km쯤 들어가다 보면 옹기종기 모여 있는 전형적인 시골마을이 있는데 예로부터 '도깨비 촌'이라 불리는 탑삭골 마을이 있다.

이 마을에 전해지는 전설을 소개해 본다.

해가 산중턱을 막 넘어갈 때, 탑삭골 고갯길을 열심히 올라오던 한 청년이 있었다. 그는 지게에 짐을 가득 지고 마을을 향해서 부지런히 걷고 있었다. 이 청년은 어두운 산길을 혼자 다녀도 끄떡없을 만큼 담이 센 편이었지만 오늘따라 왠지 무서운 생각이 들었다.

어렸을 때 할아버지한테 들었던 달걀귀신 생각이 나서 걸음을 더욱 재촉했지만 빨리 걷는데도 이상하게 발걸음이 잘 떨어지지 않았다.

"이상하군. 오늘따라 기분이 좋지 않은데, 서둘러야지."

자꾸만 이상한 생각이 들어 등골이 오싹해지고 머리털이 쭈뼛해졌다. 바람이 숲을 스치는 소리도 왠지 귀신이 내는 소리로만 들리는 것 같고 바람에 하늘거리는 나무들도 이상한 물체가 너울대며 자기에게 손짓을 하고 있는 것 같았다. 바로 그때였다.

갑자기 청년은 온몸이 얼어붙은 듯 꼼짝도 할 수 없게 되었다. 어스름한 달빛 아래 하얀 옷을 입은 두 노인이 걸어오는 것을 본 것이다. 그런데 자세히 보니 마을 노인들이었다.

"아이구, 간 떨어질 뻔했네. 마을 노인들이 마실 나오신 모양이군, 휴우!"

그는 놀란 가슴을 진정시켰다.

그런데 그 노인들이 탑삭골의 숲속으로 걸어들어 가는 것이 아닌가? 그래서 청년은 다급하게, "여보시오, 그 길로 가면 안 됩니다. 그곳은 도깨비가 나오는 길이오." 하고 뒤쫓아가 큰 소리로 외쳤다.

이 소리를 들었는지 두 노인은 청년 쪽으로 천천히 걸어오기 시작했다. 가까이 보니 한 사람은 할머니이고 한 사람은 할아버지였다. 아무 말도 없이 가까이 다가오는 두 노인은 청년 옆을 스치는가 싶더니 어느새 저만큼 거리를 두고 걸어가는 것이었다. 엄청나게 빠른 걸음걸이였다.

"이보시오, 어르신들." 하고 뒤쫓아가 노인들을 불러 세우자, 두 노인이 쓰윽 뒤를 돌아보았다.

노인들을 보자마자 청년은 "으악!" 하고 외마디 비명을 지르며 그 자리에 털썩 주저앉고 말았다. 완전히 다리가 풀려버린 것이다.

하얀 옷을 입은 두 노인은 얼굴과 머리가 하얗고 눈, 코, 입이 하나도 없는 그런 얼굴이었다. 그런데 마치 안개가 풀리듯 슬슬 숲속으로 빨려들어 가더니 자취를 감추는 것이 아닌가.

와늘와늘 떨던 청년은 사력을 다하여 마을로 냅다 달음박질하여 부사히 집에 도착할 수 있었다. 그런데 집에 온 청년은 그 달걀귀신의 얼굴을 봐서 그런지 몇 해를 넘기지 못하고 그만 세상을 떠나고 말았다.

달걀 도깨비는 탑삭골 주변을 맴돌고 다녔던 것인데, 그럴 때마다 이 마을에는 좋지 않은 일이 일어나곤 했다. 이러한 사건이 일어나게 된 연유와 깊은 관계가 있을 것으로 추측되는 또 다른 일화가 전해지고 있다.

전에 어떤 노인이 이 동네에 들어와서 살기 시작했다고 한다. 탑삭골 능선 위 숲속에 초막을 짓고 호롱불도 없이 밤낮으로 앉아 책을 읽으며 지냈는데 어디서 왔는지 무엇하는 사람인지 알 수가 없었지만, 학식도 있어 보여 주민들은 이 노인을 그냥 '도사' 라고 불렀다고 한다.

그런데 누구 하나 보살펴주는 사람 없이 몇 년을 홀로 외롭게 살던 노인이 어느 날 갑자기 자취를 감춰 버리고 말았다.

이런 일이 있은 후부터 이상한 사건이 발생하기 시작했는데 해마다 노인이 사라져 버린 그날 그때쯤 되면 하늘이 흐려지고 뿌연 안개가 숲속을 덮곤 했다고 한다. 그래서 마을 사람들은 노인이 사라지고 난 후부터 이곳에 달걀귀신이 나타났다고 믿고 있었다.

그 노인이 달걀귀신이라고 말하며 시름시름 앓다가 죽은 청년을 지켜본지라 마을사람들은 궂은 날이나 해가 진 후에는 아예 이 숲속을 지나지 않으며 능선 위에도 절대 올라가지 못하게 되었다고 한다.

가평군

● 사모바위

가평군 가평읍 복장리

조선시대 때의 일이다. 집안이 매우 가난하여 공부는 꿈에도 생각지 못하고 품을 팔아서 하루하루 입에 풀칠을 하고 살아가던 어떤 총각이 있었는데, 키가 훤칠하고 외모가 뛰어났다. 집안이 너무 궁핍하다 보니 총각은 나이가 찼는데도 장가갈 엄두를 못 내고 있었고 노모 한 분을 지극 정성으로 모시고 살아가고 있었다.

하루는 이 총각이 고기를 잡으려고 강가로 나갔는데 이상한 소리가 들리자, 소리나는 곳으로 급히 다가갔다.

가까이 가서 보니 웬 여인이 물에 빠져 허우적대고 있는데 그 여인은 실오라기 하나 걸치지 않은 채 버둥대고 있었다. 아마 이곳에서 목욕을 하다가 그만 미끄러져 웅덩이에 빠진 것 같았다. 이 광경을 본 총각의 마음은 불방망이질치기 시작했다.

여인의 나체를 난생 처음 보았고 백옥 같은 살결에 도톰하고 봉긋하게 솟은 젖가슴을 보았으니 어찌 심장이 요동치지 않겠는가? 그러자 총각은 물에 빠진 처녀를 구해내야겠다는 생각에 물에 뛰어들어 처녀를 끌어올렸다.

처음 만져보는 여인의 탄력 있는 피부에 총각의 마음은 걷잡을 수 없이 떨렸다. 총각은 공포와 추위와 부끄러움에 온몸을 오들오들 떨고 있는 여인에게 자기의 옷을 벗어주며 몸을 가려 주었다.

"이 옷이라도 걸치십시오." 그러자 여인은 기어들어 가는 듯한 목소리로, "뉘신지 모르지만 소녀의 생명을 구해주셔서 정말 감사합니다." 하고 말했다.

"하마터면 큰일날 뻔했소이다. 다치신 데는 없으시오?"

"……."

여인은 자신의 몸을 외간 남자에게 보여주었다는 수치심에 계속 고개를 숙이고 청년의 행동을 지켜보고 있었다.

"괜찮으시다면 여기서 가까운 곳에 저희 집이 있으니 가셔서 옷을 말린 다음 댁으로 가십시오. 저희 집에는 노모 한 분만 계십니다."

여자는 자신의 알몸을 보았는데도 욕정을 품지 않고 친절을 베푸는 청년에게 마음이 놓였고, 점차 호감이 생겼다. 그래서 청년의 말을 따르기로 하고 그가 사는 집으로 갔다.

집에 도착하여 노모에게 여인을 소개시켜 주자, 노모는 며느릿감으로 생각하고 크게 기뻐했다.

어디에 사는 누구인지 물어보니 여인은, 자신은 복장리 앞 강 건너에서 살고 있으며 노부모님을 모시고 산다고 했다.

자초지종을 들은 청년의 어머니는, "이것도 인연인 듯싶으니 장성한 우리 아들놈하고 혼인을 하는 게 어떻겠수! 가진 짓은 없으나 천성이 착하고 부지런하니 색시의 신랑감으로 부족함이 없을게유." 하고 말했다.

그리하여 처녀와 총각은 사랑이 싹트기 시작했고 양가 부모님의 허락 하에 택일을 하여 칠월 칠석에 혼인을 하기로 했다.

드디어 기다리던 혼례날이 다가와 양쪽 마을 사람들이 부산하게 잔치를 준비하고 있는데 이날 아침부터 계속 비가 내렸다.

그만 오겠지, 하는데도 멈출 줄 모르고 장대 같은 비가 계속 쏟아지더니 급기야는 강물이 넘쳐흘러 그만 오도가도 못할 정도로 범람하고 말았다.

강 건너 새색시는 걱정이 되어 강가로 나와 건너편을 바라보니 새신랑이 안타까운 듯 발을 동동 구르고 있는 모습이 보였다.

비는 이튿날도 또 그 다음날도 멈출 줄 모르고 계속 쏟아지니 하늘이 원망스러울 뿐이었다. 그렇게 며칠을 계속 멀리서만 그리워하며 애태우다 보니 그들의 마음은 새까맣게 타버릴 지경이었다. 그때 하늘에서 하얀 빛줄기가 내려와 신랑과 신부를 비추었다. 그러자 신랑은 사모를 쓴 모양의 바위로 변하고 신부는 족두리를 쓴 모양의 바위로 변해 버리고 말았다.

이 애절하고 슬픈 사연을 간직한 바위를 사모바위라 부르며 해마다 칠월 칠석 때만 되면 신랑과 신부의 한맺힌 그리움이 메아리가 되어 바람을 타고 들려온다고 전해진다. 복장리에서 고성리 쪽으로 가다보면 길가의 논에 있는 바위가 그것이다.

● 용이 나온 무덤의 용묘(龍墓)

가평군 가평읍 하색리

하색리 능골에 있는 유몽인의 산소에 얽힌 전설이다.

유몽인이라는 사람은 자는 응문이고 호는 어우당(또는 간재)이라 하며 시문에 뛰어났고 광해군 4년(1612년)에는 도승지를 거쳐 예조참판이 되었다. 다시 이조참판을 지냈으나 인조반정 때 사건에 휘말리어 양주에 도피해 있다가 붙잡혀 아들과 함께 처형당하고 말았다.

그는 처형당하기 전, "내가 죽으면 가평군 군내면 하색촌에 묻되 절대로 명당이라고 말하지 말라."고 당부하였다. 그리고 손자 셋에게도 "과거를 볼 때 삼형제가 한꺼번에 과거시험에 응시하지 말고 따로따로 응시해야 한다. 내 말을 명심해서 들어야 한다." 하고 단단히 일러주었다.

그 후 세월이 유수같이 흘러 장성한 손자들은 한결같이 총명하였고 모두 다 어전시에 응시하려고 주야로 학문에만 몰두하고 있었다.

그런데 할아버지가 그토록 당부했던 유언을 잊고 한양에 올라가 셋 다 똑같이 어전시에 응시하였다. 세 명이 한결같이 장원으로 합격했으므로 이를 심상치 않게 여긴 왕가에서는 이들 형제의 집안을 알아보라며 은밀히 사람을 내려보냈다.

밀사로 내려갔던 사람이 여러 상황을 알아본 후 돌아와 왕에게 보고하기를, "이들 삼 형제는 인조반정 당시 참형을 당한 유몽인의 손자임이 확인되었나이다." 하였다.

"아니! 그런데 어떻게 삼 형제가 하나같이 그런 훌륭한 학문을 지니고 있단 말인가?"

조정의 중신들이 하나둘씩 나서며 말했다.

"그들의 학문은 출중하오나 역적의 후손이라는 점을 유념하시옵소서."

"이대로 놔두었다가는 언제 또다시 반정을 일으킬지 모르오니 미리 싹을 자르는 게 낫습니다."

"이는 필시 명삼대 정승지지에 산소를 썼을 것으로 사료되옵니다."

"즉시 사람을 보내어 알아보라."

어명을 받고 내려온 밀사는 유몽인의 산소에 당도하여 지세를 살펴보니 이 곳이 과연 천하의 명당임을 알게 되었고, 유몽인의 묘를 파기 시작했다.

무덤을 파내려 가자 무덤 속에는 유몽인이 용이 되어 이제 곧 일어나려는 중이었다. 놀란 사람들이 흠칫 뒤로 물러나자 용은 푸른 빛을 발하며 구름을 일으키더니 당고개 쪽으로 달아나기 시작했다.

"용을 놓쳐서는 안 된다. 반드시 잡아 죽여야 한다."

관졸들이 우르르 뒤쫓아가 용을 잡아 칼로 치고 창으로 찌르니 용은 피투성이가 된 채 쓰러져 괴성을 지르고 죽고 말았다.

그 후 이 마을에서는 이곳을 용이 나온 산소라 하여 용묘라고 부른다.

● 온천약수

가평군 설악면 설곡리

설곡리에 들어앉아 있는 양지마을에 가면 암반 밑에서 맑은 물이 솟아오르는데 이 바위를 약수바위라고 한다. 이 약수는 예로부터 매우 뜨거운 온천수가 나와 피부병에 특효라는 소문이 알려져 전국 각지에서 많은 사람들이 찾아와 줄을 지었다고 한다.

그래서 이 마을에 전국의 환자들이 들끓다 보니 '병자마을'이라는 곱지 않은 별명도 얻고 있는 데다 온갖 질병을 앓고 있는 환자들이 득실거려 일부 마을 사람들은 "병자들 때문에 우리 동네가 몽땅 오염돼 가고 있다."며 크게 불평하였다.

"병자들을 들어오지 못하게 할 뾰쪽한 방법을 찾아봅시다."

"그럽시다. 이거야 원, 멀쩡한 사람들도 병을 옮게 되었으니 무슨 수를 써야지요."

"차라리 약수터에 개를 잡아 피를 뿌려 버립시다."

"아니, 그것은 금기사항 아니오?"

"그렇게 하면 더 이상 환자들이 몰려들지 않을 게 아니겠소?"

"듣고 보니 그럴듯하오."

이 약수터에서 금기사항인 절대로 개를 잡아서는 안 된다는 것을 알면서도 사람들은 더 이상 동네에 환자들이 들끓지 않도록 하기 위해서 개를 잡아 여기저기에 피를 뿌렸다.

이런 일이 있은 후 뜨거운 물이 솟아 나오던 온천은 냉천으로 변하고 말았으며 개를 잡아 피를 뿌린 사람들은 패가 망신하였고, 집안마저도 폐가가 되었다고 한다. 하지만 다행스럽게도 약수탕의 약효는 여전하다고 하며 특히 옻독이 오른 사람이 이곳에 와서 이 물을 바르고 마시면 씻은 듯이 낫는다고 한다.

●삼선동의 선녀(仙女)

가평군 설악면 사룡리

사룡리에 있는 삼성동 부락에 선녀들에 관한 애틋하고 아름다운 전설이 내려오고 있다.

옛날 어느 마을에 부모님을 모시고 살아가는 삼 형제가 있었다. 이 형제들은 한결같이 심성이 착하고 효심이 지극하여 주변에서 칭찬이 자자했다. 동네에서 큰일이 있을 때는 모두 다 자기 일처럼 열심히 일을 거들어주었고 동네 어른들에게는 깍듯한 예의를 갖추어 대했다.

그러던 어느 날, 비록 가난하지만 언제나 화평이 넘치는 이 집에 근심거리가 생겼는데, 그것은 노모가 갑자기 병환이 들어 자리에 누운 것이다.

큰 근심을 안고 삼 형제는 어떻게 해서든지 어머님의 병환을 낫게 해드리려고 용하다는 의원을 찾아 약을 구하러 다녔다.

어느 날 약을 구하러 고갯길을 넘어가고 있는데, 맞은편에서 웬 노승이 걸어오고 있었다.

삼 형제는 노승에게 합장을 하며 예를 갖추고 다시 길을 떠나려 하고 있었다. 그런데 "웬 얼굴에 그리 수심이 가득한가?" 하고 노승이 물었다.

"스님! 저희 어머님이 병환이 나셔서 약을 구하러 가는 길입니다만, 워낙 형편이 어려워 약을 구해드리지 못하니 가슴이 아픕니다."

"나는 그대들의 효성을 알고 있는 터, 내가 방법을 일러주기는 하겠지만 그것은 너무도 힘든 일이로다."

병을 낫게 할 수 있다는 말을 들은 삼 형제는 눈이 동그래져 그 방법을 물었다.

"어머님 병환을 낫게만 할 수 있다면 어떤 어려운 일이라도 감수하겠으니 제발 저희를 도와주십시오, 스님."

노승으로부터 방법을 전해들은 삼 형제는 집으로 돌아와 아버지께 그 일을 고하고 곧 약초를 구하러 길을 나섰다.

이 산 저 산을 훑어 다니며 노승이 일러준 약초를 찾아 헤맸지만 그 약초는 어디에 있는지 알 길이 없었다. 온 산을 이잡듯이 뒤지고 다니다가 집에서 가까운 곳에 있는 울업산에 올라가 찾아보기로 했다.

삼 형제는 가시덩굴에 살이 찢기고 험한 벼랑길에서 굴러 미끄러지기도 하면서 찾아 헤매는데 앞에 웬 동굴이 하나 있었다.

너무나 피곤하고 지친 이들은 동굴 안에서 잠시 쉬기로 하고 동굴 안으로 들어갔다. 굴 안에 들어가니 매우 시원하고 좋았다. 천장에서 떨어져 고인 웅덩이의 물을 마시려고 가까이 다가가는데 웅덩이 앞에 절세미인인 여자 세 명이 앉아 있는 것이 어렴풋이 보였다. 눈치채지 못하게 다가간 삼 형제는 숨을 죽이고 그녀들을 지켜보았다.

백옥 같은 피부에 탐스럽게 익어 터질 듯한 몸매를 지닌 세 명의 미인이 물에 서니의 옷을 입고 있는 중이었다.

그토록 아름다운 여인을 본 이들의 마음이 요동치기 시작하더니, 호흡마저 가빠오기 시작했다.

"저런 미인과 살 수만 있다면 얼마나 좋을까." 하는 몽상도 해보았다. 숨어서 지켜보던 이들을 발견한 한 미인이 "당신들은 누구인데 이곳까지 들어올 수 있었습니까?" 하고 물었다.

이때 맏이가 나서며 말했다.

"저희는 어머님의 병환을 낫게 해드리려고 약초를 찾아 헤매다가 우연히 이 굴을 발견하고 지친 몸을 쉬어 갈까 하는 중입니다."

"여기는 하늘나라에서 사는 사람들만 올 수 있는 곳이랍니다. 이곳까지 들어왔다니 아마도 하늘이 당신네들의 효심에 감동하여 이곳까지 인도해준 게 틀림없군요."

"그 약초가 있는 곳을 알고 있으니 그대들을 도와드리겠소."

"이 은혜는 평생 잊지 않겠소이다."

이 말을 들은 삼 형제는 뛸 듯이 기뻐하며 미인이 알려준 곳으로 가보았다. 그랬더니 과연 그곳에는 많은 약초들이 자라고 있었다. 약초를 캐어 날 듯이 집으로 달려간 삼 형제는 정성껏 달여서 어머님께 드렸다. 그러자 약을 마신 어머니는 곧 자리에서 일어나게 되었다.

이런 일이 있은 며칠 후 삼 형제는 그때 만났던 세 여인이 몹시 보고 싶기도 하고 감사하여 그 마음을 전하려고 다시 그 동굴로 찾아갔다.

동굴 안으로 들어간 삼 형제는 세 여인과 만나 감사함을 표하고, 자주 그 동굴을 찾아 세 여인과 즐거운 이야기를 나누곤 하였는데, 나라에 전쟁이 일어나자 삼 형제도 나라를 지키러 전쟁터로 나가지 않을 수 없게 되었다.

삼 형제는 세 여인과 헤어지는 것을 몹시 안타까워하면서 후일 혼인하여 백년해로를 다짐받고 전쟁터로 나갔다. 하지만 전쟁이 끝난 후에도 삼 형제는 영영 돌아올 수 없게 되었다. 슬프게도 그들 모두 전사하고 만 것이다.

그 후 전해오는 말에 의하면 지금도 신선봉에 안개가 자욱히 깔리는 날이면 세 여인이 이야기하는 소리가 어렴풋이 들려온다고 한다.

● 호령산 소나무

가평군 설악면 묵안리

묵안리 뒷골과 종자리 사이에 지맥을 뻗고 있는 호령산에는 약 400년 수령의 노송 한 그루가 뿌리를 내리고 있다.

옛날 이 소나무 아래 마을에서 농사를 지으며 살던 부부가 있었는데, 어느 여름날 비가 몹시 퍼붓던 저녁쯤 남편이 논물을 보려고 나갔다가 그만 짐승에게 물려가고 말았다.

시간이 늦어도 남편이 돌아오지 않자 부인은 남편을 찾아 나섰는데, 종자리 쪽으로 찾아 나설 때 부인은 너무나도 끔찍한 광경을 보고 말았다.

"에그머니나, 저럴 수가!"

엄청나게 큰 호랑이가 소나무 아래에서 남편을 뜯어먹고 있는 것이 아닌가?

이 처절한 광경을 보고 정신없이 남편을 살려야겠다는 일념으로 호랑이 앞으로 달려가 호랑이를 밀치고 때렸다. 그러나 호랑이는 이 부인을 물끄러미 쳐다보기만 할 뿐 잡아먹지 않고 슬그머니 피하더니 어둠 속으로 사라져 버렸다.

부인은 이미 숨이 끊어진 남편의 시신을 거두어 장례를 치렀다. 남편을 잃은 슬픔이 채 가라앉기도 전에 부인은 늘 하듯 뒷골에 논물을 대려고 올라가 보았다. 그런데 이상하게도 누가 했는지 논물은 이미 다 대여져 있고, 김을 매려고 밭에 나가면 이미 풀이 뽑아져 있었다.

부인은 홀로 된 자신이 안쓰러워 마을에서 누군가가 자기를 도와주고 있다고만 생각했는데, 이런 일이 있을 때마다 호랑이 발자국이 남아 있는 것을 보고야 남편을 잡아먹었던 그 호랑이가 도와준 것임을 알게 되었다.

그 후 사람들은 남편을 구하기 위해 달려든 부인의 그 용기에 호랑이가 감화

하여 도와준 것이라고 생각했으며, 호랑이가 '어흥' 하고 큰소리로 호령했다
하여 그곳의 나무를 호령산 소나무라 불렀다.

● 장락산의 각시동 굴

가평군 설악면 미사리

미사리는 북한강 상류에 위치하고 있으며, 북으로 강원도 춘성군과 동남으
로 용문산 자락에 안겨 있는 장락산이 이 마을을 수호하듯 솟아 있다.

미사리라는 말은 홍천강에서 흘러내린 강물과 합류되는 지점에 많은 모래가
유입되어 있다 하여 그렇게 부르는데, 수려한 풍광도 압권이지만 요즘에는 이
곳에 가페촌이 형성되어 밤이면 불야성을 이루고 있다. 그래서 분위기 있는 장
소로 알려져 연인들의 데이트 코스로 각광받고 있다.

장락산의 산행 기점은 홍천 방향으로 난 494번 도로 좌측에 있는 위곡리에서
시작되는데, 여기서 왼쪽 길로 접어들면 오른쪽에 보이는 큰 봉우리가 장락산
의 주봉이다. 주봉을 향해 올라가는 길은 잣나무 숲을 거쳐 반죽으로 뒤엉켜
굳은 듯한 계곡으로 들어서면 걷기가 약간 불편한 돌 너덜 지대가 나오는데,
이 경사 길을 오르며 시작된다.

그리고 장락산의 또 하나의 절경은 이름 그대로 '구름 연못' 이라는 운담이
다. 이곳은 마을 사람들이 괴로운 일이 생길 때면 이곳에 올라와서 운해에 싸
여 선계를 이루는 환상의 분위기에 취하곤 한다. 그러다 보면 인간사 모든 근
심이 사라져 버리기 때문이다.

가는 방법은 상봉터미널에서 청평 경유 신천리행 버스를 타면 된다. 버스는
매 40분마다 운행되고 있다.

장락산에 있는 각시굴에 관한 전설이 있다.

장락산 중턱에는 동굴이 하나 있는데 이 굴을 '각시굴' 이라 하며 굴의 바위
를 '각시바위' 라고 한다.

임오군란 때의 일이다. 홀어머니를 모시고 사는 예쁜 처녀가 있었는데 행실
이 착하고 단정하여 마을 사람들에게까지도 칭찬이 자자했다. 그런데 이 처녀
는 아무도 모르게 건너 마을에 사는 총각과 한평생을 같이 보내기로 약속을 한
사이였다.

젊은 남녀의 뜨거운 사랑이 한창 무르익고 있을 때 임오군란이 일어나 이 총

각은 전쟁터로 나가게 되었다. 젊은 남녀가 헤어져 있어야 하는 마음도 아프지만 죽음을 넘나드는 전쟁터에 나가는 길이니 이들은 불안하지 않을 수 없었다.

사랑하는 사람을 전쟁터로 보낸 처녀는 혹시나 변을 당하지는 않을까 노심초사하며 지내고 있는데, 어느 날 처녀의 어머니마저 시름시름 앓다가 그만 세상을 뜨니 아무도 의지할 데 없이 홀로 된 처녀는 극한 외로움과 슬픔에 몸을 떨어야만 했다.

전쟁중이라 인심은 날로 흉흉해지고 남정네들은 여자라면 닥치는 대로 강간을 일삼는 바람에 이 처녀는 온전히 몸을 지키기 위해 장락산 동굴 속에 몸을 숨기고 청년이 무사히 돌아오기만을 기다리고 있었다.

먹을 양식과 베틀을 준비해서 동굴로 갖고 들어온 처녀는 청년을 기다리며 밤이면 동굴에서 몰래 나와 밖의 형편을 살피고 돌아가곤 했다.

사랑하는 청년의 소식을 오매불망 기다렸으나 전쟁이 끝난 후에도 청년은 끝내 돌아오지 않았다. 그러자 처녀는 동굴 안에서 낭군만을 기다렸다.

마을 사람들은 이 처녀가 보이질 않자 찾아 나섰는데, 동굴 안에서 처녀는 베를 짜는 모습으로 앉아 죽어 있었다.

베를 짜면서 오로지 님만을 기다렸던 것이다. 그 후 사람들은 이 처녀의 애절한 사연을 알고 처녀의 넋을 기리기 위해 그 동굴을 '각시굴' 이라 불렀다고 한다.

● 문짝 달린 문바위

가평군 외서면 성천 1리

외서면 성천 1리 최골 돼지우물 근처에 있는 문 바위는 병자호란 때의 전설을 안고 있다. 병자호란 때 오랑캐들은 약탈과 방화, 심지어는 아녀자들을 윤간까지 행하고 젊은이들을 보이는 대로 죽이고 다녔다.

"동네 사람들, 우리 이러다가 잡히면 몽땅 죽을 것이니 인적이 드문 곳으로 빨리 피난을 갑시다."

"그러는 게 좋겠소."

"양식과 살림 몇 가지만 급히 챙겨 최골로 모두 나오시오."

부랴부랴 집으로 돌아간 주민들이 양식과 생활필수품만 급하게 챙겨서 약속한 장소로 다시 모였다.

이렇게 해서 마을 사람들은 죽음을 피하기 위해 최골의 울창한 숲으로 피하여 몸을 숨기게 되었지만, 주위에서 바스락 소리만 나도 가슴이 철렁 내려앉곤하는 그야말로 피를 말리는 시간들이었다.

그 시간, 오랑캐들은 눈에 불을 켜듯 마을 사람들을 찾아내어 닥치는 대로 죽이는 데 혈안이 되어 있었다.

"대장, 이곳에 쌀이 떨어져 있고 사람들의 발자국이 있습니다." 하고 병사가 소리쳤다.

"이곳을 철저히 수색하라! 마을 사람들이 반드시 이 근방 어딘가에 숨어 있을 것이다."

대장의 명령을 받은 군사들이 흩어져 숲을 헤치고 다니자, 마을 사람들의 운명은 날 그대로 풍선등화의 시경에 놓이게 되었다. 병사들이 짐짐 자기들 쪽으로 다가오고 있는 것을 발견한 마을 사람들은 커다란 바위 앞에 모여 앉아 저마다 살길을 열어달라고 애원하며 빌고 또 빌었다. 그런데 이게 웬일인가! 천지신명이 도우셨는지 커다란 바위 문이 스스로 열리는 것이 아닌가?

"신령님! 감사합니다. 여러분, 바위 문이 열렸으니 어서 이 속으로 몸을 숨깁시다."

마을 사람들은 바위 속으로 모두 들어가 숨었다. 그러자 열렸던 육중한 바위 문이 다시 저절로 닫혀 버렸다. 바위 속으로 몸을 숨긴 사람들은 위험에서 벗어날 수 있었지만, 그 후 전쟁이 끝난 후에도 바위 문이 열리지 않았다.

그래서 그때 바위 속에 갇힌 사람들은 천상의 세계에 가서 사는지, 아니면 아무도 모르게 바위 밖으로 나와서 다른 지방으로 갔는지 알 길이 없다고 한다.

문바위 여기저기를 만져보고 확인해도 문짝은 보이지 않지만, 그때의 기억을 아는지 모르는지 바위는 지금도 그 자리에 옛 사연을 머금은 채 서 있다.

● 영험한 부엉이 바위

가평군 상면 항사리

이 마을에 딸만 일곱 명을 둔 부부가 살고 있었다.

아들 하나 낳아 대를 이어보겠다는 마음은 굴뚝같았지만 낳기만 하면 줄줄이 딸이니 남편은 아들 하나 얻는 것이 간절한 소원이었다.

"에그, 아들 놈 하나만 얻을 수 있다면……."

늘 죄인처럼 고개를 숙이고 있던 부인이 힘없는 목소리로, "제가 전생에 큰 죄를 지었나 봅니다." 하고 말했다.

"그게 어찌 부인 잘못이란 말이오. 그것이 어찌 사람의 힘으로 된단 말이오."

"여보, 동네 사람들 말에 마을 뒷산에 있는 큰 바위에 공을 들이면 소원이 이루어진다고 하는데 백 일 지성을 드려 보는 것도 좋지 않겠어요?"

"그 힘든 일을 부인이 할 수 있단 말이오?"

"아들 하나 얻는다는데, 그보다 더한 일은 못하겠어요?"

부인은 다음날 아침부터 매일같이 목욕 재계하고 아침부터 밤까지 이 바위 밑에 앉아 간절히 기도를 드렸다. 드디어 백 일째 정성으로 기도를 드리다가 깜박 잠이 들었는데, 그 바위에서 부엉이 한 쌍이 나와 알을 떨어뜨리고 날아가는 것이었다. 놀라 잠을 깨보니 꿈에서 본 알 한 개가 풀 위에 떨어져 있는 것이 아닌가? 부인은 꿈이 하도 신통하고 괴이해서 그 알을 주워 먹었다.

그 후 부인의 몸에 태기가 있더니 열 달 만에 드디어 소원하던 고추 달린 사내아이를 낳게 되었다. 그 후부터 이 바위를 영험이 깃든 바위, 꿈에 부엉이가 나온 바위라 하여 '부엉이 바위'라고 부르고 있으며 많은 사람들이 이 바위를 찾아와 소원을 빌게 되었다고 한다. 지금도 이 바위에는 부엉이가 새끼를 치며 살고 있다.

양평군

● 용문사 은행나무

양평군 용문면 신정리

용문사는 용문산(1157m) 자락에 안겨 있는 사찰이다.

용문산은 양평군 거의 모든 지역을 두루 감고 있다. 용문사의 일주문을 지나 계곡으로 들어가면 공기부터 청정하며 노송과 수목들이 짙푸름으로 빽빽이 들어차 있고 마치 길을 열어주듯 도열해 있다.

계곡 아래 바닥엔 암반을 넘느라 길게 뽑아 내린 백류가 바위를 타고 넘으며 흐르는데, 물 흐르는 소리가 제법 힘차다.

바람 소리를 들으며 피안의 세계로 빠져들 무렵이면 어느새 눈앞에 손에 잡힐 듯이 고찰 용문사가 보이기 시작한다. 용문사는 정조대왕이 부친인 사도세자의 넋을 위로하기 위해 세운 절이다.

용문사 대웅전 앞에 천 년의 숨결을 이어오고 있는 은행나무는 우리 나라에서 가장 오래되고 가장 큰 나무로 수령이 1,100여 년이 되고 높이는 60여m, 둘

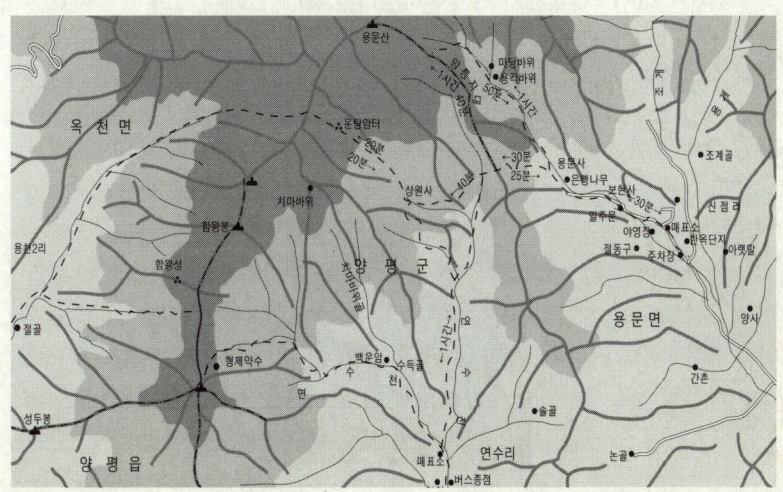

레는 12m쯤 되어 어른 7, 8명이 팔을 이어 뻗어야 나무를 안을 수 있을 만큼 엄청난 거목이다.

아래서 위를 쳐다보면 마치 하늘을 찌르고 있는 듯하며, 천 년의 역사를 보듬고 천 년의 숨결을 이어오는 듯 표피에는 용암반죽이 굳어서 생긴 진기한 형태를 하고 있어 세월의 인고를 이겨낸 강인함이 절절이 파고든다.

이 은행나무는 정미년에 의병이 일어났을 때, 일본군이 의병의 본산이라 하여 이 사찰을 불태워 버렸을 때도 불타지 않고 살아 남았다. 그래서 '천왕목'이라는 별칭도 갖고 있으며 조선조 세종 때는 정3품의 벼슬인 당상직첩(堂上職牒)의 벼슬을 하사받기도 했다.

용문사 동쪽 능선에는 보물 531호인 정지국사 부도비가 있고 절 아래에는 빈터가 있으며 이곳에 높은 철탑이 세워져 있는데, 철탑 끝 부분에 피뢰침 같은 것이 달려 있다. 아마 이것은 우리 나라에서 가장 오래되고 큰 고목을 벼락에서 구해주려는 배려인 듯싶다.

신라의 국운이 쇠할 대로 쇠해진 경순왕 때 그의 스승인 대경대사가 찾아와서 심은 것이라고도 전해지며 세자인 마의태자가 나라를 잃은 설움을 안고 금강산으로 들어가기 전에 짚고 다니던 지팡이를 꽂아 놓은 것이라고도 한다. 또 의상대사가 짚고 다니던 지팡이를 꽂아놓은 것이 뿌리가 내려 자란 것이라고도 전해진다.

옛날 어떤 사람이 이 나무를 자르려고 톱을 갖다 대자, 천둥이 치며 하늘이 우중충해지더니 나무에서 피가 쏟아졌다고 한다. 그래서 놀라 나무 자르는 일을 중지하였다고 한다. 또한 나라에 큰일이 있을 때 소리를 냈다고 하며 조선 말에 고종황제가 승하하였을 때 가지 한 개가 부러졌고, 8·15 해방 때와 6·25 전쟁 때에도 이 나무가 이상한 소리를 냈다고 하는 영목(靈木)이다.

●함씨의 시조가 탄생한 함왕혈(咸王穴)

양평군 옥천면 용천 2리

산사 입구 계곡에 큰 바위굴
이 하나 있는데 여기가 바로
함씨 시조인 성주 함왕(咸王)
이 탄생한 혈이라고 전해지는
구멍이다.

옛날 이 바위굴 근방에 함씨
족이 무리를 이루며 살고 있었
는데 무리를 이끌어 나갈 지도

자가 없다 보니 씨족에서 사소한 일이 생겨도 의견이 통일되지 못하고 체계화
를 이루어 나가지 못했다. 고심 끝에 자신들의 지도자를 점지해 달라고 하늘에
제를 올리기로 하였다.

그러던 어느 날 이 혈에서 옥동자가 나왔는데 생긴 것부터가 예사 아이가 아
니었다.

씨족들은 이 아이를 하늘에서 내려준 인물로 믿고 자기들의 지도자로 추대
하였다. 아이가 나온 구멍을 성지로 축조하고 부족의 세력을 확장시켜 나갔는
데, 다른 씨족들의 침입으로 성지도 파괴되고 왕도 죽고 말았다. 그 후 또 다른
지도자를 찾지 못하고 있다가 결국에는 패망의 길로 접어들었다.

현재에 이르러서는 양근 함씨의 후손들이 그 바위에 보호망을 설치하고 제
사를 지내며 선조로 모시고 있다.

여주군

●신륵사

여주군 북내면 천송리

신륵사는 산세가 수려한 봉
미산 기슭에 자리잡은 사찰
로 용주사의 말사이다.

신륵사의 창건 연대는 확실
히 알려지지 않고 있고, 신라
진평왕 때 원효대사가 창건
했다는 설이 전해지고 있지
만 이것도 확실하지는 않다.

신륵사는 빼어난 경관을 안고 있는 사찰로도 유명하지만, 이 절이 특히 강가
에 위치하고 있어서인지 용과 물에 관련된 전설이 많이 전해내려 온다.

초여름 어느 새벽에 한 청년이 길 떠날 채비를 서두르고 있었다.

"몸 건강히 다녀오너라. 어젯밤 꿈자리가 뒤숭숭하니 특히 여자를 조심해야
한다."

"알겠습니다, 어머님. 아무 걱정 마십시오."

"내 말을 꼭 명심해야 한다."

"예, 다녀오겠습니다."

혼자 남은 어머니가 걱정이 된 아들은 사립문을 나서며 계속 뒤를 돌아보고
있었다. 문 앞에서 손을 흔드는 어머니의 모습에 눈물이 핑 돌 정도였다.

길을 재촉하며 걷던 청년은 어머님께서 '꿈자리가 뒤숭숭하구나.' 하신 말씀
이 생각나 마음이 불안했다.

날이 더워 잠시 쉬어가기로 하고 강가에 내려가 옷을 벗어제치고는 시원하
게 멱을 감았다. 금방 기분이 상쾌해지자 청년은 보따리를 풀어 주먹밥으로 요
기를 하고는 바위에 누워 파란 하늘을 쳐다보았다.

하늘도 맑고 시원한 바람도 불어오고, 더구나 마침 밥을 먹고 난 후라 점점 눈꺼풀이 무거워지더니 이내 졸음이 쏟아지기 시작했다. 곧 잠에 빠져 들어간 청년은 꿈을 꾸기 시작했다.

어떤 동자승이 나루터에 도착하여 사공에게 배를 태워달라고 부탁했다.

"배삯부터 받아야겠다. 공짜는 어림도 없다."

"배삯을 드릴 테니 태워주십시오."

동자승이 배삯을 내려고 짐 보따리를 풀었는데, 보따리 안에 많은 돈 꾸러미가 있었다. 이것을 본 사공은 눈을 크게 뜨며 말했다.

"이 많은 돈을 어디서 났느냐. 사실대로 말하지 않으면 관가에 고발하겠다."

"이 돈은 보은사를 중창할 시주돈입니다. 스님께서 강 건너 대장간에 갖다 주리고 하시서 심부름을 가는 길입니다."

"그럼 태워다 줄 테니 어서 타거라."

동자승을 태운 배가 막 나루터를 떠나려 하는데, 웬 여인이 헐레벌떡 뛰어와 사공에게 말했다.

"여보세요, 잠깐만 기다리세요. 저 좀 태워주세요."

"늦었소이다. 지금은 배를 띄웠으니 다음 배를 타도록 하시오."

동자승은 사공에게 "저 여인이 워낙 급한 모양이니 태우고 가도록 합시다." 하였다.

사공은 다시 배를 돌려 여인을 태웠다.

"고맙습니다. 사공님. 어디까지 가십니까?"

배에 탄 여인은 동자승에게 물었다.

"예, 소승은 보은사 사미승이온데 절 중창에 필요한 연장을 맞추려고 대장간

에 가는 길입니다."

"잘되었군요. 저도 시주를 하고 싶으니 저희 집으로 같이 가주세요."

이 얘기를 듣고 있던 사공이 갑자기 노를 들어 여인을 향해 내리쳤다.

"에잇, 요망한 것."

사공의 공격을 재빨리 피한 여인은 물 속으로 뛰어들더니 금세 구렁이로 변하여 달아났다.

꿈에서 깨어난 청년이 눈을 뜨자 큰 구렁이 한 마리가 똬리를 틀고 있었다. 놀란 청년은 뒤로 물러나 큰돌을 들어 구렁이를 향해 던지려 했다. 그러자 구렁이는 슬슬 도망가고 말았다.

"맞아. 저 구렁이는 꿈에서 본 사공에게 쫓기던 여인이 틀림없어."

청년은 그 자리를 벗어나 나루터가 있는 곳으로 발길을 재촉했는데 한숨 자느라 시간을 지체해서인지 어느새 해가 서산에 기울 무렵이 되었다.

나루터에 도착한 청년은 늙은 사공이 배에 앉아 있는 것을 보고, "사공 어르신, 배를 태워 주십시오." 하고 말했다.

"예, 어서 타세요, 손님. 그런데 이렇게 늦게 어디를 가시오?"

"과거를 보러 가는 중입니다."

그는 걱정이 되는 듯 빤히 쳐다보며, "에그, 나루를 건너더라도 30리 안에는 인가도 없는데 어쩌시려고?" 하고 말했다.

"아니, 인가가 없다니요? 여기가 여강 나루 아닙니까?"

"맞습죠. 그러나 젊은이는 길을 잘못 들었소이다. 젊은이는 오늘 낮 강가에서 구렁이 한 마리를 보았지요?"

사공을 자세히 쳐다본 청년은 깜짝 놀랐다. 바로 꿈속에서 봤던 그 사공이 아닌가.

"이 길은 저승으로 통하는 길이오. 나루를 건너면 보은사가 있지만 그곳까지 무사히 살아서 도착한 사람은 아직 한 사람도 없다오."

점점 알아듣지 못할 소리만 하자 청년은, "그러면 내가 죽었습니까?" 하고 물었다.

"죽지는 않았소. 다만 젊은이의 효심 때문에 여기에 이르게 된 것이오."

"그게 무슨 말씀입니까?"

"젊은이가 집을 떠나자 젊은이의 어머니는 세상을 떠났소이다. 그래서 어머니는 지금 보은사 나찰이 됐는데 절이 퇴락하여 거처할 곳이 마땅치 않자, 절 아래에 있는 동굴에 머물렀는데 바로 그 동굴이 구렁이 집이었다오. 구렁이가 집을 빼앗기자 화가 나 당신을 해하려고 했지만 다행히 나한테 들켜 젊은이를 해치지 못하게 된 거라오."

"그럼 꿈속의 동자승은 누구입니까?"

"그는 젊은이의 전생 모습이오. 전생부터 보은사 중창을 아직도 이행하지 못하고 있는데, 오늘날 이 모든 계획이 부처님의 계시라오."

"아, 그렇군요."

그후 이 청년은 조선 성종 4년에 장원 급제를 하여 고을 원님이 되었다. 그리고 왕실의 대왕대비께 간곡히 요청하여 드디어 보은사를 크게 중창하게 되었는데, 그후 부처님의 신탁으로 중창하였다 하여 신륵사라 개칭하였다. 지금도 신륵사 탑 밑에는 젊은이의 어머니인 나찰이 살고 있다고 한다.

성남시

● 효자우물

효자정이라 불리는 이 우물은 남한산성 북문 안에 있다.

옛날 남한산성 북문 안에 정남이라는 효자가 살고 있었는데, 아버님이 병으로 누운 지도 몇 해가 지났건만 궁핍한 살림인지라 약 한번 제대로 써보지도 못하여 병은 날로 깊어만 갔다.

그러던 어느 날, 마을을 지나가는데 어떤 사람이 "여보게, 큰 잉어 한 마리를 잡아다 푹 고아 드리면 부친의 병이 나을 수 있다네." 하고 말했다.

이 말을 들은 정남이는 기뻐하며 잉어를 잡으려고 나섰는데 때가 겨울인지라 잉어 잡기가 쉽지 않았다. 잉어를 잡지 못하고 지친 걸음을 이끌고 집으로 돌아오는 길에 산기슭 바위 밑의 조그마한 우물을 발견하고 물을 마시며 갈증을 풀었다.

우물가에 앉아 잠시 쉬면서 "하느님, 아버님 병환을 낫게 해드리려 잉어를 찾고 있습니다. 도와주세요." 하고 기도를 드렸다.

이때 우물에서 이상한 소리가 들려 우물 속을 들여다보니 웬 금빛 찬란한 잉어 한 마리가 우물 속에서 헤엄을 치고 있지 않은가?

"야, 금잉어로구나. 방금 전까지만 해도 없었는데 이상한 일이다. 이것은 필시 하느님께서 내 기도를 들어주신 게 틀림없어."

그는 그 자리에 무릎을 꿇고 하느님께 감사기도를 올리고는 날 것 같은 걸음으로 집으로 돌아와 잡아 온 잉어를 정성껏 고아 아버님께 드렸다. 그러자 신통하게도 아버님의 병이 나았다.

이 소문을 들은 마을 사람들이, "하늘도 효자를 알아보시는구먼. 역시 하늘이 내린 효자야." 하고 입을 모아 말했다.

그때부터 이 우물을 효자우물이라 부르게 되었으며 지금도 남한산성을 찾아오는 사람들은 이 우물 속을 들여다보며 그날의 전설을 떠올린다고 한다.

광주시

● 남한산성 도립공원(사적 제57호)

광주시 중부면 산성리

남한산성은 신라 문무왕 12년(672년)에 토성으로 축성한 후 '주장성' 또는 '일장성' 이라 명명하였다. 처음으로 남한산성이라고 부르게 된 것은 백제 온조왕 13년부터라고 고려사에 기술되어 있다.

조선조 광해군 13년(1621년)에 이르러 남한산성을 후금의 침입에 대비하고자 자연석으로 견고히 개축하여 인조 4년(1626년)에 준공하게 되었다.

산성 축조 때에 부역된 인원은 대개 승군(僧軍)이 동원되었고 인조는 승도청을 두고 각성대사를 도총섭으로 명하여 8도의 승군을 동원하고 '항마군' 이라 했다.

그 후 인조 14년(1636년) 때에는 병자호란을 맞이하여 이곳 본성에서 45일간이나 항전했지만 끝내 청나라에 굴복하여 무릎을 꿇고 항복했던 역사의 치욕적인 아픔을 간직하고 있는 현장이기도 하다.

이 남한산성은 광주산맥의 웅장한 지류에 자리잡아 천연의 요새로써 그 위용을 자랑하고 있다.

남한산성에는 본성과 외성으로 구분되어 있으며 산성의 둘레는 9.05km, 성곽의 높이는 3~7.5m로 주변부는 높고 중앙은 평평하게 되어 있다.

원래 4개의 장대가 있었는데 현재는 서장대만 보존되어 있다. 문화재로는 수어장대, 청량당, 숭열전, 현절사, 침괘정, 연무관 등이 있고 문화재 자료로는 지수당, 장경사가 있으며 기념물로는 망월사지, 행궁지 등이 있다.

등산 코스

성남시→남문→수어장대→서문→거여동(3.5km, 약 2시간 30분 소요)

광지원→동문→장경사→벌봉(4km, 약 3시간 소요)

교통 안내

동문 진입로

1) 천호대교→길동→하남시→광지원→동문→산성 로터리

2) 중부고속도로 경안 I.C→광지원→동문→산성 로터리

남문 진입로

1) 잠실→복정 사거리→약진로→남문→산성 로터리

2) 경부고속도로 양재 I.C→헌인릉 앞→세곡동→대왕교→약진로→산성 로터리

버스 이용시 : 15-1번, 9번(경기교통)

● 남한산성 청계당

충남 보은의 김 진사는 결혼한 지 10년이 넘도록 자식을 얻지 못하고 있었는데, 어느 날 부인 박씨가 꿈을 꾸었다.

"여보, 간밤에 꿈을 꾸었는데 태몽 같아요."

"그랬으면 얼마나 좋겠소. 도대체 어떤 꿈을 꾼 게요, 부인."

"웬 스님이 나에게 거울을 주면서 잘 닦아 소중히 간직하라고 했어요."

아이를 낳기 위해 수년간 정성으로 기도하고 좋은 명약이란 명약은 다 써봤지만 효험이 없자, 남편은 반신반의하면서도 혹시나 하는 일말의 기대감에 젖었다.

꿈을 꾸고 난 후 부인 몸에 태기가 있더니 열 달 후에 사내아이를 낳았다. 아이는 자라면서 다섯 살 되던 해에 천자문을 뗄 만큼 총명하였다. 그런데 일곱

살 되던 어느 날, 갑자기 아이가 배가 아프다고 하여 약을 썼지만 낫지를 않고 점점 더 심해져 가기만 했다.

그렇게 사흘이 지났는데, 문밖에서 스님이 염불을 하고 서 있었다. 시주를 하려고 쌀을 가지고 나간 박씨 부인은 그만 깜짝 놀라고 말았다. 몇 해 전 꿈속에서 거울을 주던 그 스님이 아닌가?

"그 아이를 소승이 데리러 왔습니다."

"안 됩니다. 우리 아이를 중으로 만들 수는 없습니다."

"데려가지 않으면 그 아이는 죽게 될 거요. 아이의 운명인데 어찌 하겠소."

"……."

"이 아이는 장차 훌륭한 인재가 될 것이오."

아이는 엄한 계율 속에서 정진하였고, 14세 때 부휴 스님을 따라 여러 명산을 다니면서 경전과 무술과 서예 등을 익혔으며 각성이란 이름을 받았다.

어느덧 세월이 유수 같아 10년이 훌쩍 지나자 부휴 스님은, "이제는 하산하여 중생을 구제하도록 하라." 하였다.

'벽암'이라는 호를 받은 각성스님은 그 길로 하산하여 고향으로 가서 부모님께 성묘하고 한양으로 올라가서 광해군 때 무과 과거시험에 응시하였다.

무과에 급제한 각성은 팔도 도첩이라는 벼슬을 받고 성을 쌓아 국방을 튼튼히 해야 한다며 간곡히 상소를 올렸다. 그런데 뜻을 이루지 못하자 벼슬을 내놓고 다시 산으로 들어가 수련정진 하였다.

"다시 세상으로 내려가서 성을 쌓고 전쟁에 대비하라."

부처님의 세미한 음성을 듣게 된 그는 다시 내려와 새 임금이 된 인조를 알현하고 팔도총섭에 임명되어 남한산성을 쌓는데, 성을 다 쌓기도 전에 청나라가 쳐들어오자 인조를 급히 남한산성으로 피하게 하였다.

훗날 조정에서는 각성스님의 공을 기리기 위하여 남한산성에 청계당이라는 사당을 지어 추모제를 올렸다.

● 남한산성 (서장대의 매바위)

남한산성은 조선 인조 때 광주유사이던 이서에게 명하여 개축한 성이다.

어명을 받은 강화유수 이서가 이인고와 벽암 스님에게 성 쌓는 공사를 맡겼다. 북쪽의 공사를 맡은 벽암 스님은 공사가 순조롭게 진행되어 갔지만 남쪽의 공사를 맡은 이인고는 진척이 더뎠다. 그는 인부들을 격려하고 꼼꼼하게 돌을 쌓는 데에 온 정성을 다하다 보니 진척이 늦을 수밖에 없었다. 일의 진척이 자꾸 늦어지다 보니, 이인고에게 좋지 않은 소문까지 따라붙게 되었다.

강화유수 이서는 공사의 진척이 늦다는 것을 왕이 알게 되면 엄한 문책을 당하지나 않을까 전전긍긍하고 있었다. 다리 없는 소문은 화살처럼 빨라 금세 궁궐의 인조에게까지 알려지게 되었다.

인조는 강화유수에게 공사의 진척이 늦는 이유를 꾸짖고 공사의 진행을 재촉했다.

이서는 이인고에게 공사를 늑장부리는 것은 나라의 국사를 무시하는 처사라며 참수형을 내렸다. 이인고는 자기의 억울함을 눈물로 아뢰었지만 끝내 받아들여지지 않았다.

"제가 죽는 순간 매 한 마리가 날아오르면 소인은 죄가 없고, 만약 날아오르지 않으면 소인은 죽어 마땅합니다."

형장으로 끌려간 이인고는 시퍼런 칼날에 목이 베였는데 검붉은 피가 하늘로 솟구치더니 땅에 떨어졌다. 그 순간 매 한 마리가 나와 나는 것이었다. 매는 시체 주위를 여러 번 빙빙 돌다가 날아가 바위 위에 앉더니 서장대 쪽으로 날아가 다시 한동안 앉아 있다가 어디론가 사라져 버렸다.

사람들은 이 괴이한 일을 멍하게 바라보고 있다가 매가 앉았던 서장대 쪽 바위로 가보았다. 바위에는 매가 앉았던 흔적이 박혀 있었다. 이것을 매바위라 부르는데 지금도 매가 앉았던 흔적이 남아 있다.

이인고가 처형된 뒤 관가에서는 이인고가 공사를 진행했던 남쪽 성벽을 면밀히 실사해 보았다. 그리고 성벽이 철벽같이 매우 견고했음을 비로소 알게 되었다. 그리하여 다른 성벽은 자취를 알 수 없이 사라져 버렸지만 이인고가 쌓았던 성벽은 지금까지 남아 있어 얼마나 튼튼하게 지었는가를 알 수 있고, 그의 땀과 정성을 이곳에서 느낄 수 있다.

관가에서는 무고한 이인고를 참형시킨 것을 크게 탄식했지만 아무 소용없는 일이었다.

한편 이인고의 부인 송씨는 여기저기 돌아다니며 축성비를 마련해서 돌아왔는데 뜻밖에도 남편이 참형되었다는 소식을 듣고 흥분하여 싣고 온 쌀을 한강에 던져 버리고 자신도 강물에 몸을 던져 남편의 뒤를 따랐다. 이후부터 쌀을 내다버린 곳을 쌀섬여울(米石灘)이라 부르게 되었다.

그런데 송씨가 한강에 몸을 던져 죽은 뒤부터 안개가 끼는 날이나 어둑해질 무렵에 배를 타고 이 쌀섬여울을 지나가노라면 머리를 풀어헤친 여인의 모습이 나타나 슬피 울곤 했다고 한다. 그리고 이 울음소리를 들은 사공들은 무언엔가 홀려 무동도에 배가 부딪혀 파선되거나 익사하는 사건들이 발생했다고 한다.

그래서 송씨의 억울한 원혼이 떠돌아다니는 것이라 생각하고 쌀섬여울에서 100m 동쪽 강변에 부군당을 세워놓고 송씨의 원혼을 달랬다.

그리고 관가에서는 송씨의 충의를 가상히 여겨 강가 언덕 위에 하주당을 세워 영혼을 위로해 주었고, 서장대 근방에 청량당이라는 사당을 세워 이인고의 넋을 위로하였다.

김포시

●검은 바위

김포시 통진면 서암 5리

서암 5리 마을 서쪽 산기슭에 가면 바위가 있는데, 이곳에 올라 탁 트인 동남쪽의 전망을 보면 눈앞에 시원하게 펼쳐진 경치도 아름답지만 수맥이 검은 바위에서 발원하여 동쪽으로 흐르는 곳이라 산세가 신묘하여 예로부터 명지관들도 탐내던 곳이었다고 한다.

또한 도선이라는 명지관도 이곳을 수차례 헤맸지만 소가 누워 있는 형상의 명당터를 끝내 찾지 못했다고 하는데, 그 이유는 이 검은 바위가 영험하여 명당터를 찾지 못하도록 신술을 쓰고 있다고 한다. 검은 바위는 인간들의 세상사 고민이나 원통한 일을 당한 사람들이 이곳에서 빌면 해결을 보았다고 하여 영험의 바위라고도 한다.

● 손돌공

김포시 대곶면 신안리

서기 1231년, 고려 고종 19년(제 23대)에 몽고군이 침략하여 나라의 안위가 풍전등화였다. 고종은 전쟁을 피하고 여러 차례 몽고에 사신을 보내어 화평책을 펼쳤으나 몽고의 완강한 거부로 침략해 오자 몽고군들에게 쫓기어 중신들과 함께 개경을 떠나 예성강 벽란도를 거쳐서 이곳까지 당도하게 되었다.

이곳은 대곶면 신안리와 강화도 광산진 사이의 해협으로 급류가 흐르는 지역이었다. 고종과 중신들은 이곳에서 강화도로 피신하려고 배를 물색하던 중 '손돌' 이라는 사람의 배를 타게 되었다.

배를 타고 산 고종은 아무리 해협을 살펴봐도 뱃길이 나오지 않고, 지7 이상한 곳으로 배를 몰고 가자 바짝 의심이 들었다.

"여봐라! 이 길이 도대체 맞는 길이냐?"

"전하! 이 길은 다른 사람들 눈에 띄지 않는 곳이라 가장 안전하옵니다."

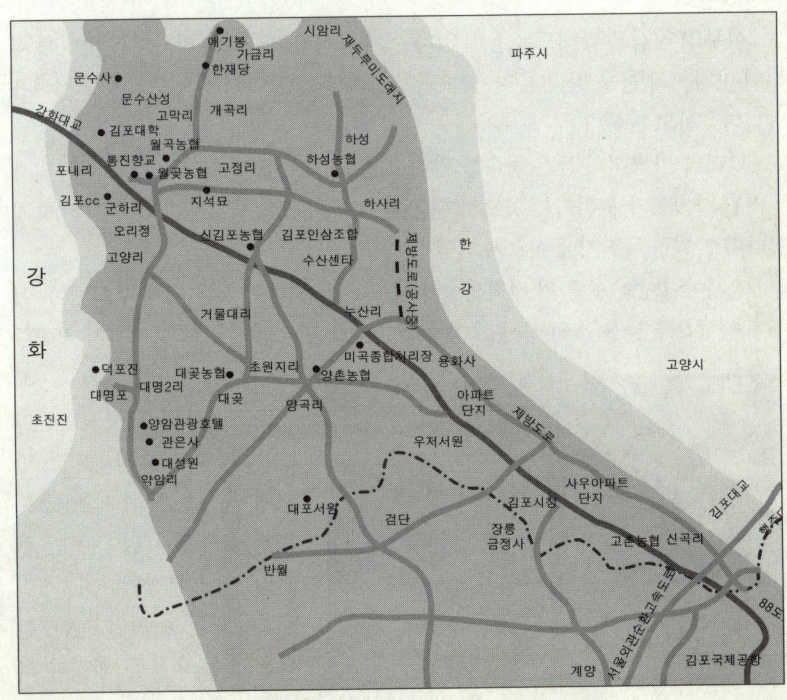

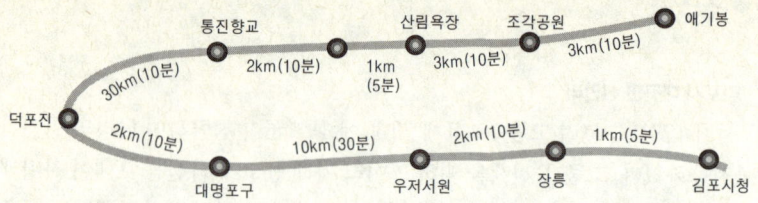

통진향교　　　산림욕장　조각공원　　애기봉

2km(10분)　1km　3km(10분)　3km(10분)
　　　　　　(5분)

30km(10분)

덕포진

2km(10분)　10km(30분)　2km(10분)　1km(5분)

대명포구　　　　우저서원　　　장릉　　　김포시청

손돌은 계속 노를 저으며 고종을 안심시켰으나 고종은 여전히 마음이 놓이지 않는 듯하였다. 중신들이 다시 한 번 뱃길을 잘 잡으라고 엄하게 이르자 손돌은, "보기에는 뱃길이 아닌 듯하오나 조금만 더 가면 길이 나옵니다. 이 길이 가장 안전한 길이오니 걱정하지 마옵소서." 하였다.

고종은 뱃사공이 계속 음침한 곳으로 배를 저어가자, "아무래도 이 녀석의 행동이 수상하기 그지 없도다. 저 녀석을 당장 처형하라." 하였다.

손돌은 황급히 고종에게 엎드려 "전하! 저를 믿어 주시옵소서. 이제 조금만 가면 강화도에 도착하게 되옵니다. 제발 저의 충성을 믿어 주시옵소서." 하고 빌었다.

아무리 진심을 말해도 소용이 없자 크게 탄식하고 "전하, 바가지를 바다에 띄워 바가지가 물을 따라 흘러가는 곳으로 배를 몰면 안전하게 도착하실 것이옵니다." 하고 말했다.

그러나 마침내 손돌은 참수를 당하고 말았다. 손돌이 일러준 대로 바가지를 띄워 바가지가 흘러가는 곳으로 배를 몰고 가니 좁고 험한 뱃길을 무사히 빠져나와 안전한 목적지에 이르게 되었다.

그제야 고종은 손돌의 정직성을 깨닫고 손돌을 죽인 것을 크게 후회했다. 이후 일행은 손돌을 후히 장사 지내게 하고 넋을 위로하기 위해 사당까지 지어주

었다.

1970년부터 대곶면민들이 손돌의 제사를 지내오고 있으며 이 묘는 사적 제292호로 지정된 덕포진(현 대곶면 신안리) 내에 안장됐다.

그리고 손돌목이라는 뱃길목은 손돌의 목을 베었다 하

여 붙여진 이름이며, 매년 음력 10월 20일경 손돌의 원혼이 일으킨다는 거센 바람을 '손돌 바람' 이라 부른다.

●미륵당

김포시 대곶면 초인 2리

초인 2리 미륵당 고개를 서쪽으로 50m쯤 걸어가면 전설의 미륵당이 나온다. 옛날 초인 2리 마을에 살던 노인들이 우연히 산에서 미륵당 바위를 발견하게 되었는데 전해지는 이야기는 다음과 같다.

이 지역 유지인 이석윤 씨의 꿈에 흰 두루마기를 입은 백발노인이 나타나서, "너는 미륵당 돌부처님을 잘 모시면 소원성취를 할 수 있을 것이다."라고 말한 후 사라졌다고 한다.

이런 꿈을 꾸고 난 이석윤 씨는 동생인 석명 씨와 함께 머리가 없는 부처님의 하단부와 상단부를 모셔놓았다. 이렇게 해놓은 다음날, 지난번 꿈에 나타난 그 노인이 다시 나타나, "너는 어찌 부처의 머리를 찾지 못했느냐? 바로 옆으로 50 발자국만 가서 그 자리를 파보아라. 그러면 부처님의 머리가 있을 것이다. 그 부처님을 잘 모시도록 하여라." 하고 다시 일러주었다.

다시 형제들이 부처의 머리를 찾아내어 잘 모시니 완전한 부처의 모습이 되었다. 이렇게 꿈에서 일러준 대로 찾아낸 미륵불이라고 사람들에게 얘기해 주어도 마을 사람들은 믿으려 하지 않았다고 한다.

그러던 중 1920년에 가현리에 거주하고 있던 이인두 씨가 있었는데 딸만 내리 셋을 두었지만 아들이 없어서 늘 근심하였다. 아들 얻기를 소원하던 차에 미륵당에서 약 1백 미터쯤 떨어진 옹달샘에서 목욕 재계를 하고 보름 동안 지성을 드린 후 아들을 얻게 되자 이인두 씨는 그 후부터 미륵당을 관리해 오고 있으며 정월 대보름이면 미륵당에서 지성을 드린다고 한다.

또 하나 전해지는 이야기는 이 마을에 이하범이라는 사람이 있었는데 이 형제가 돌부처의 가슴을 돌로 마구 때렸다. 다음날 잠자리에서 일어나 보니 그들의 앞가슴이 피멍이 들고 부어 올라 며칠간 고생을 했다고 한다. 이런 내용을 모르고 지금도 이 근처에서 볼일을 보는 사람들이 있으니……

미륵보살(彌勒菩薩)

석존 다음으로 부처가 될 보살, 자씨(慈氏) 보살, 일생보처 보살이라고도 한다.

석존의 제자로서 도솔천에 올라가 있으면서 천인을 교화하고 56억 7천만 년 후 세상에 출현, 용화수 아래에서 3회 설법으로 모든 중생을 구제한다는 미래불이다.

● 돌우물(石井)

김포시 대곶면 석정리

조선시대 양주에 있던 장릉을 김포로 이장하려고 능 역사를 하고 있을 때, 중간쯤 파내려가자 갑자기 엄청남 양의 맑은 물이 솟구쳐 올라 도저히 하관을 할 수 없게 되었다.

걱정하던 차에 지관이 물이 용솟음치는 수맥을 따라가 지금의 석정리에 도착하였다. 이곳에 이른 지관이 조그만 샘물 앞에 멈추어 서서 사람들에게 "이 샘물을 크게 파도록 하라." 하고 말했다.

이 샘을 크게 파헤치니 돌 틈에서 많은 물이 솟구쳐 올랐다. 그러자 장릉에서 솟구쳐 오르던 물이 멈춰지고, 능의 이장을 순조롭게 할 수가 있었다고 한다.

이 우물은 전체가 돌로 되어 있는데 동남간과 동북간에는 거북 형상과 용의 형상이 있고 샘은 오봉산 낭맥간방에서 솟는데 오봉산은 이 마을의 기안역을 하는 주신의 원천이 서리어 있다고 한다.

전설로는 이 마을에 살던 장사가 있었는데 우물가에 와서 무릎을 꿇고 물을 마셨다고 한다. 선명하게 패인 흔적이 있는데 이는 장사의 무릎과 소변을 보아 패여진 것이라 한다.

현재도 이 우물은 김포의 영천(靈泉)으로 알려져 있으며 각지에서 물을 길러 오는 사람들이 많다. 1991년에는 주민들이 특수강으로 담을 둘러 주변을 정화하여 자랑스럽게 보살피고 있다.

강화군

●전등사

강화군 길상면 온수리

전등사는 정족 산성 안에 자리잡고 있으며 삼랑성(三郎城) 동북쪽에 위치하고 있다. 삼랑성이란 단군의 부소(扶蘇), 부우(扶虞), 부여(扶餘) 세 왕자에게 각각 한 봉우리씩 맡아 성을 쌓게 한 산성을 말한다. 경내에는 요사채와 향로전, 약사전, 명부전, 전묵당, 종각들이 있다.

이 유서 깊은 사찰은 고구려 소수림왕 11년(381년)에 아도 화상이 개산하고 진종사(眞宗寺)라 했다고 전해진다. 고려 시대 때 몽고 침입으로 한때 해인사의 8만 대장경을 이 사찰에서 보관하였으며 조선조 때에는 임진왜란과 병자호란을 겪으면서 1660년(현종)에 강화 유수이며 선조의 외손자였던 유심이라는 사람이 전등사 경내에 선원각과 장사각을 지어 왕실세보와 문적과 역대 조종의 실록을 이관하였다.

선원각에는 왕실의 세보인 선원세보를 비롯한 왕실의 문적들을 보관하였으며 숙종 4년(1678년)에는 서울의 춘추관과 성주, 그리고 충주사고에 보관되어 있던 왕조실록이 왜란으로 소실되자 전주 사고본을 전북 진안의 마이산 사고로부터 정족산 사고인 장사각으로 옮겨 보관하였다.

전등사라는 이름은 두 가지 설이 있는데 첫번째 설은 고려 충렬왕의 왕비인 정화공주가 옥등을 이곳에 시주했기 때문에 이름을 전등사로 고쳐 불렀다고 하며, 두번째 설은 조계선종의 법맥과 종지(宗指)를 천명하는 책이었던 '경덕 전등록(景德傳燈錄)'의 이름에서 따온 말이라고 한다.

대웅전

격을 높여 대웅보전이라고도 한다. 대웅전에는 석가모니를 주불로 봉안하고 그 협시로 문수, 보현보살을 봉안한다. 대웅보전이라고 할 때에는 주불로 석가모니불, 좌우에 아미타불과 약사여래를 모시며 각 여래불 좌우에 제각기 협시불을 봉안하기도 한다.

사찰 탐방

●삼성각

산신 · 칠성 · 독성을 한 전각에 봉안한 것이다. 이 경우 재래의 수 · 복 · 재의 삼신 신앙과 관련되어 있음을 살필 수 있게 된다.

●독성각

독성이란 스승 없이 혼자 깨우친 성자, 즉 독수선정을 말한다. 중국 천

태산의 나반존자를 그같은 독성이라 여기며 신앙하고 있으나 한국사원에서 독성이란 단군 신앙의 불교적 전개라 볼 수 있다. 이의 불교적 수용도 산신이나 칠성과 같은 것이라고 할 수 있다.

●약사전

약사여래를 주불로 모시고 그 협시를 월광보살, 일광보살을 모시기도 한다. 이 불전은 약사여래의 동방약사유리광회상(東方藥師琉璃光會上)의 모습을 나타낸 것이라 할 수 있다.

●명부전

일명 지장전, 시왕전, 쌍세전이라고도 한다. 지장보살을 본존으로 하고 협시로 도명존자, 무독귀왕을 배열한다. 그 좌우에 명부시왕상을 배열하고 있다. 그래서 지장이 강조될 때는 지장전이라 하고 명부시왕이 강조될 때는 명부전이라 한다.

●나체여인 조각상의 비밀과 은행나무

전등사 대웅전 처마를 받치고 있는 네 귀퉁이마다 나체 여인의 조각이 있다. 이 연유에 대한 전설을 소개한다.

고구려 소수림왕 때의 일이다. 전등사의 공사가 한창 진행중일 때, 가장 실력이 뛰어난 도편수가 있었다. 하루의 힘든 일을 끝내고 난 도편수가 주막에 들르게 되었는데 술시중을 드는 여인을 보자마자 그만 한눈에 반해 버리고 말았

다. 워낙 미모가 뛰어난 데다 나긋나긋하고 요염한 애교가 철철 넘치는 데 반하고 만 것이다.

이런 일이 있은 후 도편수는 하루 일을 끝낼 때마다 주막에 들러 여인에게 사랑을 간청했지만 들어주는 척하며 딴청을 피우는데, 도편수의 마음이 바짝바짝 타들어 갔다. 지성이면 감천이라!

도편수의 애타는 마음을 알았는지 드디어 그 여인과 합방을 하게 되었고, 이후부터 여인은 집안 살림을 도맡아 하게 되었다. 도편수는 신바람이 나서 더욱 열심히 일을 하고 버는 돈은 모두 여인에게 맡겼다.

그러던 중 어느 날 일을 마치고 집에 돌아와 보니 여인은 온데간데없이 사라지고 난 뒤였다. 뜬눈으로 걱정하며 밤을 새운 도편수는 날이 밝자마자 찾으러 놀아다니는 길에 마을 사람들이 수군거리는 소리를 듣게 되었다.

"착한 그 목수만 불쌍하지! 그 여우같은 여편네가 돈 많은 남정네와 진작부터 정을 통해 오다 어젯밤에 돈을 몽땅 챙겨 갖고 줄행랑을 쳤다는구먼! 에휴."

이 말을 들은 도편수는 앞이 캄캄해지고 정신이 몽롱해졌다. 몇 날 몇 일을 술로만 지내다가 복수해야겠다는 생각으로 처마 네 군데를 그녀와 모습이 닮은 나체 여인상을 조각하여 세웠다.

비가 오나 눈이 오나 벌거벗은 몸으로 벌을 서듯 처마를 떠받들고 있어야 한다는 생각으로 조각했는데, 지금도 전등사 대웅전에서 이 나체 여인상을 볼 수 있다.

또한 전등사에는 두 그루의 은행나무가 있는데 노승나무 또는 동승나무라고도 한다. 이 두 은행나무에는 두 가지 전설이 있는데 그 중 하나는 신기하게도 열매가 열리지 않는 나무 이야기이다.

이 나무에 아기를 갖지 못하는 여인들이 치성을 드리면 아기를 낳는다는 말이 있어 종종 이곳을 찾는 여인들을 볼 수 있다.

열매를 맺는 은행나무에 관한 또 다른 전설이 있는데, 은행나무가 열매를 맺을 때면 어김없이 관리들이 찾아와 스무 가마니 분량의 열매를 요구하였다고 한다. 그러나 아무리 털어도 기껏 열 가마 정도밖에 되지 않았는데, 원하는 양만큼 열매를 바치지 않으면 탄압을 받을 것은 자명한 일이었다. 때는 조선조의 승유억불 시대로 불교가 탄압을 받던 암흑기였기 때문이다.

이 일로 스님들이 큰 근심에 싸이게 되었다. 고민 끝에 이 절의 주지스님이 도술이 뛰어난 백련사의 추송 스님에게 도움을 청하기로 하고 동자승을 보내기로 하였다.

며칠 후 동자승과 함께 도착한 추송 스님은 은행 열매가 더 열릴 수 있도록 하는 3일 기도를 하기로 했다.

이 소문이 마을에 퍼져 이 광경을 보려고 사람들이 구름같이 몰려들었는데, 관가에서는 이 소문을 듣고 한 관리가 찾아와 추송 스님에게 불가능한 일을 한다고 비아냥거렸다.

그런데 이 말이 끝나기도 전에 갑자기 그 관리의 두 눈이 퉁퉁 부어 올라 앞을 보지 못하게 되었다.

이런 일이 있은 후 3일 기도 막바지에 추송 스님은 이제부터 이 나무에서 열매가 맺지 않게 해달라고 축원을 하고 있었다. 그런데 기도가 끝나자 갑자기 먹구름이 몰려와 뇌성과 함께 하늘에 구멍이라도 뚫린 듯 엄청난 비가 쏟아지는 것이 아닌가. 그리고 추송 스님도 동자승도 모두 사라지고 말았다. 이런 일이 있은 후 전등사의 은행나무에 대한 탄압은 없어졌으며 이런 전설을 간직한 은행나무가 지금도 꿋꿋이 서 있다.

●기적의 온천 달우물 약수

강화군 교동면

달우물 온천은 알칼리성 염화물질을 비롯해 칼슘과 칼륨 등이 다량 함유된 수질로 다른 온천수와는 비교할 수 없을 만큼 뛰어난 살균력을 지닌 것으로 밝혀졌다. 또한 위장병에 특효가 있다고 소문이 퍼지면서 기적의 물로 불리기 시작했다.

이후 소문을 듣고 찾아드는 병자들의 발길이 끊이지 않자 월선항에서 온천까지 사람을 실어 나르는 버스도 생겼다.

찾아가는 길은 강화대교를 지나 48번 도로로 창후리까지 간 후 월선항 선박을 타고 들어가면 된다.

●석모도, 보문사와나한석굴

우리 나라 3대 관음도량인 남해 보리암, 낙산 홍련암 중의 하나인 보문사는 관음보살의 터전이며 상징으로 알려진 사찰이다. 보문사는 신라 선덕여왕 4년 (635년)에 회정대사가 창건했다고 전해진다.

경내에 들어서면 경건함이 스며들고 큰 법당이 자비의 법을 펼치듯 길손을 맞는다. 여기서 왼쪽으로 걸어가면 석굴법당이 있으며 아슬아슬하게 보이는 절벽 벼랑에 관세음보살상이 조각되어 있고 눈앞에 펼쳐지는 시원한 풍광뿐만 아니라 저녁이면 강화팔경의 하나인 낙조의 진한 장관이 연출된다.

보문사 석굴에 관한 전설이 다음과 같이 전해져 내려온다.

선덕여왕 4년 4월에 삼산면에 살던 어느 어부가 바다에서 고기를 잡으려고 그물을 던졌다. 그물이 워낙 묵직하자, 어부는 많은 고기가 잡혔음을 알고 기뻐하며 힘껏 그물을 당겨 보았다. 그러자 인형처럼 생긴 돌덩이 스물두 개가 걸려 있었다.

"아니, 고기는 없고 순 돌뿐이군."

그는 돌을 물에 버리고 다시 그물을 던졌다. 이번에도 그물이 묵직하자 "옳지, 이번에는 틀림없겠지." 하고 힘써 그물을 올려보니 여전히 돌들이 올라오는 것이었다. 어부는 속이 상해 돌들을 물에 던지고 그물을 다시 던졌으나 고기는커녕 한 마리도 올라오지 않았다.

"에이, 오늘은 재수가 없는 날이군."

고기를 잡지 못한 어부는 투덜대며 고기 잡는 것을 포기하고 집으로 돌아왔다. 그날 밤 어부가 잠을 자는데 꿈속에 노인이 나타나서, "왜 그 돌들을 물에 던졌느냐. 내일 다시 바다에 나가 그 돌들을 건져올려 좋은 곳에 모시도록 하여라. 내 말을 명심해야 하느니라." 하고 말했다.

어부는 다음날 어제와 같은 장소에 나가 그물을 던졌다. 이번에도 역시 스물두 개의 돌이 그물에 걸려 올라왔다. 어부는 꿈에서 이른 대로 현재 석굴이 있는 곳에 옮겨 놓았는데 그 돌들이 너무 무거워서 도저히 운반할 수가 없자, 이곳에 단을 쌓고 모시게 되었다.

또 한 가지 설화가 전해지는데, 어느 날 밤에 보문사에 도둑이 들어와 촛대와 그릇들을 챙겨 도망갔는데 날이 밝아오자 물건을 훔친 도둑은 계속 절 마당만을 맴돌고 있었다고 한다.

교통 안내

강화읍→(301번 지방도로)→전등사 방향→(3.9km)→찬우물 고개→두 갈래 길에서 오른쪽→(208번 군도)→(9km)→갈림길 오른쪽 방향→(301번 지방도로 4km)→외포리→(500m)→외포리 선착장→석모도행 선박

외포리 선착장(7시~오후 5시 운항) 승용차 선적시(왕복 요금 1만4천 원)

화성군

● 홍법사의 홍랑각시 보살

화성군 서신면 홍법리

임진왜란이 끝난 지 얼마 되지 않는 조선조 광해군 때의 일이다.

명나라는 조선을 도와준 대가로 지나친 조공을 강요하였을 뿐만 아니라 예쁜 여인들을 데려가기도 했다. 홍법리 마을에 빼어난 미모를 지닌 홍만식의 딸인 홍랑이라는 여인이 있다는 말을 듣고 홍랑을 찾아 황제께 데려가려고 관원들과 명나라 사신이 나타났다.

관원에게 붙들린 홍랑은, "제게 소원이 하나 있습니다. 제가 명나라로 갈 때 모래 서 말과 물 서 말, 그리고 대추 서 말을 갖고 가도록 해주십시오." 하였다.

명나라 사신은 기꺼이 부탁을 들어주었다. 명나라에 도착한 날로부터 홍랑은 말을 하지 않고, 황궁에서 내오는 산해진미도 거절하고 산책을 하고 싶을 때면 중국 땅을 밟지 않고 오직 조국에서 가져온 모래를 뿌리고 그 위로만 걸어다녔다.

배가 고프면 가져온 대추를 먹고 목이 마를 때는 가져온 물을 먹었다. 그러니 날마다 몸이 수척해져 가고 용모는 피폐해져만 갔다. 홍랑은 조국에서 가져온 물과 대추가 바닥이 난 후 아무것도 먹지 않다가 그만 세상을 떠나고 말았는데 이런 일이 있은 얼마 후, 중국 천자가 병이 들었는데 온갖 명약을 다 써도 아무

런 효험이 없는 것이었다.

그러던 어느 날 천자가 꿈을 꾸었는데 꿈속에서 홍랑이 나타나 "저를 고향으로 보내주시고 앞으로는 어진 임금이 되어 주십시오. 그러면 모든 일이 잘될 것입니다." 하는 것이었다.

"어떻게 하면 고향으로 갈 수 있단 말인가?"

"제 혼이 탈 돌배를 만들고 무쇠로 열두 명의 사공을 만들어 태우십시오. 그리고 저의 상을 만들어 부으십시오."

이런 꿈을 꾼 천자는 다음날 이름난 석공과 철공을 불러 일을 시켰다. 그런데 기이하게도 보살상을 만들어 완성해 갈 때면 꼭 두 조각으로 갈라져 버렸다. 몇 번이나 시도를 했지만 결과는 똑같았다. 천자가 이 일을 어찌해야 할까 하고 고민하고 있는데 어디선가 세미한 음성이 들리는 것이었다.

"보살상은 홍랑의 생전시 마지막 모습을 새겨야 하느니라."

보살상을 완성하고 돌배를 띄우니 돌배는 지금의 경기도 화성군 홍법리(홍랑의 고향) 앞 바다에 닿았고, 사람들은 그 보살상을 홍랑 각시 보살이라 이름 짓고 홍법사를 지어 모셨다고 한다.

보살(菩薩)

부처를 도와서 자비를 베풀고 중생 교화에 노력하며 성불의 뜻을 품고 깨달음을 얻기 위해 힘쓰는 자로서 보제살타(菩提薩陀)의 약칭이다. 대승에서 나온 말로, 위로는 깨달음을 구하고[上求菩提] 아래로는 중생의 교화에 힘써[下化衆生] 성불하는 중생을 말한다. 그러나 지장보살처럼 중생 제도를 위하여 끝까지 성불하기를 포기한 보살도 있다. 보살은 처음에는 깨닫기 이전의 석가만을 의미하였지만 대승불교의 영향으로 여래 다음 가는 지위를 얻었고 미륵, 관음, 대세지, 문수, 보현 등의 보살이 나타난다. 또 대승불교가 발전함에 따라 재가(在家)나 출가(出家)를 막론하고 대승법을 수행하는 덕이 높은 사람을 뜻하게 되었다. 형상은 귀족 모습으로 머리에는 보관, 윗몸에는 천의, 아래 부분은 군의를 둘렀으며 귀고리, 팔찌, 목걸이 장식을 하고 손에는 연꽃이나 정병을, 이마에는 백호를 표시하고 있다.

충청북도 편

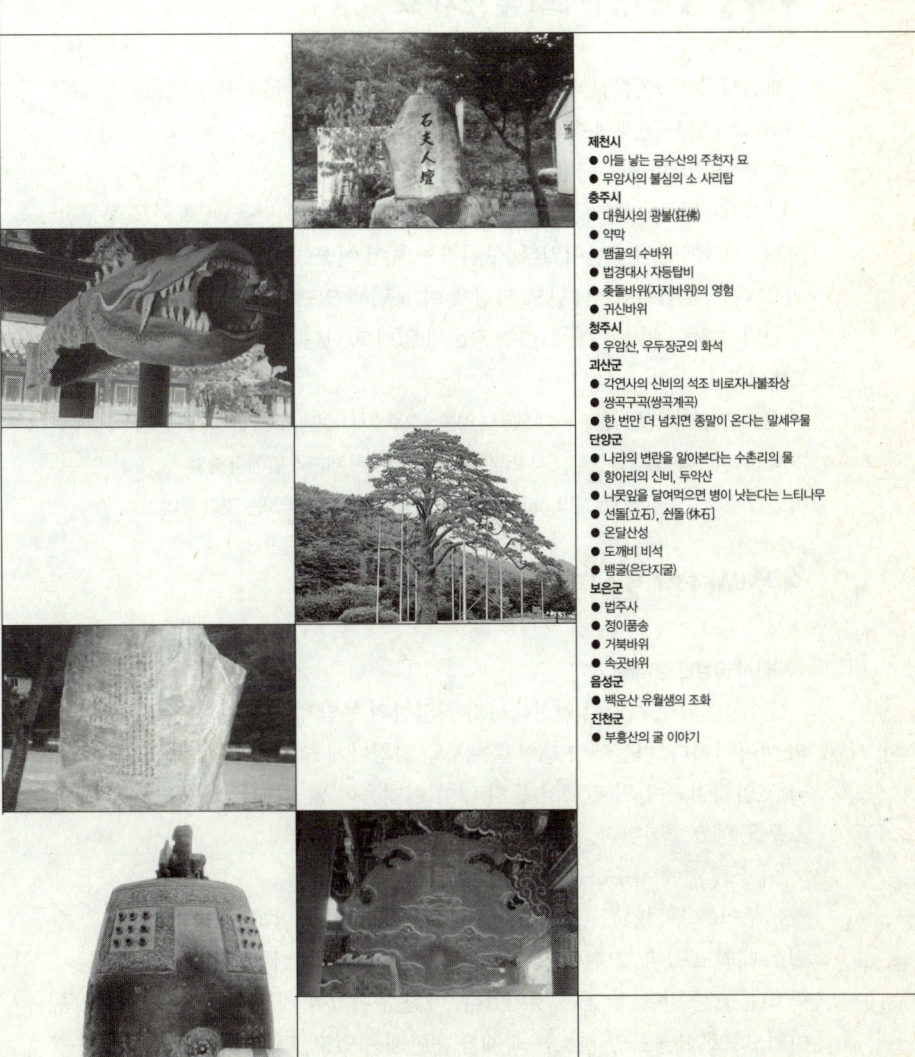

제천시

● 아들 낳는 금수산의 주천자 묘

제천시 수산면에서부터 단양군 적성면까지 이어진 금수산(1,016m)은 월악산 국립공원의 지맥에 속해 있다.

중국 주나라의 천자에 얽힌 이야기이다.

천자가 하루는 세숫물에 명산(名山)의 모습이 비친 것을 보고 이를 두루 찾으니 바로 이곳 금수산이었다. 주천자는 죽어 이곳에 묻혔는데 지금도 주천자의 묘라는 무덤이 있다. 단오 이전에 이 무덤에 있는 잡초를 뽑아주면 아들을 낳는다고 하여 이 무덤 주위에는 잡초가 없다고 한다.

교통 안내

1) 서울 동서울터미널→원주→제천(6시 10분~오후 7시 50분) 10분 간격으로 운행

2) 제천→상천리(1일 3회 운행, 5시 15분~오후 5시 10분) 제천역 앞에서 출발

이 산의 수려진경을 제대로 음미하려면 충주호 방향에서부터 시작하는 것이 좋다.

● 무암사의 불심의 소 사리탑

제천시 금성면 성내리

신라시대의 큰스님인 의상대사가 작성산의 무암계곡에 무암사를 창건할 때의 이야기이다. 마을에는 태어날 때부터 엄청나게 크고 힘센 소가 있었는데 워낙 포악하여 주인의 말조차 듣지 않아 어려움이 많았는데, 하루는 대사가 그 소문을 듣고 찾아왔다.

"이 소를 절에 시주하는 것이 어떠하오."

소 주인은 부처님께 봉양하고 덕도 쌓을 겸 쾌히 승낙하였고 대사는 이 소를 절로 데리고 갔다. 그런데 절에 당도하자마자 그렇게 난폭했던 소가 순한 양처럼 고분고분 말을 잘 듣는 것이었다. 마침 무림사를 지으려고 작업을 하는 중이었으므로 8년 동안 황소는 목재를 운반해 주었고, 덕분에 손쉽게 절을 지을

수 있어서 이 소를 극진히 위해 주었다.

얼마 뒤 소가 죽어 화장을 했는데 여러 개의 사리가 나왔다. 소의 불심에 감동한 대사는 사리탑을 세워주었다.

이리하여 무암사에서 동쪽 새목재까지 이어지는 골짜기를 소부도골이라 이름지어 부르고 있다. 충주호 상류권에 있는 무암계곡은 기암 절벽의 배바위, 무암바위, 장군바위 등이 있고 울창한 소나무 숲, 억새풀밭, 맑은 물 등이 한데 어우러져 경치가 빼어나다.

교통 안내

충주호 제천권(금성) 높은 다리에서 청풍교 방향 약 2.5km 지점이 성내리이다. 성내리에서 동쪽으로 뚫린 무암골로 들어서면 우암 1리가 나타난다. 우암 1리를 지나서부터는 오솔길로 비낀다. 15분 정도 걸으면 큰 느디나무기 있고, 기기서부터 골찌기 양옆으로 기대한 비위기 병풍처럼 펼쳐진다.

약 30분쯤 올라가면 좌우로 길이 갈라지는데, 왼쪽 길이 무암사 길이다. 오른쪽 길은 소부도골이며 새목재까지 이어진다. 등산길로도 부담이 없는 쾌적한 코스이다. 등산은 새목재에서 오른쪽 능선을 타면 되고 작성산은 왼쪽 능선을 타면 된다.

충주시

●대원사의 광불(狂佛)

고려 인종(23년)때 경기도 양지 땅에 불상 만드는 것을 생업으로 살아가던 '여진'이라는 사람이 있었다.

2월 중순 어느 날, 스님 한 분이 찾아와 "소승은 충주 화암사의 주지승인데, 당신께 철불상을 주문하려고 왔소이다." 하였다.

여진이 보니 화암사 주지라고 하는 스님의 인상이 험악할 뿐 아니라 눈꼬리가 찢어지고 광기가 서려 있어 보기만 해도 소름이 끼치는 얼굴이었다. '여진'은 존귀하고 부드러운 철불상을 만들려고 온 힘을 다하고 있었지만 이상하게도 자꾸만 그 스님의 인상이 자꾸 기억이 나서 마음을 혼동시켰다.

'존엄하신 부처님상을 만드는데 왜 이리 그 섬칫한 스님의 형상이 생각나는 것일까.'

어느 날 여진은 힘든 일을 마치고 자리에 누워 잠을 청했다. 그런데 누군가가 자신의 옆구리를 지팡이로 쿡쿡 찔러대는 것이 아닌가. 찔린 옆구리가 무척 아파 왔다. 누가 그러는가 하고 보니 그 스님이었다. 석장을 짚고 있었는데 그 석장으로 자기의 옆구리를 찌른 것이다.

옆구리의 통증으로 눈을 뜨니 꿈이었다.

기분 나쁜 꿈을 꾼 여진은 불상을 만드는 데 열심을 다했지만 꿈에서 찔린 옆구리가 계속 아파 왔고, 이 철불상을 만드는 것을 마지막으로 그만 세상을 떠나고 말았다.

이 철불상이 완성되어 화암사로 안치되었는데 그로부터 이 절에는 괴이한 일들이 벌어지기 시작했다. 아무도 없는 법당에서 밤이 되면 시끄러운 웃음소리가 들려오고 낮에는 불상이 돌아앉아 있는 괴변이 생긴 것이다.

이러한 사실을 알게 된 중들도 절을 떠나게 되고 불자들도 절 출입을 일체 끊었다. 이렇게 되어 절의 재정 형편이 악화되자 홀로 남은 주지는 할 수 없이 탁발을 나가게 되었다.

그런데 탁발을 나간 주지는 이후부터 행방이 묘연하여 찾을 길이 없게 되었다. 그리고 법당에 안치되어 있던 철불도 아무도 돌보지 않아 행방불명이 되어 버렸고 이 절조차 화재로 소실되어 자취를 감추게 되었다.

행방불명되었던 철불이 풀섶에서 발견되었지만 사람들은 이 불상을 광기 불상이라 하여 작대기로 두들겨 때림으로써 불상의 양귀가 떨어져 버렸다.

철불상은 이런 수많은 수난을 겪다가 현재는 대원사에 안치되었다. 이 불상의 얼굴에는 온화함이 전혀 없고 눈꼬리가 찢어지고 인상이 험악해 보이는데 아마 그때 그 주지의 얼굴상이 아닌가 생각해 본다. 위치는 충주시 지현동에 있다.

●약막

충주시 안림동

안림동 마즈막재 밑에 '약막'이라는 마을이 있는데 이 마을에는 예로부터 유명한 약수가 있어 이곳을 아는 사람들의 발길이 멈추질 않는다. '약막'이라는 뜻은 샘물이 약물이라는 것을 알고 막을 쳤다고 하여 붙여진 이름이다.

조선 말엽 살갗을 태우는 듯한 무더위가 한창일 때 사람들을 피하여 숨어 다녀야만 하는 청년이 있었다. 그는 피부병으로 흉측스러운 얼굴을 하고 있을 뿐 아니라 다른 질병도 함께 있어 한눈에 봐도 소름이 끼칠 정도였다.

그래서 이 청년은 사람들이 없는 이곳 마즈막재에 앉아서 깊은 슬픔에 잠겨 있었다. 청년은 갈증이 나자 물을 마시려고 물이 나는 곳을 찾았는데 물이 조르륵 하고 떨어지는 소리가 나자 그곳으로 발길을 옮겼다.

그 물소리는 작은 언덕에서 흘러나오는 것이었는데, 주위에 사람이 있는지 살피고 나서 다가가 그 물을 받아 마셨다. 물맛이 톡 쏘며 그 시원함이 폐부 깊숙이 파고들어 온몸이 개운해짐을 느낀 청년은 목이 마르면 이곳으로 찾아와 물을 마시곤 했다.

이곳에서 아예 막을 치고 여러 날을 지낸 청년은 이 물로 목욕도 하고 지냈는데 속병까지 깨끗하게 나았고, 피부에 난 흉측한 종기와 부스럼도 깨끗이 나았다.

'이제부터 사람들 앞에 나서도 되겠구나.' 하고 사람들에게 알려서 자기와 같은 병에 걸린 사람들이 치료를 받게 해야겠다는 마음으로 줄달음으로 마을로 내려갔다. 그 소식을 들은 동네 사람들도 그제야 비로소 이 약수의 효험을 알게 되었다고 한다.

●뱀골의 수바위

동량면 대전리

대전리 배일마을에 있는 산을 올라가다 보면 산기슭에 우뚝 솟아 있는 바위가 있는데 이 바위를 '수바위' 라 부른다.

조선 말기 뱀골이라는 마을에 이승달이라는 농부가 살았다. 그 내외는 천성이 착하고 인정이 많으며 남에게 베풀기를 즐거워하여 인근 사람들로부터 칭찬이 자자했다. 그러나 이들에게는 슬하에 자식이 없어 늘 집안이 허전하기만 했다.

그러던 어느 날 이씨가 건너 마을에 놀러갔다가 돌아오는데 하늘에 휘영청 밝은 달이 떠 있어 달을 물끄러미 쳐다보자, 그 달이 어린아이의 웃는 모습으로 보였다.

그때, 동구 밖에서 아이들이 놀며 소란 피우는 것을 보고 그 아이들 곁으로 가보니 아이들은 자라 한 마리를 잡아놓고 괴롭히고 있었다.

이것을 본 이씨는 자라가 측은하여 아이들에게 "애들아! 자라가 불쌍하지 않니? 그것을 내게 주렴." 하고 말했다.

"세상에 공짜가 어디 있어요?"

"그럼 자라를 나에게 파는 게 어떠냐?"

"좋아요."

돈을 받아든 아이들은 신이 나서 우르르 몰려갔다. 이씨는 자라를 마을 냇가에 가서 놓아주며 "자라야, 이제 너희 집으로 가거라." 하였다.

자라를 놓아주고 홀가분한 마음으로 집에 돌아온 이씨는 그날 밤 막 자리에 들었는데, 밖에서 부르는 소리가 나서 나가 보니 백발노인이 서 있다. 백발노인은, "오늘 생명을 구해준 은혜에 보답하기 위하여 그대를 찾아왔노라."고 말했다.

"아니, 노인어른. 저는 오늘 사람의 생명을 구해준 일이 없는데요. 사람을 잘못 찾아오신 모양입니다." 하였다.

백발노인은 빙그레 웃으며 "그대가 자손이 없어 고민하고 있는 사정을 내가 아노라. 내일부터 마을 산 고개 밑에 있는 바위에서 백일기도를 올리면 그대의 소원이 이루어질 것이니라." 하였다.

깜짝 놀라 깨어 보니 꿈이었다. 워낙 꿈이 생시 같기도 하고 신기하여 아내에게 이 얘기를 들려주었다.

"하늘이 우리에게 복을 내려주신 게 틀림 없군요. 당장 내일부터 백일기도를 올리겠습니다." 하고 부인은 다음날 날이 밝자마자 그 바위에 가서 정성껏 기도를 하기 시작했다.

백 일째 되던 날, 이씨가 몸이 피곤하여 잠깐 졸고 있는데 부인이 앞치마에 황금으로 만든 송아지 한 개를 싸가지고 집으로 들어오는 것이었다.

눈을 떠보니 꿈이었는데 그날부터 부인은 태기가 있었고 열 달 후에 옥동자를 낳게 되었다. 부부의 기쁨은 하늘을 찌를 듯하였고, 이 사실을 안 동네 사람들도 신기해하며 "분명히 귀한 아들일 거구먼, 하늘이 내려주셨으니까."라며 축복해 주었다.

그토록 소원했던 아들을 얻은 이씨는 바위에 치성을 드려 얻은 아들이라 하여 이름을 바위 '암' 자와 오래 살 '수' 인 이수암으로 지었다. 이런 연유로 이 바위를 수바위라 불렀으며 지금도 사람들은 간절히 기도하면 득남할 수 있다는 이 바위를 찾아와 치성을 드린다고 한다.

●법경대사자등탑비

동량면 하천리

'법경대사 자등탑비'는 법경대사의 생전의 공덕을 칭송하기 위해 왕실의 도움을 받아 세워진 것이다.

이 탑을 건립할 때의 일이다.

경기도에 있는 모석산에서 옮겨온 큰돌로 탑비를 만들려고 배편으로 운반하는데 이상하게도 배에 싣기만 하던 배가 파손되거나 침수되어 선혀 운반을 못하였다. 그렇다고 육로를 이용하여 운반한다는 것은 지형적으로 더욱 어려운 일이었기 때문에 배편을 이용할 수밖에 없었다.

이 운반 일을 맡은 홍림대덕이 고민에 빠져 있다는 얘기를 들은 법경대사는, "즉시 장정 4명과 굵고 질긴 밧줄을 준비하라."고 일러두고 곧 정좌하여 하늘을 향해 합장하더니 주문을 외우기 시작했다.

하루가 지난 뒤 대사는 장정들에게 "밧줄을 저 돌에다 매달아라." 하고 다시 주문을 외웠다. 그러자 순간 바위가 위로 떠오르며 강바닥에 얼음이 얼기 시작하는 게 아닌가?

사람들은 도력이 범상치 않음을 보고 감탄을 하고 있는데 대사는 "한쪽에 한 사람씩 달라붙어 네 사람이 서로 당기면서 올라가라."고 하였다.

장정들은 시키는 대로 별로 힘을 들이지 않고 돌을 옮기는데, 신기하게도 돌이 옮겨진 자리는 금세 얼음이 녹아 버리는 것이었다. 이렇게 대사의 도술 덕분으로 무사히 돌을 옮길 수가 있었다. 또한 이 거대한 돌을 어떻게 올려야 할지 몰라 쩔쩔매고 있을 때, 마침 할머니와 같이 길을 가던 어린 동자가 홍림대덕에게, "그 바위를 옮기려 하지 말고 바위가 있는 땅 아래를 파 내려가서 비신을 묻은 다음에 세워놓으면 쉽지 않겠습니까?" 하였다.

이 말을 들은 홍림대덕은 "옳거니." 하며 무릎을 쳤다. 동자가 시키는 대로 작업을 지시하고 동자를 찾으려고 보니 이미 동자와 할머니는 온데간데없이 사라지고 난 후였다. 홍림대덕은 그 자리에 무릎을 꿇고 합장하며 기도하였다. 그러자 개천산 봉우리에 영롱한 오색 무지개가 피어오르더니 석가여래의 관음보살이 구름을 타고 앉아 있는 것이 보였다. 관음보살이 어린 동자로 현신하여 공사법을 일러준 것이었다.

● 좆돌바위(자지바위)의 영험

동량면 모내마을

옛날 이 마을(모내마을)에 해마다 마을 젊은이들이 이유도 모르게 변고를 당하여 죽어 나가자, 마을 사람들은 고사도 지내 보고 굿도 벌여 보았지만 아무 소용이 없었다.

그러던 어느 날, 이 마을을 지나가던 노승이 한 민가에 들러 시주를 청하려고 들어섰는데 안에서 구슬픈 통곡소리가 들려오자 마을사람에게 "왜 저리 슬피 우는지요. 무슨 연고가 있는 것 같소이다." 하고 말했다.

"말도 마십죠, 스님. 우리 마을 젊은이들이 이유도 모르게 갑자기 비명횡사를 하니 이거 원, 이러다간 남자 씨가 다 말라 버리겠습니다."

이 말을 들은 노승은 지그시 눈을 감고 생각에 잠기더니 이윽고 입을 열었다.

"이 마을 골짜기의 형국을 보니 요녀의 허리 모양을 하고 있소이다."

"스님, 그러면 어떤 방법이 없겠습니까?"

"요녀는 원래 '양기탕진형'인지라 요녀 형국의 지형에다 혈을 찔러 요녀의 음기를 눌러야 합니다."

"어떻게 하면 음기를 누를 수 있습니까, 스님."

"요녀 형국에 남성의 상징을 만들어 세우시면 될 겁니다."

그래서 마을 사람들이 모여서 의논한 끝에 노승이 일러준 대로 큰돌을 세웠더니 그 후부터 이런 변고가 생기지 않았다고 한다. 또한 이 돌을 흔들면 소모천 마을 처녀들이 바람기가 일어난다고 전해진다. 이뿐만 아니라 6·25 사변이 일어났을 때 피난민들이 이 돌의 유래를 모르고 빼낸 일이 있었다. 그래서인지 소모천 마을에 유달리 큰 피해가 발생하자 다시 그 돌을 제자리에 세우고 고사를 지냈다고 한다.

그리고 1975년에 충북선 철도 복선공사가 진행중일 때 작업하던 운전사가 이 돌을 밀어내어 길가에 방치해 버린 일이 있었는데 그 후로 이상하게도 이 동네에 불상사가 발생하였고, 돌을 밀어버린 운전사는 자갈을 싣고 가다가 알 수 없는 사고를 당하여 생명을 잃었다고 한다. 그래서 1980년, 동네에서는 회의를 열어 그 돌을 다시 원위치에 세워놓고 수호신으로 여기며 더욱 신성시하고 있다고 한다.

● 귀신바위

동량면 용대리

임진왜란 때의 일이다.

신립장군이 도순변사가 되어 탄금대에 배수진을 치고 적병과 치열한 전투를 하다가 장렬하게 전사한 직후, 이 전쟁에 의병으로 지원하여 참전한 한 청년이 있었다. 그는 결혼한 지 며칠 안 되었지만 꿈같이 달콤한 신혼생활을 뒤로 하고 나라를 구하려고 선생터에 뛰어든 의혈과 충정의 청년이있다.

꽃 같은 나이의 신부는 전쟁터에 나간 신랑을 애타게 기다렸고, 기다리다 지친 신부는 남편이 분명 전쟁터에서 죽었을 거라고 여기며 남편이 없는 세상에 사는 것은 무의미하다고 생각하고 높은 바위에 올라서서 하늘을 한번 쳐다보고는 슬피 울며 강으로 뛰어들었다.

여인을 삼킨 강물은 이 애절한 사연을 아는지 모르는지 유유히 흘러만 가고 있었다.

그 후 이 여인이 빠져죽은 바위 근처에 왜병대장이 군사들을 이끌고 오게 되어 잠시 쉬면서 풍광을 즐기고 있었는데, 이 지점에 도착했을 때 대장이 갑자기, "앗! 금은보화다!" 하고 소리를 지르고는 강가 쪽으로 달려나갔다. 그러더니 웬 바위 하나를 붙잡고 마치 사람과 다정하게 이야기를 주고받는 듯이 중얼거렸다.

왜병대장의 눈에는 그 바위가 금은보화를 잔뜩 쌓아놓은 것으로 보였고, 아름다운 여인이 교태 어린 태도로 대장을 유혹하는 것처럼 보였던 것이다. 대장은 완전히 홀려 있었다.

"이토록 아름다운 여인이 있다니!"

그는 침을 질질 흘리며 바위를 부둥켜안았다. 군사들도 마찬가지로 이 조화에 홀려 넋을 잃은 듯 앞다투어 우르르 몰려가 강에 빠져죽고 말았다.

신부의 원혼이 서려 있는 바위이므로 사람들은 왜병들에게 복수하기 위해 일부러 바위를 금은보화로 보이게 해놓았던 것이다.

수많은 왜병들을 현혹하여 죽게 했다고 하여 이 바위를 귀신바위라고 부르는데 왜병들을 물리쳤으므로 '의암' 이라 불러주는 것이 더 옳지 않을까. 목행동 큰 다리에서 위쪽으로 보면 물 가운데 큰 바위가 하나 있는데 이 바위가 바로 그 '귀신바위' 이다.

청주시

● 우암산, 우두장군의 화석

우암산(345m)은 속리산 천황봉에서 북서쪽으로 뻗어 내려온 한남 금북정맥 산줄기에 속해 있다. 청주의 동쪽으로 이어지는 산줄기가 선도산, 것대산, 상당산, 구녀산을 맥으로 휘감고 있는데 그 중 상당산에서 나온 산이 바로 우암산으로 청주의 진산이다.

소가 앉아 있는 형국을 하고 있는 우암산에는 이름에서 알 수 있듯이 다음과 같은 신비한 전설을 보듬고 있다.

어느 날 토정 이지함이 이곳을 지나다가 황소 모습의 웅장한 산세를 발견하고는 급히 달려가 신비스런 묘혈을 찾아냈다. 그는 흡사 소가 앉아 있는 것 같은 배 부분에 해당하는 곳에 바위를 굴려 표시해 놓고, "이곳은 장수에게 적합한 곳이니 보통사람은 건드리지 말라."는 푯말을 세워놓고 떠났다.

그때 진천에 사는 조풍수(趙風水)라는 사람이 이곳에 당도하여 푯말을 뽑아내고 가묘를 써버렸다. 그러자 눈에 황금불을 켠 우두장군(牛頭將軍)이 입에 피를 흘리며 가묘 속으로 가라앉아 화석으로 변했는데, 지금도 그 화석묘가 있다는 풍수설화가 전해진다.

교통 안내

〈승용차편〉 중부고속도로 서청주 I.C → 청주 → (36번 국도) → 우암산 순환도로

괴산군

● 각연사의 신비의 석조 비로자나불좌상

어느 대사가 쌍곡에 절을 지으려고 목수를 모아 나무를 다듬는데, 마당에 수북하게 쌓였어야 할 나무가 보이지 않아 지켜보니 까마귀가 날아와서 물고 갔다. 이상히 여겨 따라가 보니 깊은 산 속으로 들어갔고, 그곳의 연못 속에 석불이 있어서 짓던 절을 이곳에 옮겨 세우고 석불을 모신 뒤 '각유불어연(覺有佛於淵)'이라는 뜻에서 절 이름을 각연사라 하였다고 한다. 이 석불이 바로 보물 제433호인 각연사 석조비로자나불좌상이다.

교통 안내

〈승용차편〉 중부고속도로→증평 I.C→괴산→칠성→쌍곡

〈버스편〉 괴산→연풍면 방향(34번 국도)→태성리 버스정류장 하차→각연사 안내판→보배산

● 쌍곡구곡 (쌍곡계곡)

쌍곡계곡은 괴산의 8경 가운데 하나로, 괴산에서 연풍 방향으로 10km 지점인 괴산군 칠성면 쌍곡마을로부터 제수리재에 이르기까지 10.5km의 계곡에 분포되어 있다.

천연의 수려한 자연경관을 보전하고 있는 쌍곡계곡은 옛날에는 쌍계라고 전해졌고, 조선시대 퇴계 이황, 송강 정철 등 당시 수많은 유학자와 문인들이 이곳에서 소일하였다고 전한다.

수많은 전설과 함께 보배산, 군자산, 비학산의 웅장한 산세에 둘러싸여 계곡을 흐르는 맑은 물이 기암절벽과 노송, 울창한 숲과 함께 조화를 이룬다. 구곡은 호롱소, 소금강, 떡바위(병암), 문수암, 쌍벽, 용소, 쌍곡폭포, 선녀탕, 마당바위(장암) 등이다.

〈제1곡〉 호롱소

34번 국도에서 계곡으로 1.1km 지점에 위치해 있고, 구곡 가운데 처음 만나는 곳으로 계곡 물

이 90도의 급커브를 형성하여 소를 이루고 있다. 넓고 잔잔한 물이 주위의 바위와 어우러져 아름다운 경치를 자아내고 있으며, 옛날에는 근처 절벽에 호롱불처럼 생긴 큰바위가 있어 호롱소라 불리어졌다.

〈제2곡〉 소금강

쌍곡 입구에서 2.3km 지점에 위치하며 쌍곡구곡 중 극치를 이루는 절경으로 그 경치가 마치 금강산의 일부를 옮겨 놓은 듯하다 하여 소금강으로 불려지고 있다. 계절 따라 변하는 그 독특한 절경과 그 밑을 흐르는 맑은 계곡물은 가히 소금강으로서 손색이 없는 곳이다.

〈제3곡〉 떡바위

바위의 모양이 마치 시루떡을 자른 모양처럼 생겼다고 하여 떡바위라 불리며 양식이 모자라고 기근이 심했던 시절에 사람들이 떡바위 근처에 살면 먹을 것 걱정을 안 해도 된다는 소문이 나서 하나둘 모여 살기 시작하였다 하며, 지금도 20여 가구가 이 바위를 중심으로 생활하고 있다.

〈제4곡〉 문수암

떡바위에서 동쪽 200m 지점에 있는 이 바위는 산세에 걸맞게 웅장함을 자랑하고 있으며, 소와 바위를 타고 흘러내리는 계곡수가 노송과 함께 잘 어울리는 조화를 창출하고 있다. 바위 밑으로 나 있는 동굴에는 옛날 문수보살을 모신 암자가 있다고 전해지고 있다.

〈제5곡〉 쌍벽

문수암에서 상류 쪽 400m 지점에 위치하며, 계곡 양쪽에 깎아 세운 듯한 10m 정도 높이의 바위가 약 5m의 폭을 두고 세워져 그림과 같고, 맑은 물소리는 보는 이로 하여금 감탄을 연발케한다.

〈제6곡〉 용소

100m의 반석을 타고 거세게 흘러내린 계곡물이 직경 16m나 되는 바위 웅덩이에서 휘돌아 장관을 이루며, 용이 승천했다는 전설이 있으나 지금은 수심 5~6m 정도로 다 메워진 상태다. 옛날에는 이 용소가 명주실 한 꾸러미가 다 풀려 들어가도 모자라는 깊은 소였다고 전해온다.

〈제7곡〉 쌍곡폭포

절말에서 동북 쪽으로 나 있는 살구나무 골 계곡을 따라 700m 지점에 이르면 숨을 죽이고 반석을 타고 흘러내리는 폭포를 마주하게 되는데, 이 폭포는 쌍곡 전체의 계곡이 남성적인 데 반해 그 자태가 조용하고 수줍은 촌색시의 모습처럼 여성적인 향취가 물씬 풍기는 폭포다. 좀처럼 그 모습을 드러내 보이려 하지 않는 곳으로 8m 정도의 반석을 타고 흘러내리는데, 여인의 치마폭처럼 펼쳐진 200여 평의 넓은 물이 간장을 서늘케 할 정도로 시원함을 준다.

〈제8곡〉 선녀탕

절말에서 관평 방면으로 400m 정도 올라가면 5m 정도의 바위 폭포와 물이 떨어지는 곳에서 직경 10m, 깊이 2m 정도의 소가 있는 깨끗한 폭포 경관을 만나게 된다. 선녀들이 달밤이면 목욕하러 내려왔다 하여 붙여진 이름으로 지금도 한참 앉아 있노라면 선녀들이 노는 듯한 환상에 빠질 정도로 주위의 경관과 잘 어울리는 명소이다.

〈제9곡〉 마당바위

절말에서 재수리재 방향 700m 지점에 위치한 쌍곡의 마지막 명소로, 물 흐르는 계곡 전체가 40여m의 반석으로 이루어졌고, 그 모양이 마치 마당처럼 넓다 하여 붙여진 이름이다. 주위의 송림에 싸여 햇빛이 닿지 않는 곳으로 삼복더위에도 더위를 느끼지 못하는 계곡 중의 계곡이다.

교통 안내

1) 중부고속도로 증평 I.C → 괴산 → 칠성 → 쌍곡교

2) 괴산에서 쌍곡 계곡 입구까지 시내버스 4회 운행(06:10, 08:30, 13:40, 18:40) 20분 소요

●한번만 더 넘치면 종말이 온다는 말세우물

괴산군 증평읍 사곡리

이 마을에는 가뭄이 들면 먹을 물조차 구하기가 어려웠고 우물이 없어 물을 얻으려면 마을 밖 멀리까지 나가서 물을 길어다 써야만 하니 여간 불편한 것이 아니었다.

어느 날 이 마을을 지나가던 스님이 마을 앞에 있는 느티나무를 베고 우물을 파면 물 걱정이 없을 것이라고 일러주자, 마을 장년들이 그대로 하여 물이 솟아오르게 되었다.

스님은 "이 우물은 가물거나 장마가 져도 물이 줄거나 늘지도 않지만, 만일 이 물이 세 번 넘치게 되면 말세가 올 것이오"라고 말하고 갔다.

이 우물은 임진왜란 때 한 번 넘쳤고, 6·25 전쟁 때 또 한 번 넘쳤다고 한다. 이제 한 번만 더 넘치면 말세가 온다고 하니, 다난했던 세월을 담고 오늘도 그 자리를 지키는 이 우물에 왠지 신령함이 깃들여 보인다.

단양군

●나라의 변란을 알아본다는 수촌리의 물

단양군 단양읍 수촌리

수촌리는 본래 물이 사물을 알아본다는 뜻으로 '물알이'로 불리다가 '물안니'로 바뀌었고, 그 후 '수촌리'로 바뀌었는데 그만큼 갖가지 사연과 유래를 안고 있는 곳이기도 하다.

마을 뒤에는 고고한 학의 깃털 같은 희디흰 백옥의 암벽을 자랑하며 오늘도 우뚝하게 솟아 있는 소백산이 이 마을을 수호하듯 지키고 서 있다.

이 마을에서는 매년 정월 보름날이면 마을의 안녕과 풍년을 기원하는 제사를 산지당에 올라가 날을 새워가며 정성껏 올렸는데 나라의 변란을 알아본다는 이 물에는 제를 지내지 않았다고 한다.

6·25 전쟁 때에는 이 물이 벌건 흙탕물로 변하여 7일 동안이나 금곡까지 흘렀다고 하며 4·19 혁명 때는 또다시 뻘건 물이 3일 동안이나 흘렀고, 5·16 혁명 때는 5일간을, 10·26일 박정희 대통령 시해사건 때도 5일 동안이나 흘렀다고 한다.

그런데 그 기간이 지나고 나면 신기하게도 이 물은 또다시 맑은 물이 되어 흐른다고 하니 신기할 뿐이다.

이 마을 박예종, 송영식, 송순천 씨의 말을 들어보면 나라에 큰 일이 있을 때마다 며칠 동안 흙탕물이 흐른다고 한다. 그래서 이 물이 탁하게 흐를 때는 주민들은 나라에 무슨 큰일이 일어났음을 안다고 한다.

이 물의 신비한 현상이 그 후에도 여러 번 나타났는데, 전남 해남 화원 근처의 산에 추락하여 많은 인명을 앗아갔던 아시아나 항공기 추락사건 때와 삼풍백화점 붕괴사건 때도 역시 벌건 물이 나왔다고 한다.

이런 끔찍한 사건과 사고를 떠 안고 꿋꿋이 흘러온 그 물의 인내와 고통을 우리는 어떻게 이해할 수 있을까. 그리고 왜 이 마을 수촌리에서 이런 물이 나오는 것일까? 그것은 아마 마을을 수호하는 소백산의 영험한 지세와 관련이 있어서가 아닐까 생각해 본다.

소백산은 영춘면 쪽에서는 9봉 8문(이곡, 밤실, 여의생, 뒤시랭이, 덕가락, 곰절, 배골, 귀기, 새밭)이라고 하지만, 보통 13통 12문(마조의 마생이 세골, 미륵이, 감투)이라고 한다.

알듯 모를 듯한 지명이지만 과학으로도 풀 수 없는 신비한 자연의 섭리가 아직도 곳곳마다 살아 숨쉬고 있으며 인간과 세상에 경고와 예시의 메시지를 전해주고 있다.

●항아리의 신비, 두악산

단양군 단성면

두악산(斗岳山)은 단양의 진산으로 남산, 소금무지산으로 불린다.

옛날엔 단양군수가 바뀔 때면 산이 울었다고 하며 산의 바위가 떨어지면 군수가 바뀔 것을 예언해 주었다고도 전하는데 이 산에 대한 신비한 전설을 소개한다.

'단양(丹陽)'은 글자가 모두 불과 관계가 있어 불이 자주 났다고 한다. 이곳에 원인 모를 화재가 자주 일어나자 어떤 지관(地官)이 지나가다가 "허어! 이곳엔 항상 불기운이 덮치고 있구나." 하였다.

이 말을 들은 동네 주민이 "노인은 누구신데 그런 말씀을 하시오?" 하고 물었다.

"아무리 불을 꺼도 이곳엔 불이 또 나게 되어 있소이다."

"어르신, 뭔가 알고 계신 듯한데 무슨 좋은 방도라도 있으신지요?"

"있소이다."

이 말을 들은 주민들이 하나둘씩 모여들기 시작했다.

"제발 불을 막을 수 있는 방법을 알려주십시오."

"그럼 내가 이르는 말을 잘 들으시오. 원래 단양의 지명이 모두 양(陽)으로 화기(火氣)를 띠고 있으며 두악산이 불꽃 형상이라 불이 자주 일어나는 게요. 그러므로 불의 맥을 끊어야 하는 것이오."

주민들은 이 얘기에 모두 수긍을 하였다.

"지맥을 너무 많이 끊으면 홍수가 범람하기 쉬우므로 전 주민이 나와 연못을 판 후 집안 식구 숫자대로 물을 부으면 화기가 진정될 것이며 두악산에 한 개의 항아리에는 소금을, 또 한 개의 항아리에는 단양천 물을 길어다 부으면 불이 나지 않을 것이오."

주민들은 이 지관이 일러준 대로 했다. 그랬더니 그 후부터는 불이 나지 않았다고 한다. 이 때문에 두악산은 소금무지산이라 불리게 되었다. 또한 물을 부은 항아리에 아기를 못 낳는 사람이 소금과 물을 가져다 넣으면 아기를 낳는다는 전설도 있다.

신단양으로 이주한 후 단성면 향토문화연구원에서 음력 보름날을 전후하여 소금무지산 제를 지내고 있다.

●나뭇잎을 달여먹으면 병이 낫는다는 느티나무

단양군 영춘면 만종리

만종리 터골마을에 수령이 400여 년이 되고 높이가 30m 정도가 되며 둘레가 5m인 느티나무가 우뚝 서 있다. 이 마을의 느티나무는 예로부터 신통한 효험이 있는데 신병이 있으면 이 나무에 정성껏 치성을 드린 후 자기 나이 숫자만큼 나뭇잎을 따서 달여 먹으면 병이 나았다고 전해진다. 그래서 이 마을에서는 느티나무에 마을제를 지내고 있다.

●선돌(立石), 쉰돌(休石)

영춘면 상 2리

고구려의 온달장군은 마고할멈으로 하여금 온달성을 쌓는 데 쓰일 돌을 나르도록 하였다. 온달장군이 신라군에 패하여 후퇴하였다는 소식을 들은 마고할멈은 가지고 가던 돌을 팽개치고 말았는데 이 돌을 장발리의 선돌이라 한다.

또 하나는 온달장군을 도우러 온달산성으로 달려가던 온달의 누이동생이 장발리에 이르러 온달장군이 패주하였다는 소식을 듣고 그 자리에서 한이 맺혀 죽어 돌이 되고 말았는데, 이것이 그 선돌이라고도 한다.

쉰돌은 온달장군이 성이 함락된 뒤 후퇴하다 바위에 윷판을 그려놓고 군사들과 윷놀이를 하면서 쉬었다고 해서 유래된 이름인데 급박한 전쟁 상황에서도 군사들에게 오락을 통하여 긴장을 풀어주려는 큰 배려가 있는 듯하다.

1) 신단양에서 고수대교 건너 좌회전하여 영월 방면 595번 지방도로 이용. 20km 지점, 영춘교에서 우회전하여 1km쯤 남천교를 지나 직진한다.
2) 신단양에서 시내버스 17회 운행, 40분 소요

주변의 관광 명소
온달산성, 고수동굴, 노동동굴, 구인사, 단양팔경, 천동동굴, 다리 안 국민 관광지

● 온달산성 (사적 제264호)

단양군 영춘면 하리

온달산성은 고구려 평원왕의 부마이자 평강공주의 남편인 온달장군이 신라군과의 전쟁 때 쌓은 성인데, 이곳에서 끝까지 싸우다가 전사한 온달장군의 넋을 기리기 위해 온달산성으로 명명되었다고 전해진다.

고구려, 신라, 백제 3국의 영토 분쟁이 치열한 때에 충주호와 남한강 상류지점에 위치한 사통팔달의 군사적 요충지에 세워졌다.

삼국시대의 전형적인 성으로, 1,400년 전에 쌓은 온달산성은 삼국시대 성으로는 현재까지 무너지지 않고 유일하게 완벽하게 보존되어 있어 당시 얼마나 견고하게 쌓았는지 알 수 있다.

영춘 남쪽성산(일명 아차산)에 네모난 돌을 정교하게 직사각형으로 쌓았으며(685m), 지표 조사 결과 남쪽의 일부분은 온달장군과 고구려군이 전사한 후 신라에서 다시 쌓은 것으로 확인되었다.

신라군이 죽령을 중심으로 한강을 장악하고자 551년 적성산성을 점령했을 때 고구려 백성은 온달산성에서 살았고 신라 백성은 적성산성에서 살았다.

온달산성 주변 4km 이내에 자리잡고 있는 80여 마을의 이름이 군사적 용어로 되어 있으며 6km 이내에 자리하고 있다는 사실도 매우 이례적이다.

예를 들어 '꼭두방터'는 신라 기마병을 막기 위해 진을 친 곳이며 '은포동'은 고구려군의 돌포가 있던 곳이고 '면위실'은 온달장군이 신라군에게 죽음을 당한 곳이며 '군간'은 보초를 섰던 지역이다.

또 '쇄골'은 전쟁 무기를 만들던 곳, '통시골'은 화장실, '돌무지골'은 시체를 돌로 묻은 곳, '안이골'은 부상당한 양쪽 군사들(고구려, 신라)이 서로 모여 살게 된 곳이다. 이처럼 많은 이름들이 지금도 그대로 사용되고 있다.

또한 온달산성 반경 6km 이내의 120여 개 마을은 모두 온달산성의 온달장군과 평강공주에 얽힌 설화가 마을 유래로 그대로 이어져 내려오고 있음을 엿볼 수 있다.

단양군 관광협회에서는 매년 온달장군의 넋을 기리기 위해 온달제를 성대하게 개최하고 있으며 온달 산성에는 평강공주 굴이 있고 산성 지하에는 천연기념물 261호인 온달동굴이 있다.

교통 안내

1) 신단양에서 고수대교 건너 좌회전하여 영월 방면 595번 지방도로 이용 20km 지점, 영춘교에서 우회전하여 1km쯤 남천교를 지나 직진한다.

2) 신단양에서 영춘까지 시내버스 20회 운행, 30분 소요

● 도깨비 비석

단양군 영춘면 남천리

도깨비 비석은 남천리 마을 회관 앞에 있다.

이 마을의 형극은 앞에 버티고 있는 산이 할미바위로 이 바위는 손자의 손을 잡고 마을을 떠나가는 형상을 하고 있다고 한다. 그래서인지 마을에는 원인 모를 화재가 자주 발생하고 여러 가지 재앙들이 일어났다.

솥에 밥을 해놓으면 도깨비들이 밥을 퍼내어 여기저기에 뿌리고 솥도 뜯어 아무 데나 팽개쳐 놓기도 하며, 빈집에서는 밤새도록 떠드는 소리가 나고 술 취한 사람의 정신을 빼어 밤새 이리저리 끌고 다니기도 했다.

이런 현상은 날이 밝아 닭울음소리가 나면 조용해지고 저녁때만 되면 다시 소란이 계속되었다. 마을 사람들은 지혜와 용기를 모아 도깨비들의 행패를 막아야겠다고 생각하고 대문마다 엄나무 가시를 걸어놓고 도깨비들의 출입을 막으려 했지만 소용이 없었다.

그러던 어느 날 이인이라는 사람이 이곳을 지나다가 주민들에게서 도깨비 이야기를 듣고는 말했다.

"너무 걱정하지 마시오. 나에게 당신들을 구할 방법이 있기는 하오."

이 말은 들은 주민들은 가뭄에 단비를 만난 듯 기뻐하면서 그 처방을 물어보았다. 그러자 이인은, "도깨비들에게 비석을 하나 세워 주시오." 하고 도깨비들이 놀 수 있는 토지를 내주고 비석 근처에서만 놀게 하는 석부인을 세우게 했다.

마을사람들은 반신반의하면서 이인이 시키는 대로 비석을 세웠는데, 비석을 세운 후부터는 도깨비들이 마을 집안에까지 내려와 행패를 부리는 일이 사라졌다고 한다. 이 비석을 주술비라고 하며 석부인단비라고도 한다.

●뱀굴(은단지굴)

영춘면 남천리

남천리 성골에는 소백산성과 온달산성이 이 마을 뒤에 지금도 남아 있어 마을 이름을 성골이라 한다. 이 마을은 소백산 깊은 준령에 자리하고 있어서 한여름에도 해가 일찍 지고 울창한 삼림대가 형성되어 겨울에는 눈이 잘 녹지 않는다.

이런 지형과 기후 때문인지 뱀의 서식이 많고 마을 안까지도 자주 출현하는데, 지붕 위로 구렁이가 숨으면 잡지 않고 업이라 하여 보호했다.

마을 절골 입구 험한 벼랑 끝 삼각형 모양의 입구에 굴이 있는데, 이 굴은 밖에서 보기만 해도 어쩐지 무섭고 기분도 을씨년스러워진다.

옛날 성골지역에 큰 부자가 살고 있었는데 원래는 찢어지게 가난한 사람이었다. 그가 큰 부자가 된 연유는 다음과 같이 전해진다.

어느 날 구렁이가 지붕 끝에서 나와 똬리를 틀고 있었다. 이것을 본 아낙이 춘궁기라 자기 식구도 먹을 것이 턱없이 모자란 판인데도 밥을 지어서 구렁이에게 주었다. 밥을 얻어먹은 구렁이는 며칠 동안 그 집 근처를 떠나지 않았고, 밥때가 되면 어김없이 나타나자 집주인도 계속 밥을 주었다고 한다.

그러던 어느 날 구렁이가 보이지 않게 되자 서운하기도 하고 걱정스러워 구렁이를 찾아 나섰는데 벼랑 쪽 세모난 입구의 동굴에서 살고 있는 것을 알 수 있었다. 집주인은 구렁이에게 정이 들었는지 그 굴속에 은단지를 넣어두고 마을 사람들 몰래 밥을 넣어줬는데, 밥을 얻어먹은 구렁이가 복을 주었는지 이런 일이 있은 후부터 하는 일마다 만사형통인지라 얼마 되지 않아 집주인은 큰 부자가 되었다.

부자가 된 주인이 나이가 들어 죽게 되자 식구들을 불러모아 놓고 부자가 된 연유를 소상히 얘기해 주며, "절대로 구렁이를 해치지 말고 소중히 여겨야 한다. 그리고 돈이 모이거든 단지에 넣어두어라. 그러면 구렁이가 지켜줄 것이며 너희들도 큰복을 받을 것이다." 하고 유언을 남겼다.

그런데 어떤 심술궂은 부인이 이상하게 부자가 된 연유를 캐고자 숨어서 동태를 살펴보고 있다가 돈을 굴속 단지에 넣어두는 것을 보고 돈을 차지할 욕심으로 벼랑 위에 줄을 달고 내려갔다. 굴앞에 이르자 쉬익- 하는 소리와 함께 엄청남 뱀이 나오는 것을 본 아낙은 놀라 떨어져 죽고 말았는데, 다음날 그곳으로 가서 굴속을 확인해 보니 뱀은 없고 단지와 돈만이 남아 있었다고 한다.

보은군

속리산 국립공원

우리 나라 대사찰 가운데 하나인 법주사를 중심으로 서북쪽으로 주봉인 천황봉(1,057m)을 비롯하여 입석대, 문장대, 경업대 등 1,000m가 넘는 봉우리와 깊은 계곡이 절경을 이룬다. 또한 산 속의 수많은 고적들과 천연기념물들이 이곳을 관광 명소로 만든다. 봄에는 산 벚꽃, 여름에는 푸른 소나무, 특히 가을철에는 만산홍엽의 단풍이 극치를 이루어 법주사의 고풍을 더욱 매력 있게 해준다. 또한 매년 음력 4월에 열리는 속리 축전과 10월에 열리는 속리산 가요제, 무용제는 지역문화 발전에 크게 이바지하고 있다.

● 법주사

　1,400년 전, 신라에 불교가 들어온 지 24년째인 진흥왕 14년(서기 553년)에 의신화상이 세운 절이다. 절 안에는 우리 나라 3대 불상전 가운데 하나인 대웅전을 비롯하여 사천왕문, 사천왕석등, 팔상전, 쌍사자 석등, 석연지 등 보물을 포함한 많은 문화유산들이 남겨져 있다.

　건평은 170평에 120간이고 기둥이 315개, 높이가 12m가 넘으며, 우리 나라 3대 불전 가운데 두번째로 크다. 참고로, 우리 나라 3대 불전은 부여의 무위사 극락전, 구례의 화엄사 각황전, 보은의 법주사 대웅전이다.

법주사의 사물(四物)

◎ 대종
(높이 2.4m, 둘레 4.6m, 무게 1천 관(약 1톤)
지옥에서 고통받는 영혼을 위하여 울린다.

◎ 법고
(둘레 6m, 지름 1.5m)
가축들의 영혼을 위하여 울린다.

◎ 목각
(길이 3.4m, 둘레 1.7m)
어류의 영혼을 위하여 울린다.

◎ 운판
(가로, 세로 1.25m, 두께 2cm)
조류의 영혼을 위하여 울린다.

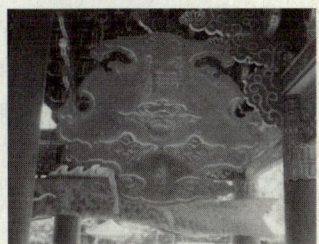

●정이품송(천연기념물 103호)

　보은에서 말키고개를 넘어 법주
사로 가는 길목에 있다.

　수령은 약 600년, 높이 15m, 둘
레 4.5m, 나뭇가지는 동서남북으
로 각각 10m 정도이다.

　정이품송이라는 이름을 갖게 된
연유는 1464년, 세조 임금이 법주사로 행차할 때 왕이 탄 연이 소나무에 걸릴
까 염려하여 신하들이 '연 걸린다'라고 말하자, 소나무가 가지를 번쩍 들어 무
사히 통과했다고 한다. 이러한 연유로 '정이품송'이라는 벼슬을 하사받게 되
었다.

등산 코스

1) 법주사→목욕소→세심정→복천암→중사자암→문장대(6.7km, 약 3시간 30분 소요)

2) 법주사→태실→상화암→학소대→상고암→비로봉→천황봉(5.42km, 3시간 40분 소요)

3) 법주사→수정봉→여적암→쉰동굴→남산 약수

교통 안내

1) 보은→25번 국도→(4km)→대야리→37번 국도→(7.3km)→법주초등학교→(4.2 km)→
법주사

2) 보은에서 속리산까지 직행버스 10분 간격 운행, 10분 소요

●거북바위

　속리산은 속세를 떠난다는 뜻을 갖고 있으며 소백산맥의 줄기에 있다. 최고
봉인 천황봉을 중심으로 비로봉, 문수봉, 길상봉, 관음봉, 수정봉 등 빼어난 절
경을 담뿍 담고 있는 우리 나라 8경 가운데 하나이다.

　속리산 수정봉에 거북바위가 있는데, 다음과 같은 전설이 있다.

　당태종이 어느 날 세숫물 속에서 거북의 형상을 보고 이상히 여겨 술사에게
물으니 이 거북바위 때문에 당나라의 재화가 동국으로 빠져나가고 국운도 쇠퇴
할 것이라고 하였다. 당태종은 사람을 보내어 이 거북바위를 찾아내고 그 목을

자르니 피가 솟았고, 등에 석탑을 세워 다시 일어나지 못하게 하였다고 한다.

등산 코스

법주사 → 수정봉 → 여적암 → 쉰동굴 → 남산 약수

교통 안내

1) 보은 / 25번 국도 : 4km → 대야리 / 37번 국도 : 7.3km → 법주초등학교 : 4.2km → 속리산

2) 보은에서 속리산까지 직행버스 10분 간격 운행, 20분 소요

● 속곳바위

보은군 마로면

청렴한 관리 장현광(張顯光)과 관련된 이야기이다. 그는 보은현감으로 짧은 기간 동안 재직하였는데 학문과 덕이 높아 백성들의 존경을 받았다.

그가 벼슬을 버리고 고향으로 돌아가게 되자 사람들은 아쉬워하며 전별의 선물을 가지고 왔지만, 그는 모두 물리치고 부임할 때와 같이 초라한 모습으로 길을 떠났다.

그가 보은군의 경계지역까지 왔을 때, 길가에서 쉬다가 문득 아내의 치마 밑으로 나온 비단 속옷을 보게 되었다.

"부인, 비단옷 같은데 대체 어디서 난 것이오?"

"보은 고을 사람들이 선물로 준 것입니다."

그러자 남편은 청빈을 덕으로 믿고 살아왔는데 남에게 폐를 끼쳤다며 탄식했다. 그러자 아내는 속옷을 벗어 바위에 걸쳐놓으며, "보은에서 받은 물건을 보은에 돌려줍니다." 하고 길을 떠났다.

그 뒤 이 사연을 알게 된 사람들이 이 바위를 '속곳바위' 혹은 '치마바위' 라 부르게 되었으며, 사람들은 장현광의 덕을 기리는 비석을 세우게 되었다.

교통 안내

보은까지는 서울 남부터미널, 청주, 대전, 대구 등지에서 직행버스를 이용한다. 보은에서 상주행 시외버스를 타고 외속리 및 적암리에서 하차한다.

음성군

● 백운산 유월샘의 조화

음성군 삼성면

이 마을에 심한 가뭄이
들어 먹을 물조차 없어서
사람들이 죽어가자, 사람
들은 우물가에서 유월 한
달 동안만이라도 물이 나
오게 해달라고 빌었다. 그
러자 물이 솟아올라 해갈
이 되었다.

그런데 칠월 초하루가 되
니 우물물이 다시 말라 버
렸다. 그 뒤부터 매년 유월 초하루가 되면 샘이 솟았다가 유월 말이 되면 신기하
게도 물이 말라 버린다고 한다.

진천군

● 부흥산의 굴 이야기

진천군 진천읍 금암리

이 산은 금암리 마을 앞에 떡 버티고 있으며 산의 정상에는 넓은 암반으로 둘
러싸여 있다. 잠시 아래로 눈을 돌려보면 칼로 베어낸 듯한 기암들이 소름끼치

게 쭈빗쭈빗 들어차 있어 계곡과 산천을 호령하는 듯하다.

임진왜란 당시 명나라 장수인 이여송이라는 사람이 쉴 새 없는 전투로 온몸이 피곤에 지친 군사들을 데리고 이곳으로 오던 중 한 주막집이 있자 군사들을 그곳에서 잠시 쉬도록 했다.

마침 주막집에는 몇몇 노인네들이 술을 마시고 쉬고 있던 참이었다. 이여송이 한 노인에게, "이 마을에 무슨 재미있는 얘기라도 있소이까?" 하고 물으니 노인 왈, "있고 말굽쇼. 저 산(부흥산)에 굴을 파기만 하면 금이 엄청나게 나온다고 합지요. 오래 전부터 이런 얘기가 동네에서 나왔기 때문에 허튼소리는 아닌 것 같소만, 아직까지 금을 캐보겠다는 사람은 없소이다."

금이 많이 묻혀 있다는 말을 들은 이여송이 군침을 삼키며 군사들에게 굴을 파도록 명령했다.

"이 산에는 금이 많이 묻혀 있다고 하니 힘을 합하여 굴을 파도록 하라. 금이 나오면 너희들에게 각자 상으로 내려주겠다."

이 말에 모든 군사들이 힘을 얻어 열심히 굴을 파기 시작했다. 그러나 굴을 파기 시작한 지 얼마 후 갑자기 하늘이 어두워지더니 소나기가 세차게 내렸다. 작업을 하던 군사들은 번개에 맞아 즉사하고 파놓은 굴에서는 난데없는 커다란 황구렁이가 나타나서 군사들을 닥치는 대로 해쳤다.

크게 놀란 이여송은 급히 군사들을 불러모아 이곳을 떠나고 말았다. 이때부터 이 산의 굴을 파기만 하면 하늘이 노한 듯 번개와 우레가 친다고 한다.

충청남도 편

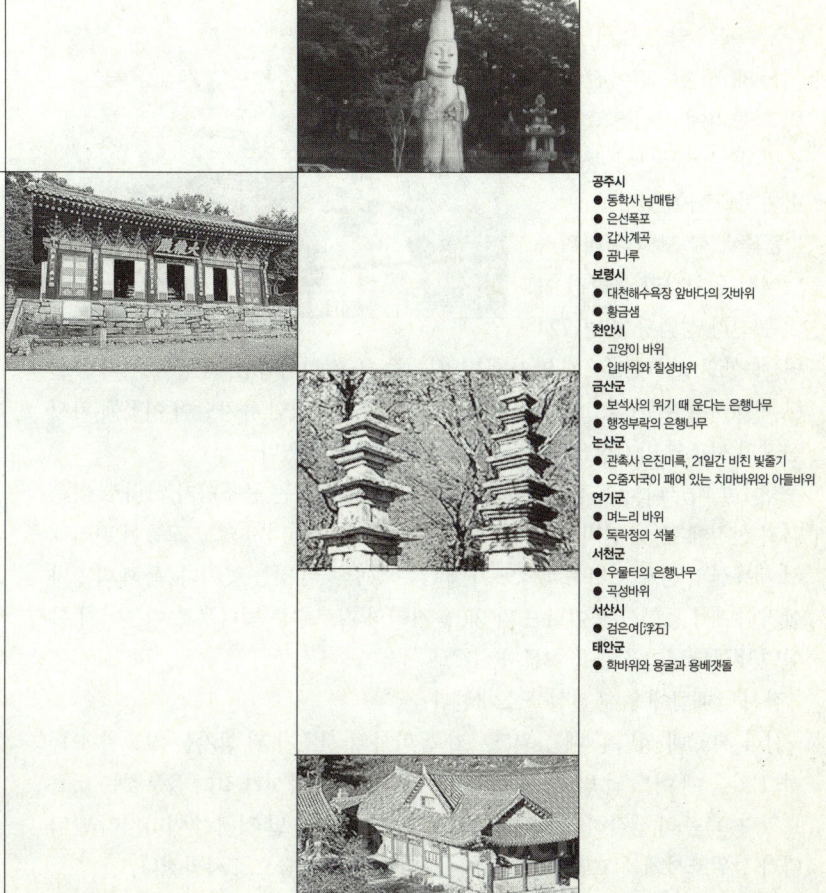

공주시
- 동학사 남매탑
- 은선폭포
- 갑사계곡
- 곰나루

보령시
- 대천해수욕장 앞바다의 갓바위
- 황금샘

천안시
- 고양이 바위
- 입바위와 칠성바위

금산군
- 보석사의 위기 때 운다는 은행나무
- 행정부락의 은행나무

논산군
- 관촉사 은진미륵, 21일간 비친 빛줄기
- 오줌자국이 패여 있는 치마바위와 아들바위

연기군
- 며느리 바위
- 독락정의 석불

서천군
- 우물터의 은행나무
- 곡성바위

서산시
- 검은여[浮石]

태안군
- 학바위와 용굴과 용베갯돌

공주시

● 동학사 남매탑

공주에서 약 2.5km, 대전에서 8km 정도 떨어진 반포면 학봉리에 자리잡고 있는 동학사는 계룡산의 동북쪽 골짜기에 싸여 있다.

동쪽에 학 모양의 바위가 있어서 동학사라 불려진 이 절은 신라 성덕왕 23년(724년)에 상원조사가 이곳에 암자를 지었는데, 그 후 회의화상이 '상원' 이라는 절로 확대시켰다. 그리고 신라가 멸망할 때 대승관이었던 유차달이 이곳에 와서 신라의 시조와 박제상을 제사하기 위해 동학사를 세웠다.

청아한 비구니의 독경소리와 맑은 계곡 속에 흐르는 물소리가 하나로 어우러져 선경에 온 듯 신비로운 이곳은 주변에 많은 볼거리가 있고 교통이 편리해서 계룡산의 관광지 가운데서도 가장 많은 사람들이 찾는 곳이다. 특히 박정자 삼거리에서 동학사에 이르는 약 3km 거리의 가로수는 벚나무로 이루어져 봄이면 벚꽃터널이 장관을 이룬다.

잠시 남매탑에 얽힌 전설을 소개한다.

신라 제33대 성덕왕 때 상원조사가 동학사의 시초가 된 암자를 짓고 수도를 하고 있을 때 어느 날 밤, 큰 호랑이 한 마리가 목에 가시가 걸려 울부짖는 것을 보았다. 측은히 생각하여 가시를 뽑아 주자 호랑이는 날 것처럼 이리저리 날뛰다가 상원조사에게 고맙다는 듯 연신 꼬리를 흔들며 숲으로 사라졌다.

며칠 후 호랑이가 멧돼지 한 마리를 물고 왔는데, 상원조사는 배가 고팠으나 수도승이라 고기를 먹지 않았더니 다음에는 호랑이가 예쁜 처녀를 엎어다 놓고 사라졌다.

상원조사는 기절한 처녀가 깨어나자, 어디에 사는 여인이며 어떻게 이곳까지 오게 되었는지 연유를 물어보았다. 그랬더니 처녀는, "소녀는 경상도 상주 땅에 사는 김화공의 딸입니다. 어느 날 밤 깊이 잠들어 있는데 집채 만한 호랑이가 나타

나서 저를 물더니 여기로 데리고 왔습니다. 생명을 구해주신 은혜를 어떻게 갚아야 하올지……." 하고 말했다.

처녀는 생명의 은인인 상원조사에게 부부가 될 것을 간청했으나 끝내 거설하자, 의남매를 맺고 함께 수도하며 살다가 마침내 성도하였다고 한다. 이들이 죽은 뒤 두 남매의 몸에서 사리가 나오자 스님의 제자인 회의화상이 이곳에 탑을 세웠는데, 오라비탑은 7층탑이고 누이탑은 5층탑이라고 한다.

등산 코스 : (동학사 ~ 갑사)

1) 동학사→남매탑→금잔디고개 →용문폭포→갑사(4.7km)

2) 동학사→남매탑→금잔디고개→신흥사→용문폭포→갑사(8.0km)

3) 동학사→남매탑→삼불봉→신흥암→갑사(5.3km)

4) 동학사→남매탑→삼불봉→천진보탑→용문폭포→갑사(5.3km)

5) 동학사→남매탑→삼불봉→관음봉→연천봉→갑사(8.6km)

6) 동학사→은선폭포→전망대→연천봉→갑사(7.3km)

7) 동학사→운선폭포→관음봉→삼불봉→갑사(7.8km)

교통 안내

1) 호남고속도로 유성 I.C →공주 방면 32번 국도→박정자 삼거리→동학사 입구

2) 대전 및 유성에서 동학사까지 좌석, 시내버스 수시 운행(10분 간격, 30분 소요)

3) 공주에서 동학사행 시내버스 이용(30분 간격, 20분 소요)

● 은선폭포

말 그대로 선녀가 숨어서 목욕을 했다는 은선폭포는 계룡산국립공원 내의 극락교에서 1.4km 가량 계곡을 오르면 깎아세운 듯한 바위벽에 시원스럽게

걸려 있다. 주변에는 야영장이 마련되어 있어 많은 등산객들이 이용하고 있다.

동학사, 오뉘탑, 갑사, 공우탑 등 불교 유적이 곳곳에 있어 등산객들의 발길을 멈추게 한다.

● 갑사계곡

계룡산 국립공원에 있는 7개의 계곡 가운데 가장 빼어난 갑사 계곡은 한여름의 무더위에도 가을을 느끼게 할 만큼 시원하고, 가을에는 '춘마곡' '추갑사'라 할 정도로 단풍이 뛰어나다.

특히 5리숲이라 불리는 갑사 진입로는 가을이면 단풍으로 벌겋게 달아올라 장관을 이룬다.

갑사 입구인 용추교에서 약 5km에 달하는 이 계곡 가운데 폭이 넓고 물이 많은 용문폭포(10m)까지의 1.5km 구간이 물놀이를 즐기기에 가장 알맞으며 갑사 계곡 옆으로 난 좁은 길은 계룡산을 오르는 등산길로 곳곳에 맑은 시냇물이 방문객을 맞는다.

이곳에는 갑사를 중심으로 철당간지주, 사리탑 등 불교 유적이 많아 두루 살펴볼 수 있고 울창하게 뻗은 나무들이 그늘을 깊이 드리우고 있어 산책 및 피서지로 일품이다.

● 곰나루

금강변에 있는 곰나루는 곰과 여인의 애틋한 사랑이 어려 있는 나루터로, 아름답고 울창한 소나무 숲에 둘러싸여 1987년 국민관광지로 지정되었다.

아득한 옛날 한 나무꾼이 나무를 하러 강을 건너갔다가 여자(곰)에게 붙들려 본의 아니게 동굴에 갇혀 곰과 살게 되었다. 그런데 이 암곰은 의심이 많아서 밖으로 나갈 때에는 동굴의 입구를 바위로 막아 놓고 나가곤 했다.

그렇게 수년간을 살아오면서 아이까지 둘을 낳았는데, 하루는 곰이 방심한 틈을 타서 나무꾼은 동굴을 빠져 나와 강을 건넜다.

이 광경을 바라본 곰은 다시 돌아오라고 애처롭게 호소하였지만 남편이 돌아오지 않자 슬퍼하면서 두 아이를 안고 강물에 몸을 던져 죽고 말았다. 그 뒤로는 죽은 곰의 원혼 탓인지 농사를 지으면 계속 흉년이 들고 배를 타면 물결이 세차게 일어 배가 전복되는 일이 자주 발생하였다. 그래서 사람들은 조금 떨어진 곳에 죽은 곰의 원혼을 달래기 위한 사당을 세웠다. 그랬더니 그 후로는 그런 일이 없어졌다고 한다.

지금도 송림 사이로 웅신을 모신 곰사당이 있어 곰과 인간의 애달픈 사랑 이야기를 들려주고 있다.

교통 안내

1) 천안 I.C → 공주 시외버스터미널 → 곰나루
2) 공주 시내버스가 국민 관광지까지 30분 간격 운행, 터미널에서 20분 소요

보령시

●대천해수욕장 앞바다의 갓바위

다보도는 대천해수욕장 앞 4km 전방에 한 점 섬으로 떠 있다. 이 섬은 기암괴석으로 이루어져 있고 파도에 닳고 씻긴 하얀 차돌과 자갈 해변으로 구성되어 있다. 여름철에는 유람선이 다니며 바다낚시의 명소로 이름이 높다. 해수욕장 주변에는 '갓바위'가 있는데 낙지와 용왕의 전설이 깃든 곳이다.

백 년이 넘도록 바다에 사는 산낙지가 육지 여자와 혼인하여 사는 것이 소원이어서 용왕이 이를 들어주었다. 육지에 올라와 예쁜 부인을 얻게 되었는데, 한 달만 부인과 잠자리를 같이 하지 않으면 영원히 사람으로 만들어 준다고 하였다. 그러나 이 금욕기간을 참지 못하고 바닷가에서 아내를 범하고 말았다. 그래서 낙지 남편은 바다 속으로 끌려들어 가고 갓과 옷은 떠올라 갓바위가 되었다고 한다.

주변의 관광 명소

수덕사(48km/버스 1: 20분), 연포해수욕장, 몽산포해수욕장, 천리포해수욕장, 만리포해수욕장

교통 안내

1) 서울→경부고속도로 천안 I.C→홍성→대천→해수욕장(국도 21번)

2) 대전→공주→청양→대천→해수욕장(국도 36번)

3) 대전→논산→부여→대천→해수욕장(국도 40번)

4) 대천→12km→해수욕장, 시내버스 10분 간격 운행, 20분 소요

5) 대천→시외버스 30분 간격 운행, 20분 소요

●황금샘

보령군 천북면 사호리

사호리 근처에서 아흔아홉 살까지 장수한 한 노인이 죽기 전에 아들에게, "내 시신을 마을 우물 밑에 묻으면 부자가 되느니라. 하지만 이 일을 절대 발설해서는 안 된다."고 하였다.

우물물을 마실 때마다 아버지 생각을 하던 아들은 몇 해 뒤 어머니에게 그 말을 하고 말았다. 그리고 얼마 안 가 소문은 삽시간에 온 동네에 퍼지고 사람들은 시체의 썩은 물을 먹고 있다고 생각하여 우물물을 퍼내기 시작했다.

우물을 다 퍼내고 바닥의 흙을 한 삽 파내었을 때 시체 대신 금송아지가 보이기 시작했다.

드디어 아랫부분까지 파내자 금송아지는 진흙빛 흙으로 변하더니 사라지고 말았다. 그 뒤부터 마을 사람들은 천하의 명당을 얻어놓고도 아버지의 유언을 지키지 못해 부자가 되지 못한 어리석은 아들의 한이 서려 있는 이 샘을 '황금샘'이라 불렀다고 한다.

천안시

● 고양이 바위

목천면 남화리

　남화리 동쪽에 있는 백호부락에는 마치 고양이가 입을 벌리고 있는 것 같은 형상의 고양이 바위가 있다. 옛날 이 마을에 살던 심술쟁이가 마을을 망하게 할 심산으로 거짓으로 승려 행세를 하며 고양이 바위를 깨버렸는데, 곧 마을에 질병이 크게 번져 쑥대밭이 될 지경에 이르렀다. 그때서야 비로소 심술쟁이는 자기의 잘못을 깨닫고 깨어진 바위에 회를 발라 다시 붙이니 마을에 질병이 없어지고 평안하여졌다고 한다.

주변의 관광 명소

독립기념관

교통 안내

1) 기차 : 천안역에서 내려 목천면행 버스 이용(12km)

2) 버스 : 천안 종합터미널에서 내려 목천면행 버스 이용

3) 천안시내 21번 국도→12km→목천면

● 입바위와 칠성바위

병천면 도원리

　도원리에 있는 미륵당 부근에는 큰 바위가 우뚝 서 있는데 이 바위가 입바위이고, 그 아래에 북두칠성처럼 생긴 칠성바위가 있다. 입바위는 옛날 과거에 급제를 하였지만 종의 신분이라 하여 오히려 억울하게 죽임을 당한 사람의 화신(化身)이며 칠성바위는 그 사람의 일곱 아들들이 변하여 된 것이라는 이야기가 전하여 온다.

주변의 관광 명소

유관순열사 기념관

1) 천안시내에서 진천으로 가는 21번 국도를 따라 병천까지 직행버스
2) 천안에서 병천까지 직행버스 30분 간격(25분 소요)

금산군

● 보덕사의 위기때 운다는 은행나무

금산군 남이면 석동리

보석사는 신라 헌강왕 12년 AD 866에 조구대사가 창건한 역사 깊은 절이다. 교종의 대본산이며 한국 불교 31본산의 하나로 지난날 전라북도 불교의 이사 중추기관이었고 현재는 충남교구 산하로 되었다.

보석사라는 이름은 절 앞산 중허리의 암석에서 금을 캐내어 불상을 주조하였다는 데서 이름지어졌으며, 주위의 울창한 숲과 암석은 맑은 시냇물과 어우러져 멋진 대자연의 조화를 이루고 있다.

절 안에는 대웅전, 기허당, 의산각, 산신각 등의 건물과 부속 암자가 있으며 인근에는 절경의 12폭포가 있다. 특히 높이 40m, 둘레가 10.4m나 되는 1,000년 수령을 자랑하는 은행나무(천연기념품 265호)가 있어 좋은 휴식처를 제공해 주며 2~300m 정도의 전나무 길이 나 있어 호젓한 산책을 즐길 수 있다.

보석사 은행나무는 천연기념물 365호로 지정되었고 수령 1,100여 년, 둘레 10.4m, 수고 40m나 되는 충남에서 세번째로 수령이 오래된 은행나무이다.

특히 이 은행나무는 보석사 앞에 위치하고 있어 전국으로도 그 이름이 높이 알려진 전국 사찰의 대본산의 하나였던 보석사를 지키고 서 있으며, 그 역사를 증명해 주듯 영고성쇠의 애환 속에 변함없이 꿋꿋한 생명력을 가지고 지금도 울창한 잎을 만들어 낸다.

8·15 광복과 6·25 전란이 일어나던 해에, 그리고 '92년 6월, 가뭄이 극심할 때 이 나무가 소리내어 울었다는 전설이 있다.

금산군에서는 이 은행나무가 군민의 이상과 번영을 상징한다고 하여 군목으로 지정하여 관리하고 있다.

등산 코스

1) 보석사→영천암→선바위→물굴→원효암→금산(8km, 4시간 소요)

2) 금산→선공암→물굴→선바위→영천암→보석사(9km, 5시간 소요)

교통 안내

1) 금산에서 795번 지방도로 이용(전북 진안 방향)→보석사(석동초등학교)

2) 금산에서 보석사까지 시내버스 5회 운행, 15분 소요

●행정부락의 은행나무

금산군 추부면 요광리

행정부락 입구에 1천 년의 수령을 자랑하는 은행나무 한 그루가 자연 정자를 이루고 있다.

이 나무의 밑 둘레는 15.5m나 되며 수고는 20.5m이고, 수령은 1,400여 년에 이른다. 또한 그 줄기는 노쇠하여 속이 동굴처럼 비어 있다.

이 은행나무는 어느 때 심은 것인지 기록이 없어 자세한 것은 알 수 없으나 이 부락이 생기기 전부터 자연생으로 나서 자란 것이 아닌가 한다. 다만 이율곡 문집에 '진산에 큰 은행나무가 있다'는 기록이 있음을 보면 이율곡이 당시 진산군의 일부였던 이 동네 앞을 지나다가 은행나무 정자 밑에서 쉬면서 나무의 큼을 기록하였으니, 이 은행나무는 400년 전에도 상당히 큰 나무였음을 알 수 있다.

또한 『경암유고』에는 점필재 김종직이 이 나무를 보고 시를 읊었다고 쓰여 있다.

당시에도 이 나무는 짝이 없을 만큼 컸었다는 것을 능히 알 수 있다. 그리고 이 나무 밑에는 행정헌이라는 정자가 있어서 여름철의 독서와 휴식처가 되었음도 위에 적은 책에 소상히 기록되어 있으나 정자는 헐어 없어지고 나무 또한 노쇠하였으니 한스러운 일이다.

동네에서는 이 은행나무를 동네의 수호신처럼 받들고 있으며 소원 성취를 기도하는 우상물로 되어 있다. 이 나무는 동네에 무슨 변고가 있거나 나라에 큰 일이 있을 때에는 웅장한 소리를 내어 미리 알려준다고 한다.

마을 주민들이 정월 초 3일 자정이 되면 이 나무 밑에서 치성을 드린다.

포장도로에서부터 마을까지 200m 정도 양쪽으로 벚나무가 심겨져 있어서 벚꽃이 피는 봄이 되면 온통 꽃으로 뒤덮여 장관을 이룬다.

교통 안내

1) 경부고속도로 옥천 I.C→금산, 추부 방향 37번 국도→추부면 요광리(20분 소요)

2) 시내버스 520번(1시간 간격) 좌석버스 510번(20분 간격) 20분 소요→추부면 요광리

논산군

●관촉사 은진미륵, 21일간 비친빛줄기

논산시 관촉동

관촉사는 논산 시내에서 3km 남짓 떨어진 반야산(100m) 기슭에 병풍을 두른 듯 감싸여 있다. 이 사찰에는 고려 광종 19년(967)에 착공하여 38년 후에야 혜명스님에 의해 완공된 관촉사 석조미륵보살입상(보물 제218호)이 있다. 흔히 '은진미륵'으로 불리는 이 불상은 높이 18.12m, 둘레 9.9m, 귀의 길이 3.3m, 관 높이 3.94m로 국내 최대의 석불이다.

무려 37년간이나 걸려 목종 임금 때 완성을 하니, 불상의 미간인 백호수정에서 21일간이나 빛을 발하여 그 빛이 멀리 중국 송나라에도 비추었다고 한다.

그곳의 지안대사가 빛을 따라 이곳에 와서 석불에 배례한 뒤 돌아가 중국 가주에도 이와 같은 대불상을 세우니 광명이 동서에서 빛났다 하여 관촉사라 이름 짓게 되었다.

한 여인이 반야산에 올라

고사리를 꺾다가 산중에서 느닷없이 아기 울음소리가 들려 이상하게 여기고 울음소리를 따라가 보았지만, 아기는 보이지 않고 갑자기 땅이 진동하면서 눈앞에 거대한 바위가 솟아올랐다. 깜짝 놀란 여인이 황급히 산을 내려와 원님께 이 사실을 고했다.

이 사실을 알게 된 광종 임금은 신하들과 의논하여 필히 그 바위는 하늘이 내려준 것이므로 혜명대사에게 명하여 부처님을 새기도록 명하니 대사는 1백여 명의 석수를 이끌고 대역사를 시작했다.

맨 먼저 땅으로 솟은 바위로 부처님의 아랫도리를 조각하고, 다음은 몸체, 다음은 윗부분을 조각하였는데 이 돌들을 끌어올려 맞출 수가 없어서 고민하다가 머리도 식힐 겸 냇가에 내려와 쉬고 있었다.

그때 아이들이 미륵 쌓기를 하며 놀고 있었는데, 아이들은 아랫도리를 흙으로 메워 평지를 만든 다음 동체를 굴려 올리고 흙으로 메우고, 상체를 굴려 올린 다음 흙으로 메우고 나중에 흙을 모두 치우니 미륵불이 우뚝 서게 되었다.

이 광경을 지켜보던 혜명대사는 "옳거니!" 하며 무릎을 치고 즉시 작업장으로 달려가 공사를 지시하고 냇가로 다시 가보았다. 그런데 조금 전까지 있던 아이들은 하나도 보이지 않았다. 그것은 문수보살이 방법을 알려주려고 현신했던 것이다.

은진미륵이 완성된 후 오랑캐가 압록강으로 쳐들어오는데 어디선가 가사를 입고 삿갓을 쓴 스님이 나타나 태연히 압록강을 건너가는데 강물이 스님의 가슴까지밖에 차지 않았다. 오랑캐들은 물이 얕은 곳인 줄 알고 강물로 뛰어들었고, 물이 깊어 많은 오랑캐들이 빠져죽었다.

화가 난 오랑캐 장수 한 사람이 물을 건너온 스님을 칼로 내리쳤으나 스님의 삿갓만 스쳤다. 이 스님은 나라를 구하기 위해 현신한 은진미륵이라 한다. 그래서 지금도 미륵불의 갓을 보면 한쪽 귀퉁이가 떨어져 꿰맨 것을 볼 수 있다.

관광 코스(반나절)

관촉사→옥녀봉, 금강→황산대교→노강서원→노성산상→윤증 고택→이삼장군 고택→돈암서원→개태사→탑정호→성삼문 묘→쌍계사→유원지

교통 안내

1) 논산 I.C→3km→연무→1번 국도→7.6km→논산→논산 4거리 우회전→643 지방도로 연결지점 우회전→3km→관촉사

2) 논산→관촉사/시내버스 20분 간격, 10분 소요

● 오줌자국이 패여 있는 치마바위와 아들바위

은진면 남산 3리

은진면 남산 3리 남산제에 있는 바위에서 옛날 이 마을 사람들은 산신제를 지내왔다.

바위 모양이 마치 치마처럼 넓죽하게 생겼다 하여 치마바위라 부르는데 이 바위에는 장수가 오줌을 누어 군데군데 패였다고 하는 자국이 지금도 남아 있으며, 이 바위를 구르면 마치 속이 빈 것처럼 쿵쿵 울린다고 한다.

치마바위 앞에 또 하나의 바위가 있는데 아들을 낳지 못하는 부녀자들이 돌을 던져서 올려지면 아들을 낳는다 하여 옛날에는 부녀자들이 끊이질 않았다고 한다. 이 바위가 아들바위이다.

연기군

● 며느리 바위

연기군 남면 양화리

양화리 마을 뒷산에 '전월산'이 있는데 멀리서 이 산을 보면 한자어의 '林' 자 형상을 하고 있다. 이 산 중턱에는 여인이 뒤를 돌아보고 있는 형상으로 보이는 바위가 있는데, 며느리바위라고 부른다.

옛날 이곳에는 장자소라는 못이 있었는데 못 앞에 큰 부자가 살고 있었다. 그 부자는 고약하기로도 유명하였지만 인색하기로 소문난 사람이었다. 가난하게 살고 있던 여자가 구두쇠 부잣집으로 시집을 왔는데 시아버지의 인색함을 대신하여 남몰래 가난한 사람들에게 도움을 주곤 하였다. 어느 날 스님이 이 집에 시주를 왔는데 시아버지는 시주 대신 두엄을 한 삽 떠서 퍼주는 것이었다.

아무 말 없이 나가던 스님의 뒤를 쫓아나간 며느리는 스님에게 시아버님의 잘못을 용서해 달라며 몰래 가지고 나온 곡식을 시주하였다. 스님은 며느리를 쳐다보더니, "당신의 착한 마음에 내가 감동을 받아 일러주는 것이니 내가 시키는 대로 하겠느뇨?"라고 말하자 며느리는 그렇게 하겠다고 다짐했다.

"모레 전월산에 올라가되 정상에 도착할 때까지는 어떤 일이 있더라도 절대로 뒤를 돌아보지 말라." 하고 단단히 일러주었다.

며느리는 기이한 일이라고 생각하며 일러준 대로 그날 전월산을 오르기 시작했다. 그때 갑자기 하늘이 어두워지더니 하늘에 구멍이 뚫린 듯 억수같은 비가 쏟아져 내려 금세 아랫마을이 물에 잠기며 사람들마다 아우성을 치고 온통 난리를 쳤는데 너무 무섭기도 하고 어떤 일이 벌어졌을까 궁금하여 그만 뒤를 돌아보고 말았다. 그러자 며느리의 몸이 점점 바위로 변하여 뒤를 돌아보고 있는 모습으로 굳어져 버렸다.

훗날 이 바위를 찾는 사람들은 이루지 못한 일이 있을 때 며느리 바위에 촛불을 켜고 정성을 다하여 빌면 소원을 이룬다고 믿고 있어, 기도하려고 찾아오는 사람들이 많다고 전해진다(비슷한 이야기가 강원도 '황지못'에도 전해온다).

● 독락정의 석불

연기군 남면 나성리

나성리 마을에는 '독락정'이라는 정자가 있다.

이곳은 고려말 충신인 임난수 장군의 아들이 세웠다. 동락정에서 북쪽으로 가면 비로자나석불이 있다. 석불 얼굴이나 몸체를 자세히 들여다보면 많은 상처들이 남아 있는데 이 상처들은 6·25 동란 때 총알을 맞은 흔적들이다.

이 석불에 대한 전설은 임난수 장군이 돌부처 두 개를 손에 들고 금강을 건너는데 발 한 쪽이 물에 빠져 신발이 떠내려가자 신발을 주우려고 들고 있던 돌부처를 각각 양쪽에 꽂아놓고 신발을 잡았는데, 강 건너에 꽂아두었던 석불은 보이지 않고 지금 이 자리에 있는 독락정 석불만이 있게 되었다고 한다.

이 석불에 관한 또 다른 전설이 전해진다.

옛날에 노 부부가 열심히 일을 하여 어느 정도 여유 있게 살게 되었는데 슬하에 자식이 없어 늘 한탄하고 있었다. 어느 날 백발노인이 찾아와서 먹을 것을 요청했다.

부부는 정성껏 음식을 준비하여 대접하고 심지어는 쌀까지 싸서 주었다. 융숭한 대접과 따뜻한 이들의 마음에 보답이라도 해줄 듯 그 노인은, "무슨 걱정이라도 있는지요." 하자 자식 하나 얻는 것이 소원이라는 것을 듣고 난 노인은, "독락정 뒤에 있는 석불에 제물을 차려놓고 백 일 동안 기도를 드리면 소원을 이룰 수 있다."고 일러주었다.

노 부부는 이 노인이 일러준 대로 석불 앞에 정성껏 음식을 올려놓고 백 일 기도에 들어갔는데 백 일째 되던 날 갑자기 노 부부는 정신이 몽롱해지면서 그 자리에 쓰러져 잠이 들었다. 꿈속에 부처님이 나타나, "너희들의 정성이 하도 지극하여 아들을 점지해 주노니 부디 훌륭한 사람으로 잘 키우도록 하라. 그리고 어려운 일이 생기면 다시 나를 찾도록 하라." 하였다.

똑같은 꿈을 꾼 노 부부는 이런 일이 있은 후 태기가 있어 아들을 낳았는데 후에 나라에 큰공을 세운 장군이 되었다.

그런데 아무 걱정 없이 잘살고 있던 노 부부가 갑자기 병이 들어 앓아 눕게 되자 이 소식을 들은 아들이 단숨에 집으로 달려와 정성껏 간호를 하고, 용하다는 의원을 불러 온갖 치료를 했건만 도대체 무슨 병인지 알 수가 없었다.

노 부부는 아이 갖기를 소원했을 때 꿈에 나타난 부처님이 어려운 일이 생기면 다시 찾으라고 하신 말씀이 언뜻 생각나서 아들에게 자초지종을 얘기했다. 이 얘기를 들은 아들은 그곳으로 찾아가 정성껏 음식을 차리고 간절한 기도를 올리기 시작했는데 부처님이 나타나서, "내일 아침 일찍 송원리의 높은 산으로 올라가 보면 큰 바위가 있을 것이다. 그 바위 밑에 커다란 더덕 두 뿌리가 있을 것인데, 그것을 너의 부모님께 정성껏 달여 드리면 병이 나을 것이니라."라고 계시해 주었다. 아들은 기뻐하며 부처님이 일러준 그대로 했더니 부모님의 병이 씻은 듯이 낫게 되었다.

이 소문이 이웃 마을까지 전해지자 평소에 욕심 많고 불효 막심했던 사람이 이 노 부부의 아들을 찾아와서 부모님께 효도할 방법을 찾는다며 자세한 방법을 알려달라고 애절한 눈빛으로 간청하였다. 이 말을 들은 아들도 딱히 여겨 그 동안의 일을 소상히 가르쳐 주었다.

그는 석불 앞에 가서, "돈이 없어서 부모님께 봉양을 못해 드리고 있으니 돈을 얻을 수 있는 길을 알려주십시오." 하고 빌었다. 역시 꿈에 부처님이 나타나서 이르기를, "네 소원이 돈이라면 소원을 들어주겠다. 그 대신 좋은 일에 사용해야지 그렇지 않으면 큰 화를 면치 못할 것이니라." 하였다.

꿈에서 깨어난 그는 석불 앞에 돈 꾸러미가 놓여 있는 것을 보고 매우 기뻐하며 흥청망청 주색잡기에 정신이 팔려 있었다.

그러던 어느 날 기생집에서 진탕 퍼마시고 놀다가 술값을 치르려고 주머니에 손을 넣자 뱀이 나왔다. 깜짝 놀라 돈이 들어 있던 돈궤를 열어보니 돈은 온데간데없고 온통 뱀들이 득실거리는 것이 아닌가? 결국 이 불효자는 물에 뛰어들어 목숨을 끊었다. 이후 이 석불 앞에서 함부로 소원을 비는 자가 없어졌다고 후세까지 전해져 내려온다.

비로자나불(毘盧慈那佛)

부처의 진신을 나타내는 존칭으로 법신불이다. 화엄경의 주존불로서 밀교의 대일여래와 같은 이름이다. 지권인의 수인으로 문수, 보현보살 협시 형태와 노사나불, 석가모니불 협시 형태가 있다. 통일신라 9세기 이후 유행하였으며 지리산 내원사 소장 석조비로자나불좌상이 최고이고 전남 장흥 보림사, 강원도 철원 도피안사 철조비노자나불 좌상이 있다.

서천군

● 우물터의 은행나무

500여 년 전의 일이다. 어느 날 장항읍에 있는 전망산(前望山) 기슭의 어느 우물에 중이 나타나 물을 얻어 마시다 우물물에 끌려 들어가 빠져죽고 말았다. 사람들이 우물을 메우고 장사를 지내 주었더니 며칠 후 그곳에서 은행나무 한 그루가 나와 쑥쑥 자랐다.

점을 쳐보니 중의 장삼에 은행이 들어 있어서 그것이 싹난 것이라고 하였다. 은행나무가 고목이 되고 그 속에 큰 구멍이 났는데, 한밤중에 작은 아이가 나막신을 신고 그 구멍 속으로 들어가는 것을 본 사람이 있다고 전한다.

지금도 병이 나면 그 환자의 밥그릇을 나무 부근에 버리는데, 그렇게 하면 병이 바로 낫는다고 한다. 뿐만 아니라 나뭇가지를 베면 마을에 질병이 돌고, 잎이 무성한 해에는 풍년이 들며 잎이 무성하지 않은 해에는 흉년이 든다고 한다.

교통 안내

〈승용차편(30분 소요)〉 장항읍→서천 방향→오거리 신호등이 있는 곳에서 반우회전→문산 방향→수암리 저수지→전망산(前望山)(승용차 진입 가능)

〈버스편〉 장항읍 버스터미널(서천–문산행 버스 승차) 약 35분 소요

● 곡성바위

서천역에서 서쪽으로 4km쯤 가면 마서면 한성리가 있고, 그 한성리 해변 갈목촌에 곡성바위에 얽힌 전설이 있다.

가난한 어부가 딸을 데리고 살았다. 어느 날 어부가 파도에 밀려 부상을 입자 딸이 대신 배를 타고 나갔다가 물에 빠져죽었다. 그날이 음력 8월 15일이었다. 그 뒤부터 8월 15일이 되면 갈목촌 앞바다에 전에 없던 바위가 물위로 솟아오르면서 처량한 여인의 곡성이 들린다고 전한다.

주변의 관광 명소

서천 사계절 썰매장, 월남 이상재선생 생가

서산시

● 검은여 [浮石]

서산시 부석면

검은여는 밀물 때에도 물에 잠기지 않고 마치 떠 있는 것처럼 보인다고 하여 부석(浮石)이라고도 불린다. 검은여에 대한 전설은 다음과 같다.

신라시대 때 의상대사가 당나라에서 공부를 마치고 돌아올 때 평소에 의상대사를 흠모했던 여인이 결혼해 줄 것을 호소했다. 그러나 의상대사는, "불문에 귀의한 자가 어찌 속세와 인연을 맺겠는가?" 하고 거절하고 귀국하는 배에 오르자 그녀는 실의에 빠져 끝내 바다에 몸을 던져 죽고 말았다.

물에 빠져 죽은 여자가 용이 되어 의상대사가 탄 배를 뒤쫓아 신라까지 쫓아다니자, 의상대사는 이 여자의 갸륵한 정에 감복하여 지금의 부석면 도비산 안자락에 부석사를 창건하여 여인의 넋을 달래주었다.

그런데 절을 짓는 과정에서 마을 사람들이 절 짓는 일을 방해하자, 용의 화신

인 엄청난 바위가 공중에 그대로 떠서 방해하는 마을 사람들을 호통쳤다. 그리고 절이 내려다보이는 천수만 앞바다에 떠 있으면서 공사를 지켜보았다는 신기한 전설을 안고 있다.

이후부터 주민들은 부석사와 검은여는 서로 지령이 상통한다고 믿고 있어 신성시하게 되었으며, 어부들은 의막을 짓고 이곳에서 무사고와 풍어를 빌어왔다. 지금은 서산 간척공사로 육지화되어 버리자, 주민들은 주변에 물이 흐르도록 만들어 놓고 검은여의 상징석을 이곳에 세우고 해마다 제를 올리고 있다.

태안군

● 학바위와 용굴과 용베갯돌

원북면 방갈리 2구

원북면 방갈리 2구에는 학 모양의 바위가 있는데, 학암포 해수욕장의 명칭도 여기에서 유래된 것이라 한다.

학암포 해수욕장은 태안읍에서 북쪽으로 20km 떨어져 있으며 모래밭 길이는 1.6km, 폭은 150m, 면적은 8만 평, 경사도는 3도, 평균 수심은 1.3m, 수온은 섭씨 22도 정도이다. 이곳은 아직 많이 알려지지 않아 주위 환경이 조용하고 깨끗하며 특히 물에 씻긴 모래가 더욱 돋보인다. 또한 해수욕장 앞바다 5km 서북지점에 있는 안도의 바다낚시가 유명하다.

학암포 학바위 밑에는 용이 나와서 하늘로 올라갔다는 용굴이 있는데, 예전에는 용이 그 속에서 살았으며 굴 안에는 용이 베고 잔 용베갯돌이 있다. 그 굴은 대방이섬까지 뚫려 있으며 이 굴에서는 가끔 용이 나와서 하늘로 올라가곤 했다고 한다.

그런데 임경업 장군이 학바위 근처에 진을 치고 용과 싸운 뒤로는 용이 승천을 하지 않는다고 전한다.

이렇게 수려한 경치와 전설이 한데 어우러진 절경을 소개하기가 한편으로는 걱정이 되는데, 이는 새로운 명소를 알게 되어 휴양지를 찾아드는 사람들마다 엄청난 폐해를 남기고 가기 때문이다.

주변의 관광 명소

수덕사(48km / 버스 1 : 20분), 연포 해수욕장, 몽산포 해수욕장, 천리포 해수욕장, 만리포 해수
욕장

교통 안내

1) 태안에서 학암포까지 직행버스 6회 운행 (07 : 20∼19 : 00) 25분 소요

2) 태안에서 시내버스 22회 운행 (06 : 20∼19 : 20) 30분 소요

경상북도 편

부산광역시
- 금정산의 원효대
- 마하사의 팥죽 묻은 나한보살의 미소

안동시
- 제비원 마애석불
- 정산리 약수탕
- 용알[龍卵]
- 고시 준비생들이 가보아야 할 개목사
- 절대로 나무를 손상시키면 안 되는 괴목나무

봉화군
- 청량산의 뿔 세 개 달린 소나무
- 사마귀 바위

상주시
- 파랑새가 그린 북장사 괘불
- 원혼의 넋이 깃든 은행나무

문경시
- 봉암사의 요종과 돌솥과 떡시루
- 원적사의 용궁에서 얻어온 요종
- 김룡사, 동승의 이적
- 못산(池山)동굴 원혼들의 밥타령

예천군
- 농암의 둥둥바위
- 돌아서 버린 예천향교의 대성전 대들보

영주시
- 부석사의 공중에 뜬 돌과 선묘화의 사랑
- 부석사의 선비화 와 대나무
- 술난바위
- 뚜껍바위
- 수정빛과 낙조가 빚어내는 금계바위

울릉군
- 두 남녀의 혼이 숨쉬는 성하신당
- 구멍바우(코끼리바우)
- 와달리 용굴
- 도동 약수

포항시
- 우는 바위[劍岩]
- 갓바위
- 대왕바위

영덕군
- 팔령신 영신각

청도군
- 귀신무덤
- 감로주가 나왔다는 술샘[酒泉]
- 화악산의 용샘
- 비수덤
- 곽당 할매당
- 뱀이 지킨다는 우물

청송군
- 신비한 도깨비 다리
- 석탑의 영험

김천시
- 직지사의 금강문

경주시
- 계림
- 석굴암 감로수(예내우물)
- 금척고분
- 만파식적, 신비의 마술피리
- 사리골 마을의 지석묘
- 단석산의 천탑암

경산시
- 소원을 들어주는 관봉석조 여래좌상

성주군
- 감응사의 약수

명주시
- 의상대사의 지팡이

칠곡군
- 가산산성의 가산바위

부산광역시

● 금정산의 원효대

신라 때의 고찰 범어사가 들어앉아 있는 금정산 중턱에는 원효대사가 깃발을 꽂았다는 원효대에 얽힌 유명한 전설이 있다.

신라 신문왕 때 왜구들이 신라에 침입하여 약탈을 자행했는데, 왜구의 약탈 행위를 알고 있던 원효대사는 사미승에게 "아랫마을에 가서 호리병 다섯 개를 구해 오너라." 하고 심부름을 보낸 뒤 금정산 위 성안의 가장 높은 바위에 올라가 신라 장군기를 꽂았다.

이때 정찰을 하러 나온 왜구 2명이 산 아래를 가고 있을 때 원효대사가 그들 앞에 나타나서 호리병을 들고 붓으로 병목에 선을 긋자, 왜구 중 한 명의 목에 붉은 핏줄 띠가 생겼다. 다시 원효대사는 이 호리병을 왜구에게 주면서 "가서 왜장에게 말하라. 즉각 신라를 떠나지 않으면 모두 목을 베겠다." 하였다.

혼비백산하여 돌아간 왜구들이 이 사정을 고하니 호리병을 본 왜장이 가소롭다는 듯이 장검을 빼들어 호리병 목을 베어 버리자, 순간 왜장의 목이 땅에 떨어져 버렸다. 너무나도 순식간에 일어난 일이었다. 이 광경을 본 왜구들이 놀라 퇴각하고 말았다고 한다.

등산 코스

1코스 : 부산대→고별대→동문→부채바위→북문→금정산(8km, 3시간 30분 소요)

2코스 : 동래→만덕고개→석불사→상계봉(7km, 2시간 30분 소요)

교통 안내

〈버스편〉 금성동 하차. 지하철→범어사역 하차

●마하사의 팥죽 묻은 나한보살의 미소

연제구 연산동에 있는 마하사에서는 동짓날에 팥죽을 쑤어 칠성전의 나한전에 공양을 올리는데, 어느 날 공양주가 늦잠을 자고야 말았다. 늦게 일어난 공양주는 서둘러 부엌으로 갔는데, 아궁이에 불이 꺼져 있어 부랴부랴 불씨를 얻으려고 아랫마을로 달려갔다.

어느 집에 도착한 공양주가 주인에게 "아궁이에 불씨가 꺼져서 그러니 불씨 좀 빌려 주십시오." 하자 그 집 주인이 말하기를, "아까 상좌스님이 불을 빌려 가고 팥죽도 한 그릇 드시고 가셨는뎁쇼." 했다.

"아니, 상좌승이라니요?"

이 말을 들은 공양주는 기가 막혔다.

절에는 상좌스님이 없는데 다녀갔다니 이상한 일이었다. 급히 아궁이에 돌아와 보니 이미 불이 붙여져 활활 타오르고 있었고, 그 위의 솥에서는 물이 끓고 있었다.

공양주는 "다른 스님이 나 대신 아궁이에 불을 피워 놓았구나." 생각하고 서둘러 죽을 쑤었다.

맛있게 만들어진 팥죽을 들고 나한전 앞에 놓다가 공양주는 또 한 번 놀라 자빠지고 말았다. 은은한 미소를 띤 나한보살의 입가에 팥죽이 묻어 있는 게 아닌가.

지금도 이 나한보살의 입가에는 오랜 세월이 흐르다 보니 퇴색되었지만, 팥죽 묻은 흔적이 남아 있다.

나한(羅漢)

깨달음을 얻어 중생으로부터 공양을 받을 만한 공덕을 갖춘 성자로 응공, 응진(應眞)이라고 한다. 소승불교에서는 가장 높은 지위이다. 16나한, 18나한, 500나한으로 발전했다.

① 십대 제자(十大弟子)

석가모니를 따르던 10명의 뛰어난 제자. 사리불[智慧], 목건련[神通], 마하가섭[頭陀], 아나률[天眼], 수보리[解空], 부루나[說法], 가전연[論議], 우바리[持律], 니후라[密行], 아난[多聞]

② 유마거사(維摩居士)

재가 신자로 집에 머물면서 불도를 닦은 사람을 말하며 유마詰의 약칭이다.

안동시

● 제비원 마애석불

안동시 미천동

신라 선덕여왕 때 만들어졌으며 높이 12m의 암벽에 몸체를 조각하고 머리 부문을 따로 조각하여 만든 거대한 불상이다.

이 불상을 조각할 때 당시에 이름을 날리던 석공에게 부탁을 하였는데, 그의 제자가 더 솜씨가 뛰어났다. 이에 샘이 난 석공은 어느 날 제자가 절벽에서 사다리를 걸쳐놓고 땀을 흘리며 일을 하고 있자, 사다리를 치워 버렸다. 순간 젊은 석공은 '악' 하는 외마디 비명을 지르고 깊은 절벽 아래로 떨어졌는데 그 석공은 순간 제비가 되어 하늘로 날아가 버렸다. 그 연유로 제비원이라 부른다.

또 다른 얘기로는 옛날에 당나라 장수 소정방이 안동 도호부에 왔을 때의 일이다. 이 부처의 목을 치니 붉은 피를 흘리는지라 겁을 먹은 소정방이 엎드려 사죄하였다 한다. 지금도 가슴 부분의 붉은 색은 그때 흘린 핏자국이라 하며, 임진왜란 때에는 구원군 대장 이여송이 재상 유성룡과 이곳을 지나다가 말발굽이 땅에 붙어 꼼짝하지 않아 이 석불에 예불하니 그제야 움직였다고 한다.

● 정산리 약수탕

안동시 예안면 정산 1리

100년 전 불치의 병에 걸린 한 처녀가 있었다. 어떻게 하면 병을 고칠까 사방으로 알아봐도 헛수고인지라 체념하고 날마다 깊은 한숨만 쉬면서 살아가고 있는데, 꿈속에 선녀가 나타나서, "뒷산으로 올라가면 옹달샘이 있다. 그 옹달샘에 목욕을 하면 너의 병은 깨끗하게 나을 수 있다."고 말했다.

놀라 잠에서 깨어난 처녀는 하도 꿈이 신기하여 꿈에서 일러준 대로 뒷산에 올라갔더니 사람이 보이지 않는 으슥한 개울 옆에 옹달샘이 숨어있는 듯이 보였다.

처녀는 샘터에 무릎을 꿇고 앉아 정성껏 기도를 한 뒤 목욕을 하였는데, 처녀의 병이 씻은 듯이 나았다. 그 후 이 옹달샘이 병에 효험이 있고 특히 피부병에 좋다고 소문이 나자 많은 사람들이 찾아오고 있다.

● 용알〔龍卵〕

안동시 서후면 저전리

영월의 엄씨 일족들은 부자로 잘살고 있었지만 한양 조씨 가문의 조의경에게 시집을 간 딸은 몹시 가난하였다.

친정에 다니러 온 딸의 하소연을 듣고 친정 어머니는 딸의 처지가 불쌍하여 딸을 몰래 골방으로 데려가 조그마한 보자기를 내놓으면서, "이것은 너의 조부님이 구문소(태백산 기슭에 있는 황지천)에서 얻은 용궁석(龍宮石)이란다. 이 보물을 절대로 다른 사람에게 보이지도, 말하지도 말고 소중히 간직하고 있다가 네가 잘살게 되면 훗날 꼭 이 용궁석을 내게 돌려다오." 하면서 용알을 건네주었다.

이것을 받아들고 시댁으로 돌아온 딸은 이 용알을 간직하고 있었기 때문인지 잘살게 되었다. 이 용알을 만져봤다는 어른들의 말에 의하면 푸른빛을 띤 오리알만 하고 약간 말랑말랑하며 타원형으로 생겼다고 전한다.

다른 씨족들에서도 부잣집은 두 개의 용단지를, 가난한 집은 한 개의 용단지를 보관하였다고 한다.

용의 알을 보관하고 있는 조씨 가문에서는 지금도 1년에 한 번씩 햅쌀을 단지에 갈아넣고 용단지의 뚜껑 위에는 용의 알과 비슷한 작은 돌을 올려놓는 일을 하는 집이 있다고 한다.

● 고시 준비생들이 가보아야 할 개목사

의상대사는 천등산 천등굴에서 동쪽으로 200m쯤 되는 곳에 흥국사를 지었는데, 이 절은 대사의 신통한 능력으로 하루에 한 칸씩 99일만에 99간의 거대한 절이 완성되었다고 한다.

고려말에는 정몽주가 이곳에서 10년간 공부를 했다고 하며, 지금도 정몽주의 시문이 새겨져 보존되고 있다. 맹사성이 안동부사로 부임해 왔을 때 안동지방에는 이상하게도 맹인들이 많았다고 한다.

맹사성이 천문과 풍수에 능통한지라 지형을 살펴보니, 안동의 지형이 맹인이 많이 태어날 지세인지라 흥국사를 개목사로 개칭하였더니 차츰 맹인들이 없어졌다고 한다.

현재 개목사는 원통전(보물 제242호) 하나만 남아 있으며 이 절에서 공부를 하면 심안(深眼)이 열리어 효험을 본다고 한다. 고시를 준비하는 사람들에게는 솔깃한 유혹이 아닐 수 없다.

교통 안내

안동시내 서부초등학교 앞 사거리에서 영주로 이어지는 5번 국도를 따라 10.1km 가면 길 왼쪽에 저전리 저전 버스정류장과 함께 서후 면소재지인 성곡리로 가는 924번 지방도로가 나온다. 도로를 따라 500m 가면 길 오른쪽에 있는 안동 삼베공장을 지나게 되고, 곧바로 가야마을을 알리는 표지석과 함께 가야마을로 가는 시멘트 포장도로가 나온다. 이 길을 따라 1.9km 가면 가야마을에 이르고, 마을을 지나 산으로 계속 포장도로를 따라 1.8km쯤 가면 개목사에 닿는다.

● 절대로 나무를 손상시키면 안 되는 괴화나무

안동시 와룡면 가야리

가야리에 있는 개실마을에는 수령이 약 700여 년이나 되었다는 괴화나무가 있다.

이 나무를 처음 심은 사람은 개실마을에 처음으로 정착한 춘양 김씨의 조상이라고 한다. 그런데 기이한 것은 이 나무에 해를 끼치면 반드시 화를 당한다고 한다.

이 괴화나무에 관한 일화가 전해지는데, 일제시대 때 일본 순사가 이 나무를 베어 버리려고 톱을 댔다가 갑자기 피를 토하고 쓰러져 정신 이상자가 되었다고 한다.

해방 후에는 이 나무에 올라갔다가 떨어져 앞니가 몽땅 부러진 일도 있고, 또 어떤 사람은 이 나무에 돌을 던졌다가 팔을 못쓰게 되었다고 한다. 그 후부터 누구든 이 나무를 괴롭히지 않고 영목으로 받들게 되었으며, 지금도 춘양 김씨 후손들은 이 나무를 지성으로 아끼고 있다고 한다.

봉화군

●청량산의 뿔 세 개 달린 소나무

봉화군 명호면 부곡리

청량산(860m)에는 최고봉인 장인봉이 66봉의 기암들을 거느리고 있다. 정상에서 내려다보면 이퇴계 선생도 감탄했다는 안동호와 낙동강의 그림 같은 설성이 구비구비 펼쳐지고 계곡의 능선이 병풍처럼 늘어서 있어 보는 이로 하여금 감동을 불러일으킨다.

청량사 유리보전 오른쪽으로 뻗어 있는 능선에는 뿔 모양으로 가지 세 개를 가진 노송이 있다. 이 소나무는 신기하게도 소뿔 모양인데, 다음과 같은 전설이 내려온다.

봉화군 명호읍 북곡리에 남민이라는 사람이 살고 있었는데, 집에서 기르던 소가 뿔이 세 개 달린 송아지를 낳았다.

이 송아지는 건강하게 잘 자랐는데, 몸집도 크고 엄청나게 사나워 주인도 소를 길들이는 데 무척 애를 먹고 있었다. 이 얘기를 들은 연대사(옛 청량사의 이름) 주지스님이 찾아와 그 사나운 소를 절에 시주하는 것이 어떻겠느냐고 제안하자 소 주인은 쾌히 승낙했다.

그런데 이상하게도 그렇게 속을 썩이고 거칠던 소가 주지스님에게는 순순히 따르는 것이었다. 그래서 절을 짓는 데 소의 힘을 빌어 어려운 역사를 무사히 마칠 수 있었다.

어느덧 소는 수명이 다하여 죽었고 시체를 절 앞에다 묻어 주었다. 그러자 그 자리에 소나무가 자라났는데, 그 소가 가졌던 뿔처럼 가지가 셋인 소나무였다. 이를 신기하게 본 사람들은 소의 묘를 '삼각우총'이라 부르게 되었다고 한다.

등산 코스

광석 나루터→응진전→경일봉→841봉→보살봉→795봉→821봉→장인봉

교통 안내

1) 봉화→북곡행 버스(1일 6회 운행) 청량산 입구 다리에서 하차

2) 안동 → 청량산 시내버스(6 : 00~5 : 50) 청량산 입구에서 하차

● 사마귀 바위

봉화군 서천면 서천리

서천리에 갯마라는 동네가 있는데 이 동네에서 1km쯤 떨어진 곳에 사마귀(사망)바위가 있다. 이 바위는 주먹밥같이 동그랗게 생겼는데, 한편으로는 사람 몸에 나는 사마귀처럼 생겼다고 해서 붙여진 이름이다. 바위머리는 오래된 노송을 이고 강줄기를 굽어보고 있다.

또한 이 바위 밑에는 귀 달린 커다란 구렁이가 바위를 지키고 있어서, 바위 아래 흐르는 물에서 고기를 잡으면 목숨을 잃는다고 하여 절대로 고기 잡는 일이 없다고 한다.

옛날 이 동네에서 오래도록 자식을 갖지 못한 여인이 살고 있었는데, 어느 날 이 바위 앞을 지나가다가 왼손으로 돌 세 개를 주워서, "아들이나 하나 낳게 해다오." 하며 바위에 돌을 던졌다.

이상하게도 이 여인이 던진 돌이 바위에 얹혀져 아래로 떨어지지 않았는데, 이런 일이 있은 후 여인은 아들을 낳게 되었다고 한다.

이 소문을 전해들은 사람들은 그 후 이곳을 지날 때마다 각자의 소원을 빌며 돌을 집어던지게 되었다. 그러다 보니 바위 주변에 온통 소원이 담긴 돌들로 탑을 이루고 있어 마치 성황당을 방불케 하고 있다.

상주시

● 파랑새가 그린 북장사 괘불

상주시 내서면 북장리

북장사는 신라시대 때 창건된 사찰이다.

임진왜란 때 소실되고 말았지만 그 후 인조 2년(1624년)에 중국에서 10여 명

의 승려들이 이곳으로 와 폐허가 되어 방치되었던 절을 다시 지었다. 특히 북장사에서 소중히 간직하고 있는 괘불이 있는데, 이 괘불을 나무 궤짝 안에 넣어 소중히 관리하고 있다.

이 괘불 이름은 '영산괘불'이며 길이가 12m, 폭은 8m나 되는 거대한 괘불이다. 특히 가뭄이 극심할 때 이 북장사 괘불을 내걸면 비를 오게 하는 데 영험이 있다고 믿고 있다.

실제로 1960년 음력 7월 1일에 가뭄이 극심하자, 상주읍 뒷내 모래사장에 이 괘불을 내다걸고 기우제를 지냈다.

이 괘불에 얽힌 신비한 전설을 소개해 본다.

어느 날 당나라에서 온 스님이 북장사를 찾아왔다. 이 스님은 탱화를 아주 잘 그리는 유명한 화승이기도 했다. 마침 절에서 탱화를 제작하려고 하던 참인지라 주지스님은 매우 기뻐하며 탱화를 그려줄 것을 요청하였다.

"내가 이 법당 안에서 3일 동안 그림을 그릴 것이니 누구든 법당에 얼씬도 못하게 하고 일체 접근하지 못하게 해주시오."

주지스님은 모든 스님들에게 법당 주위를 얼씬거리지 못하게 단단히 일렀다. 사흘째 되던 날, 이 절의 부목승이 하도 궁금하여 보지 않고는 견딜 수가 없어서 법당 쪽으로 살그머니 다가가 법당 문구멍으로 안을 살폈다. 그랬더니 안에 아무도 없는 것이 아닌가?

이상하다고 생각하고 문을 열고 법당 안으로 들어서니 스님은 온데간데없고 파랑새 한 마리가 붓을 물고 그림을 그리다가 인기척을 느끼자 갑자기 사라져 버리고 말았다. 이 어리석은 부목승의 호기심으로 인해 지금도 이 절 괘불의 오른손 한 짝이 미완성인 채로 남아 있다.

교통 안내

상주시에서 12km 정도 내서면으로 가다가 소재지인 신천교에서 북쪽으로 가다 보면 천주산 북장사라는 입간판이 보인다. 이곳에서 4km 정도 호젓한 산길과 숲길을 걸으면 절이 보인다. 상주 시내에서 승용차로 20분 정도 걸린다.

●원혼의 넋이 깃든 은행나무

상주시 은척면 두곡 1리

이 마을에는 수령이 470년쯤 되고 세 줄기가 엉키어 한 나무로 된 진기한 형태의 은행나무가 있는데, 다음과 같은 전설이 내려오고 있다.

이 마을에 강 참봉이라는 사람이 살고 있었다. 그 손자인 강기석 대에 이르러 손부인 허씨가 병을 앓다가 실명을 하게 되자, 월선이라는 계집아이를 얻어 집 안 일을 돕게 하였다. 월선이와 또래인 강 참봉의 현손인 강한수는 학문은 뒷 전이고 점점 월선이에 대한 사모의 정이 깊어갔다.

월선이도 신분은 비천한 하인이었지만 귀공자인 한수 도령을 흠모하였다. 피끓는 젊은 남녀가 단둘이 만나 즐기는 밀회는 꿈속을 헤매듯 황홀했으며 꿀 처럼 달콤했다.

이 사실을 눈치챈 부부는 근심하며 일이 커지기 전에 막아야겠다고 생각하 고 건너 마을 김씨댁 규수와 서둘러 혼인을 시키기로 했다. 이 사실을 안 월선 이는 자기의 비참한 현실을 한탄하며 처음 단둘이서 만났던 곳의 소나무에 목 매어 자살을 하였다.

이런 일이 있은 후 한수 도령은 김씨 댁 규수에게 장가를 들었다. 차츰 월선 이에 대한 기억도 흐려지고 새 정에 젖어 행복한 생활을 영위하며 아들도 얻게 되었다.

몇 년이 지나자 한수는 문득 월선이가 생각나서 몰래 무덤을 찾아갔다. 그런 데 월선이의 무덤에는 은행나무 한 그루가 나 있었다. 한수는 은행나무를 보자 월선이의 넋이로구나 라고 생각하여 후환이 두려운 나머지 그 나무를 잘라 버 렸다. 그리고 집에 돌아와 보니 자기의 금쪽같은 아들이 죽어 있는 것이 아닌 가. 그러나 아들이 갑자기 죽은 것은 은행나무를 베어 버려 생긴 변고라고는 꿈에도 생각지 못하고 있었다.

이듬해 봄이 되니 은행나무 밑동에서 또 가지가 돋자 이번에도 한수는 그것 을 베어 버렸다. 그러자 이번에는 부인이 갑자기 병이 들어 세상을 떠나고 말 았다. 원인을 알 수 없는 흉사가 계속되자 강씨는 용하다는 점쟁이를 불러 그 연유를 물었다.

"은행나무는 월선이의 넋이로구먼. 정성껏 제사를 지내고 죽은 월선이에게 부부 허락을 해주어야 해. 그렇게 하지 않으면 엄청난 불행이 닥칠 것이야."

한수는 불행이 계속된다는 점쟁이의 말에 죽은 월선이를 며느리로 맞이하기 로 약속했다. 그리하여 죽어서나마 월선이는 한을 풀게 되었다.

지금은 은행나무 세 줄기가 엉키어 한 나무로 되었는데, 가지 하나는 월선이, 또 한 가지는 월선이의 뱃속의 아이, 또 한 가지는 한수 부인의 넋이 화한 것이라고 보고 있다.

　그 후로는 이 동네사람들이 이 사연을 전하며 이 나무를 신성시하고 있고, 아무도 손을 대지 못하도록 보호하고 있다.

문경시

● 봉암사의 요종과 돌솥과 떡시루

가은읍 원북리

　옛날 상주시 화북면 심원사의 조운대사가 석굴에서 참선을 하고 있을 때, 푸른 옷을 입은 동자가 조석으로 조운대사가 참선하고 있는 석굴에 찾아와 가르침을 간절히 청했다. 조운대사는 이 동자가 범상치 않은 인물임을 직감하고 동자에게 인도와 술수와 종교를 가르쳤다.

　이윽고 3년의 세월이 흐르자, 동자는 대사에게 자기의 신분을 말했다.

　"저는 용궁의 용자입니다. 대사님께 3년간 가르침을 받았으니 이제 돌아가야 할 시간이 되었습니다. 또한 용왕께서 스승님을 모시고 오라는 간곡한 말씀이 계셨습니다. 그러니 저와 함께 용궁으로 가주시기 바랍니다."

　대사는 거절하지 못하고 용자를 따라 나서게 되었는데 쌍용폭포에 이르자 용자가 조운대사에게, "대사님! 이제 두 눈을 감으시고 저의 몸에 의지하십시오." 했다.

　대사는 용자가 하라는 대로 따라했다. 순식간에 수궁에 도착하였는데, 대사가 눈을 떠 보니 온갖 신비로움과 형용할 수 없는 아름다운 세계가 펼쳐져 있었다.

　조운대사는 3일간 용궁에서 융숭한 대접을 받고 난 후, 석굴로 돌아가야겠다고 말하자 용왕은 사자에게 선물을 준비하도록 명했다. 대사는 용왕으로부터 요종, 돌솥, 떡시루를 선물로 받고 사자의 안내로 세상으로 나왔다. 조운대사가 용왕에게 받았다는 선물 중에서 요종은 원적사에, 돌솥과 떡시루는 봉암사에 보관되고 있다.

●원적사의 용궁에서 얻어온 요종

원적사는 청화산 정상 부분 가까이 자리잡고 있는데, 신라 무열왕(7년)때 원효대사가 초창했다고 하나 확실한 근거는 없다고 전해진다. 오직 이곳에 원효대사의 진영이 봉안되어 있어 초창의 사실을 뒷받침해 주고 있다. 또한 이 사찰은 학이 하늘로 날아오르는 혈의 기상을 타고 돈오할 수 있는 수도처로 널리 알려져 있는 곳이기도 하다.

봉암사

희양산(999m)에 있는 희양산성 암벽 남쪽 산기슭에 자리잡고 있는데, 희양산은 암벽훈련장으로서는 동양 최고의 곳이기도 하다. 경치와 기암들이 전시장을 방불케하며 아름답고 기묘한 풍광이 골골마다 서려 있어 봉암사에서는 입산통제를 하고 있다.

이 사찰은 신라 헌강왕 5년(879년)에 지증대사가 창건한 고찰이며 웅장한 가람들이 있었으나 전란으로 소실되었다가 고려 태조 18년(935년)에 정진국사가 중창하였다. 임진왜란 때 왜병들이 이 사찰의 모든 암자들에 불을 질러 태워 버렸다.

다시 극락전을 태워 버리려고 장작개비에 불을 붙여 극락전 지붕 위에 올려놓았는데, 장작개비만 날아가고 신기하게도 불에 타지 않는 것이었다. 되풀이해도 똑같은 일이 생기자 결국 왜병들은 포기했다고 한다. 이 극락전은 신라 건축양식을 대표하는 목탑형의 건물이다.

지증대사(824~882년)

경주 김씨로 9세에 부친을 여의고 부석사에 가서 17세에 경의화상에게 구족계(九足戒)를 받았으며 양부화상에게 선(禪)을 배우고 혜은화상에게 현리(玄理)를 배워 4조 쌍봉화상의 말손이 되었다. 헌강왕이 궁중으로 불러 왕사로 삼으려 했지만 거절하고 헌강왕 8년에 입적하였다. 왕은 지증(智證)이라는 시호를 내렸고 탑호를 적조(寂照)라 내렸다.

부도(浮屠)

일명 승탑으로 고승의 묘탑(墓塔)이라고 할 수 있다. 오늘날 가장 오래된 부도는 경복궁 안에 옮겨놓은 진흥법사 염거화상탑을 들 수 있다.

염거화상탑의 형식을 따른 부도는 통일신라시대의 것인 쌍봉사 철감선사탑, 대안사 적인대사 조륜청탑, 봉암사 지증대사 적조탑 등을 들 수 있다. 이것들은 대개 팔각원당형(八角圓堂型)의 형식을 따라 건조되었다.

팔각원당형이란 팔각형의 모양을 기본으로 하여 하대석, 중대석, 상대석 등의 기단부와 그 위에 놓이는 탑신받침대, 탑신부, 옥개석, 상륜부가 팔각으로 조성되어 층층으로 쌓은 것이다. 그러나 팔각형은 신라와 고려시대에 유행을 했고, 각 부재가 원형으로 변한 것은 신라 말기나 고려시대에 걸쳐 나타나는 현상이라고 할 수 있다.

교통 안내

점촌에서 문경 충주 방면→3번 국도→(18km)→마성면 소아교→(좌회전)→901 지방도로→가은읍 파출소→(우회전)→상괴교→(우회전)→원북리

●김룡사, 동승의 이적

운달산(1,097m) 남쪽 기슭의 울창한 송림에 안겨 있는 김룡사(金龍寺)는 신라 진평왕 10년(588년)에 운달조사가 창건한 고찰로서 당시 이름은 운봉사였으나 다음과 같은 전설에 따라 김룡사로 바뀌었다고 한다.

김씨 성을 가진 사람이 운봉사 입구의 용소 부근에 살고 있었는데, 용소에 살던 용왕의 딸과 결혼을 하게 되었고 아들을 낳아 이름을 김룡이라 지었다.

김룡사에는 수도하기 위해 많은 스님들이 모였는데 그 중 영리하고 총명한 동승이 있었다.

어느 날 동승이 개울가에 가서 상추를 씻고 있는데 갑자기 산너머에서 엄청난 불기둥이 솟아오르면서 불이 활활 타고 있었다. 불이 난 곳은 산너머에 있는 대승사였다. 큰 화재를 당한 대승사 스님들은 불을 끄려고 갖은 노력을 다했지만 불길을 잡지 못하고 있었다. 이것을 본 동승은 자기도 모르게 그 자리에 꿇어앉아 염불을 외우고 상추를 담아 왔던 그릇에 물을 퍼담아 절을 향해 정신없이 퍼붓기 시작하니 드디어 불길이 사그라졌다.

동승은 불이 꺼진 것을 알고 비로소 안도의 숨을 내쉬었다. 그러나 개울가에서 너무 많은 시간을 보낸 것을 알고는, 상추를 씻어 서둘러 절로 가지고 갔다. 기다리다 지친 주지스님이 화가 나서, 동승의 다리에 매질을 했다.

그날 밤 동승 옆에 누운 스님이 웬일로 맞았느냐고 묻자, 앞산에 있는 대승사에서 불이 나 그 불을 끄고 왔다고 했다. 그러나 아무도 그 말을 믿으려 하지 않았다. 동승은 김룡사를 떠나기로 작정하고 그날 밤 어디론가 떠나고 말았다.

이튿날 동승이 없어진 것을 알고, 한 스님이 찾아다니다가 대승사에까지 오게 되었다.

그런데 대승사의 스님이 말하기를, 전날 불이 났었는데 어디서 상추와 물이

날아와 불이 꺼졌다고 했다.

김룡사에 돌아온 스님이 주지스님께 이 사실을 알리자 주지는 자신의 어리석음을 탓하며, 무슨 일이 있더라도 동승을 찾아야 한다고 생각했다. 그러나 아무리 동승을 찾아봤지만 끝내 찾을 수가 없었다고 한다.

교통 안내

1) 점촌까지는 동서울터미널→청주, 충주

2) 대전, 대구, 김천, 영주, 안동, 부산 등지에서 직행버스 이용

3) 점촌→김룡사 입구는 시내버스 운행

● 못산(池山) 동굴 원혼들의 밥타령

문경시 가은읍 성저리

이 마을에 못산이라는 동굴이 있는데 지금은 철책으로 둘러 막아 놓고 있어서 더욱 스산함을 주고 있으며 이 동굴에 관한 얘기를 알고 있는 사람에게는 더욱 가슴 아픈 추억으로 남아 있다.

임진왜란 때의 일이다.

왜군은 문경새재를 침공하려고 이곳 못산을 통과하면서 남녀노소를 가리지 않고 약탈과 강간을 일삼고 있었다. 심지어는 무차별 살인까지 자행했는데, 이 난을 피하기 위해 주민들은 성 밑 굴 안으로 피신했다. 그러나 이곳을 지나던 왜병들이 나뭇가지에 빨래들이 널려 있는 것을 보고 수색을 하여 굴속에 주민들이 숨어 지내는 것을 발견하였다.

왜병들은 굴 입구에 고추, 왕겨, 목화 씨앗, 짚더미들을 넣고 불을 피웠다. 이로 인해 굴 안에서 숨어 있던 주민들은 엄청나게 밀려드는 매운 연기에 질식하여 모두 죽고 말았다. 이 날이 바로 음력 정월 16일이었다고 한다.

이 사건으로 마을에서는 같은 날에 제사를 지내는 집들이 많았는데, 이때의 원혼들이 제삿밥을 먹으려고 근처 집집마다 돌아다닌다는 소문이 파다하게 퍼졌다. 그래서 이 근처에 사는 사람들은 정월 16일이 되면 무서워 바깥 출입을 삼가게 되고 부득이 이 날에 외출을 하면 불길한 일들이 생겼다고 한다.

그래서 이 날에는 대문 앞에 고추나 왕겨, 목화 씨앗 등으로 불을 피우고 밥을 남기지 않았으며, 혹시 남은 밥이 있으면 밥과 반찬을 솥 안에다 넣고 뚜껑을 굳게 닫아서 원혼들이 근접하지 못하도록 하는 풍습이 생겼다고 한다.

예천군

● 농암의 둥둥바위

예천군 감천면 포 1리

이 마을 앞산에 바위가 있는데 바닥이 5평쯤 된 이 바위 위에는 손에 쥐었다 놓은 주먹밥 만한 동그란 모양을 하고 있는 바위가 얹혀 있다. 이 바위를 두드리면 마치 속이 비어 있는 것처럼 둥둥 소리가 난다고 한다.

어느 날 이 바위가 있는 산아래의 마을 길을 닦던 중, 어느 힘센 사람이 힘 자랑을 할 겸 이 바위를 굴려 밀어냈는데, 신기하게도 그 이튿날 바위가 다시 제 자리로 올라가 있었다고 한다. 그 후 마을에서는 이 바위를 영험이 있는 바위로 신성시하며 마을의 번영을 기원하게 되었다고 한다.

● 돌아서 버린 예천향교의 대성전 대들보

정유년의 임진왜란 때 명나라의 '마귀' 라는 장수가 왜병을 토벌하기 위해 예천 고을에 군사들을 이끌고 들어왔다.

많은 군대를 수용할 건물이 없자 마귀 장군은 향교에 군사들을 주둔시키려 했다. 그러자 유림들은, "안 됩니다, 장군님. 이곳에는 군사들이 유할 수 없습니다." 했다.

마귀 장군이 역정을 내며, "아니, 조선을 구하려고 온 우리 군사들을 뭘로 보는 게요!" 하고 버럭 소리를 질렀다.

"그것은 잘 아오나 이곳은 대성현을 모신 곳이라 군사들을 유숙시킬 수가 없습니다. 다른 곳을 물색하심이 어떨런지요."

"집어치시오. 지금 우리 군사들이 피곤에 지쳐 쉬겠다는데 무슨 말이 그리 많소."

아무리 애원하고 사정을 하여도 받아들여지지 않자 할 수없이 유림들은 공자의 위패를 위시하여 모든 위패들을 정산서원으로 옮겼다.

"흐음!"

마귀 장군은 대성전 문을 열고 들어가 막 앉으려 했다. 그때 갑자기 대성전을 떠받치고 있던 큰 아름드리 대들보가 큰소리를 내며 뒤틀려 돌아서 버렸다.

"으악! 대들보가 움직이다니! 이럴 수가!"

이 기이한 현상을 보고 기겁을 한 마귀 장군은 황급히 뛰어나와 군사들을 데리고 철수하였다. 마귀장군과 군사들이 철수하자 뒤틀렸던 대들보가 저절로 돌아섰고, 대들보 안쪽에는 군수 이광준(郡守 李光俊)이라는 다섯 글자가 보였다.

뒤틀릴 때 보였던 그 글씨는 대들보가 다시 제자리로 돌아온 후로는 보이지 않았다고 하며, 지금도 뒤틀렸던 흔적이 대성전 대들보에 그대로 남아 있다.

영주시

● 부석사의 공중에 뜬 돌과 선묘화의 사랑

문무왕 16년(676년)에 의상대사가 왕명을 받들어 창건하였고, 고려때 원융국사가 중건하였다. 의상대사는 신라 진평왕 47년에 계림부 김한진 공의 둘째 아들로 태어나 무열왕 원년 29세 때 경주 항복사에 입산 수도한 지 8년만에 당나라에 들어가 지엄대사를 스승으로 모시고 화엄경학을 전공하였다.

의상대사가 당나라에서 신라에 귀국한 지 10년 후 문무왕 11년에 당나라는 국교가 악화된 틈을 타 30만 대군으로 신라를 침공하려고 했다. 의상대사는 이를 알고 환국하여 왕에게 고하고 대찰을 건립하고자 전국을 다녔다. 그러다가 이곳 부석을 명산대지로 정하였으나 벌써 이곳에는 산적들이 수백 명씩 떼를 지어 살고 있었다.

의상대사는 이곳에 와서 산적들에게 "이곳에 사찰을 지으려고 하니 그대들도 회개하고 나와 함께 하는 것이 어떻겠는가?" 하였다.

"땡중놈이 무슨 소릴 지껄이는가. 우리 보고 중이 되라고?"

산적들은 의상대사를 위협하고 조롱했다.

이런 절터의 문제로 고민하는 것을 알게 된 선묘화가 산적들을 찾아와 "내 그대들에게 신기를 보여주겠소. 내 말대로 하지 않으면 죽음을 면치 못할 것이오." 하고 큰바위를 세 번이나 공중에 뜨게 하니 산적 무리들이 놀라며 길을 열어 주었고 과거의 잘못을 뉘우치고 의상대사를 따라 절에 입적하게 되었다.

선묘화는 의상대사가 입산하기 전 16세 때 약혼을 한 처녀였는데 의상대사를 사위로 탐내는 재상집의 간교로 당나라에 처녀 공출이 되어 당나라 수위대장의 수양딸이 되었다. 선묘화는 불심으로 기도하여 용으로 변해 의상대사를 지키러 다니고 있었던 것이다.

선묘화는 돌로 된 용으로 변하여 지금의 무량수전 자리에 누웠고, 선묘화의 정성이 지극히 무량하여 그 자리에 길이 48척의 석용(石龍)을 지하 3척에 묻고 법당을 지었다. 이 법당이 바로 국보 18호인 무량수전이다.

● 부석사의 선비화와 대나무

의상대사의 진영이 모셔져 있는 조사
당 옆에는 대사의 지팡이가 변해 나무가
되었다는 선비화가 있다.

조사당 처마 밑에서 비와 이슬을 맞지
않고도 끈질긴 생명력을 유지하던 신비
스러운 나무이다. 이 나무의 잎을 따서

차를 끓여 먹으면 아들을 낳는다는 풍문이 도는 바람에 사람들에게 무분별하
게 잎을 뜯겨 지금은 철망 안에서 철저히 보호되고 있다.

또 한 가지는 부석사의 대나무에 대한 이야기이다.

신라의 의상대사가 650년경에 중국 당나라로 유학을 떠났는데, 중국 수도에
이르러 불도가 높은 고승 지엄대사를 만나게 되었다. 의상대사가 지엄대사를
만나기 하루 전날, 지엄대사는 이상한 꿈을 꾸었다.

해동에 큰 나무가 나서 나뭇가지의 잎이 무성해지더니 중국에까지 덮었고,
그 위에 봉황의 집이 있었다. 기이하게 여기고 올라가 보니 용왕의 뇌 속에서
나오는 구슬 한 개가 있었는데 그 빛이 찬란하게 비치고 있었다.

그 후 의상대사는 중국에서 수년간 화엄종 공부를 열심히 하여 도를 깨달은
후 신라로 돌아왔다. 이때 의상대사는 관음보살의 진신이 해변의 굴속에서 산
다는 얘기를 듣고, 낙산사 의상대 앞에 이르러 재계 7일만에 앉을 자리를 만들

고 물위에 띄우고 앉아 있으니 용왕이 나와
굴속으로 인도해 주었다.

의상대사가 공중을 향해 참례를 하니 수정
염주 한 꾸러미를 내주었다. 또 동해의 용이
여의주 한 알을 바쳤다. 의상대사는 다시 재
계 7일만에 관음보살의 진신을 보게 되었는
데 관음보살의 진신이 말하기를, "네가 앉은
자리 위의 산꼭대기에 쌍죽이 솟아날 것이니
그 땅에 불전을 짓도록 하라."고 일러주었다.
이 절이 지금의 낙산사이다.

또 화엄종의 총 본산이 될 만한 훌륭한 사

찰을 짓기 위해 절터를 물색하던 중 당나라 지엄대사가 꿈에 봉황의 집을 봤다는 지점에 짓게 되었는데, 부석사 관음보살의 지시에 따라 쌍죽을 보고 지었다고 삼국유사에 기록되어 있다. 지금도 이곳 솜털 같은 숲속에서 쌍죽이 자라고 있어 그때의 전설을 뒷받침해 주고 있으며 부석사와 낙산사에 관한 의상대사의 이적들이 전해내려 오고 있다.

교통 안내

1) 〈승용차편〉 서울→경부(중부)고속도로→신갈(호법) I.C→영동고속도로→남원주 I.C→중앙고속도로→서제천 I.C→단양→풍기→영주→부석사(서울에서 4시간 소요)

부산→경부(구마)고속도로→대구→중앙고속도로→풍기 I.C→풍기→영주→부석사(대구에서 풍기까지 2시간 소요)

〈시내버스편〉 풍기→부석사 : 소요시간 20분(1일 13회)

2) 영주→부석사 : 40분 소요(1일 23회)

● 술난바위

영주시 휴천 1동

휴천 1동에 가면 술이 나왔다는 바위가 있다.

바위 모양이 술 단지같이 생겼으며 바위 위에는 뚜껑 형태로 덮여 있는 것도 특이하다. 옛날에는 뚜껑을 덮고 있던 바위 아래로 술이 항상 흘러 내렸다고 하는데, 여기에서 나오는 술은 두 잔 이상을 마시면 안 된다는 금기사항이 있었다.

어느 날 아랫마을에서 술이 거나해진 행인이 이곳에 와서 술을 한 잔 마시니 술맛이 기가 막히게 좋은지라, 이 술맛의 유혹을 이기지 못하고 여러 잔을 마시고 말았다.

물론 이 사람은 그 자리에서 즉사하고 말았는데, 그 후부터 이곳에는 술이 나오지 않게 되었으며 신비한 전설을 뒷받침이라도 하듯 지금도 술이 흘렀던 하얀 자국이 나 있는 것을 볼 수 있다. 또한 이 바위 가까이 다가가 냄새를 맡으면 술 냄새가 배여 나오는 듯한 느낌을 받는다.

● 뚜껑바위

영주시 휴천 1동

높이 10m, 직경 7m가량 되는 뚜껑바위가 휴천 1동 뒷산에 있는데, 바위 표면은 회칠을 한 듯 하얗고 그 위에 쟁반 같은 바위가 얹혀 있다.

조선 초기에 이 마을에는 송석이라는 바보아이가 살고 있었는데, 또래 아이들에게 늘 따돌림을 당하고 놀림을 당하기 일쑤였다. 이 아이는 날마다 괴롭힘을 당하는 고통을 이기지 못하고 글공부를 포기하고 말았다.

하루는 서당에서 한참 떨어진 웅덩이 둑에서 낮잠을 자고 있는데, 꿈에 스승이 나타나서, "네가 바보 같고 힘이 없어 늘 놀림만 당하고 있구나." 하고 안타까운 듯이 말했다.

"어떻게 하면 애들이 나를 놀리지 않을까요, 할아버지?"

"이 웅덩이에 있는 잉어를 잡아먹으면 엄청난 힘이 솟느니라."

깜짝 놀라 꿈에서 깨어난 아이는 잉어를 잡아먹었다. 그러자 온몸이 근질거리더니 힘이 용솟음쳤다. 다시 서당으로 돌아온 아이는 여전히 아이들에게 놀림을 당하자, "내가 하는 것을 똑똑히 보거라. 응차!" 하며 주위에 있던 큰 나무를 뽑아서 멀리 던져 버렸다.

"우와! 저럴 수가! 어디서 저런 괴력이……."

이것을 본 아이들은 금세 기가 꺾였다.

그 후부터 괴롭히는 아이들은 없어졌고 오히려 그를 따르며 송 장사라 불렀다. 커서 성인이 된 송 장사는 나이를 먹을수록 힘이 더해 갔다.

송 장사는 어느 날 낮잠을 자고 있는데 겨드랑이가 가려워 만져보니 겨드랑이에 잉어비늘이 나 있는 것이 아닌가? 그의 힘의 원천은 겨드랑이에 나 있는 잉어비늘이었던 것이다.

송 장사는 어머니에게 자랑하듯, "나는 절대로 죽지 않아요. 나를 죽이려면 겨드랑이에 나 있는 비늘을 떼면 죽어요."라고 농담 삼아 말하곤 했다.

송 장사의 괴력이 조정까지 알려지자 일부 간신배들이 후일 나라에 큰 방해가 될 인물이 될까 두려워 송 장사를 죽이기로 하였다.

조정에서 은밀히 내려온 밀사가 송 장사의 어머니를 불러내어, "그대 아들이 크면 반드시 역적이 될 것이오. 그러면 당신 아들 뿐만 아니라 삼대가 멸족하는 불행한 사태가 일어날 것이오." 하였다.

"제 아들은 절대로 그럴 리가 없습니다. 뭔가 잘못 아시고 계시옵니다."

"이것 보시오. 삼대가 멸족을 당하겠소, 아니면 순순히 아들을 내놓겠소?"

조정의 간신배들의 협박을 받은 그의 어머니는 결국 아들을 희생시키기로 굳게 마음먹고 송 장사가 깊이 잠들어 있을 때 겨드랑이의 비닐을 떼어 버렸다. 그러자 송 장사는 큰소리를 지르더니 쓰러져 죽고 말았다.

한편 문정리 못둑(송장사가 꿈을 꾸고 잉어를 잡아먹었던 곳)에는 용마가 등에 갑옷을 싣고 송 장사를 태우려고 기다리고 있었는데 송 장사가 죽고 말자 슬피 울며 갑옷을 뚜껍바위 속에 넣고 뚜껍(뚜껑)을 닫은 후 어디론가 사라져 버렸다.

그 후부터 뚜껍바위 속에 갑옷이 들어 있다는 말이 전해내려 오고 있으며 뚜껍바위를 해할 목적으로 다가오면 당장에 우레가 치고 소나기가 퍼붓는다고 한다. 지금도 이 바위를 보호하고 있으며 고사도 지내고 있다.

● 수정빛과 낙조가 빚어내는 금계바위

영주시 풍기읍 삼가리(금계동)

이곳은 정감록에서 말하는 10승지지(十勝之地)라는 곳으로 예로부터 난리가 나면 이곳에서 인간의 씨를 구할 수 있다 하여 신앙화되고 있는 곳이기도 하다.

이 마을 뒷산에는 닭과 비슷한 바위가 있는데 이 바위가 금계바위이다.

옛날에 이 바위 가운데 부분에 많은 금이 묻혀 있었다고 전해지며, 닭의 눈에 해당되는 부분에는 두 개의 보석이 박혀 있었는데 한 욕심 많은 사람이 이 소문을 듣고 보석을 빼내려다가 벼락이 내리쳐 바위가 무너져 버렸다고 한다.

당시의 전설이 사실을 입증하듯 지금도 금계암 부근에는 수많은 수정조각들이 있는데, 해질 무렵에 수정조각에서 발하는 빛과 낙조가 어우러져 빛을 반사하는 오묘한 풍경을 볼 수 있다고 한다. 그래서 이곳을 알고 있는 사람은 찾아와 절세가경에 흠뻑 취하곤 한다.

울릉군

● 두 남녀의 혼이 숨쉬는 성하신당

조선 태종(1137년) 때, 삼척 태생인 김인우를 울릉도 안무사로 명하였다. 그는 울릉도 거주민의 소환을 위하여 병선 2척을 이끌고 이곳 태하동에 도착하였다. 그는 이곳을 유숙지로 하고 울릉도 내 전반에 대한 순찰을 마치고 다음날에 귀임할 작정으로 자는 중에 기이한 꿈을 꾸었다.

해신(海神)이 현몽하여 말했다.

"일행 중 남녀 2명을 이 섬에 남겨두고 가라."

안무사는 별 생각없이 다음날 출항을 결심하고 날이 밝아오기를 기다리는데, 갑자기 풍파가 돌발하여 점점 심해져 갔다.

"도대체 어찌된 일인가? 날씨가 계속 험해지가만 하니."

수일간 그렇게 기다리던 중, 안무사는 문득 꿈 생각이 나서 혹시나 하는 마음으로 모든 사람을 모아놓고 남녀 2명에게, "듣거라. 우리 일행이 유숙했던 장소에 필묵을 잊고 왔으니 너희들이 가서 찾아오도록 하라." 하고 명했다.

명령을 받은 두 남녀가 마을로 돌아가자, 그렇게 심하던 풍랑이 거짓말처럼 멎어지는 것이 아닌가! 안무사는 이때라 생각하고 명했다.

"서둘러 배를 출항시켜라. 이때를 놓쳐서는 아니 된다."

"아직 두 사람이 오지 않았는뎁쇼."

"기다릴 시간이 없으니 속히 서둘러라."

급기야 일행은 급히 출항하였다. 이 무렵 두 남녀는 아무리 찾아도 필묵이 없는고로 다시 해변으로 돌아와 보니 배는 벌써 떠나고 없었다.

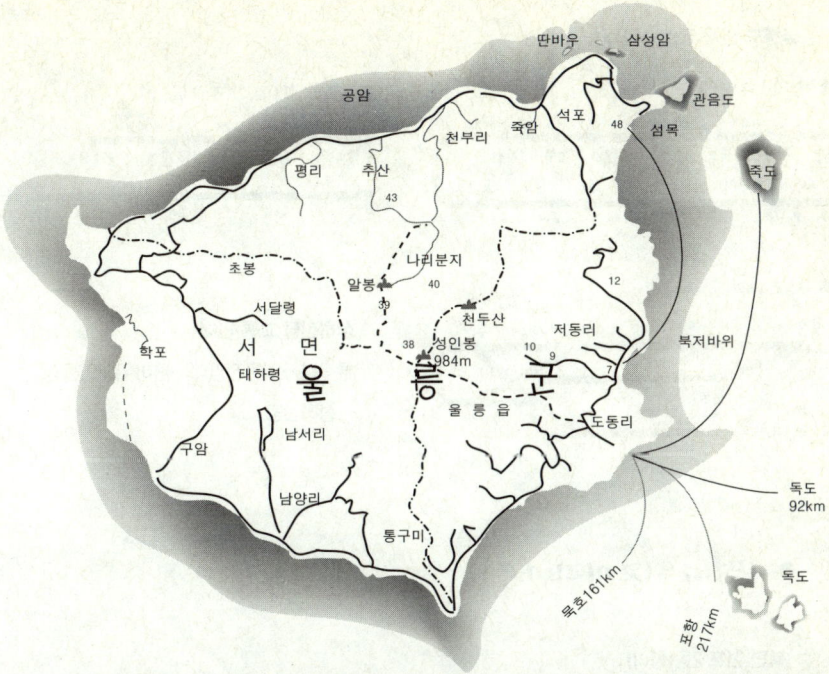

두 남녀는 이제는 지쳐 어쩔수 없이 본래 유숙하던 자리로 돌아왔다.

그러나 날이 감에 따라 공포와 추위 그리고 굶주림에 시달려 결국 그들은 죽고 말았다.

한편 안무사는 무사히 본국으로 귀착하여 울릉도 현황을 복명하였으나 을릉도에 떼어놓은 그들 생각으로 늘 죄의식이 마음 한구석에서 떠날 날이 없었다.

그러던 중 수년 후 다시 울릉도 안무를 받고 입도하게 되었다.

안무사는 혹시나 하는 기대에 태하도에 착륙하여 수색을 했는데, 지난번 유숙하였던 그 자리에 두 남녀가 꼭 껴안은 채로 백골화되어 있었다.

안무사는 이것을 보고 고혼을 달래고 애도하기 위해 그곳에다 작은 사당을 지어 제사를 지내고 귀임하였다.

그 후, 매년 음력 2월 28일에 정기적으로 제사를 지내며 농작이나 어업의 풍년도 기원하고 위험한 해상 작업의 안전도 빌고 있다고 한다. 그리고 좋지 않은 징조가 있으면 기필코 태하도의 성하신당에 제사하여 해상작업의 무사안전과 사업의 번창을 기원하고 있다고 한다.

울릉도 관광 코스

■ 해상코스 (3시간, 41km)

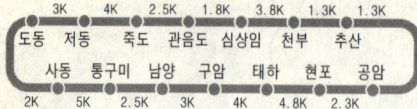

■ 육로코스 (3시간, 17.8km)

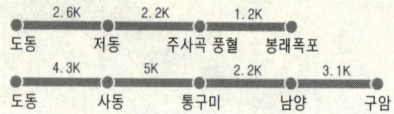

■ 해상코스 (8시간, 37km)

성하신당 교통 안내

투구봉→일몰전망대→곰바위→만물상
→성하신당

● 구멍바우 (코끼리바우)

북면 현포 2동(평리)

구멍바우는 평리 앞바다에 있으며, 바위의 구멍으로 소형선박이 다니기도 한다. 이 바위는 주상절리의 석축을 쌓은 모양으로 더더욱 신비롭게 보인다.

전해오는 전설로는 구멍바위가 옛날에는 현포 앞 바다에 있었다고 한다.

현포에 대대로 살아오는 집안에 기운이 센 노인이 있었는데, 큰바위가 자기 마을을 가리고 있는 것이 못마땅하여 바위를 어디론가 버리려고 배를 저어 바다 한가운데로 나아갔다.

바위가 하도 커서 밧줄로 묶었으나 잘 묶어지지도 않고, 배를 저었으나 따라오지도 않아 화가 난 노인은 자기의 힘을 업신여긴다 싶어 다른 바위들을 들어 그 바위를 향해 던졌다. 그 바람에 바위는 구멍이 뚫렸으며 구멍이 뚫리자 바위는 배에 묶여서 따라오기 시작했다.

그런데 천부 앞바다까지 왔을 때 바위가 암초에 걸려 묶은 밧줄이 끊어지면서 풍덩하는 소리와 함께 배도, 노인도 순식간에 물 속으로 사라졌다. 다만 암초에 걸린 바위만이 지금 이 자리에 있게 되었는데, 천부에서는 하룻밤 사이에 큰 바위가 생겼으니 모두 기이하게 여기며 이제 곧 천지개벽이 올 것이라고 믿었다. 이때부터 구멍바위, 또는 공암(孔岩)이라 부르게 되었다고 한다.

● 와달리 용굴

울릉도 뱃길 따라 파도를 헤치고 가면 눈앞에 죽도와 관음도의 기암절경이 웅대한 모습을 드러낸다. 울릉도 동쪽 절벽 아래에 몇 가구의 마을이 있는데 바로 와달리 마을이다. 와달리 마을에서 남쪽 바닷가 쪽으로 가면 절벽 밑에 큰 굴이 드러나는데 이곳이 와달리 용굴이다. 이 굴 절벽을 기어오르는 길이 있는데 수천 명이 들어가고도 남는다.

그러나 굴의 깊이는 아무도 모르는데, 옛날에 이 굴 근처에 안개가 끼며 뇌성이 친 후 오색영롱한 구름이 하늘까지 길을 열어 뻗치고 무언가 하늘로 올라갔다고 한다. 그것은 바로 커다란 용 한 마리였는데, 절벽을 기어 크르릉 소리를 지르며 하늘로 올라갔다는 것이다. 이때부터 이 굴을 용굴이라 부르게 되었다.

● 도동 약수

도동 약수는 맛이 비릿하고 쇳내가 나는데, 위장병에 좋다고 한다.

옛날 어떤 장군이 입고 있던 갑옷이 쇠로 되었는데, 그 갑옷의 쇠가 삭아서 약수가 되었다고 하며 이 물로 밥을 지으면 푸른 빛을 띠는 밥이 된다고 하니 신기하기만 하다.

교통 안내

포항에서 대아 카페리호 : 2일에 1회 12 : 00 출항. 씨 플라워호 : 1일 1회 10 : 00 출항

후포에서 오션플라워호 : 목, 토요일(주 2회) 12 : 00 출항

묵호에서 카타마란 : 화, 금요일(주 2회) 13 : 00 출항

도동항에 호텔, 여관 등 숙박시설이 많다.

문의 : 054)791-2191(울릉 군청)

포항시

● 우는 바위 [鳴岩]

포항시 장기면 신창 2리

신창 2리 창암마을(국도 31번 도로 바로 옆)에 높이 10m나 되는 바위를 볼 수 있는데, 이 바위를 우는 바위(울바위)라 부른다.

옛날 이 바위 근처에서 금실이 좋은 부부가 아이 하나와 함께 살

고 있었다. 그러던 어느 날 이 부부에게 뜻하지 않은 불행이 찾아들었는데 부인이 아기를 낳다가 죽고 만 것이다. 아내를 몹시 사랑했던 남편도 아내를 잃은 슬픔을 이기지 못하고 아내 곁으로 따라갔다.

고아가 된 아이는 동네 아주머니들의 보살핌으로 무럭무럭 잘 자랐다. 아이는 점점 커가며 왜 자기는 부모님이 안 계시느냐고 동네 아주머니들에게 물었다. 그리고 부모님이 돌아가신 연유를 알게 된 아이는 바위 위로 올라가서 밤낮으로 울었다.

그 아이의 서러운 통곡이 바위의 정기 속으로 배여들었는지 그 바위는 윙윙 소리를 내며 울었다고 한다. 지금도 비가 오려고 할 때면 더욱 울음소리가 처량하게 들린다고 한다.

● 갓바위

포항시 장기면 영암리

이곳 갓바위 마을에는 높이 2m, 넓이 8평 정도 크기의 갓 모양을 하고 있는 바위가 있다. 전해지는 말에 의하면 원래는 조그만 바위였는데 동해의 해가 뜰 때마다 바위가 조금씩 삿갓 모양을 하며 커져 신령스런 바위라고 여기게 되었다.

또한 이 바위에 소원을 빌면 효험이 있다고 하여 영암으로 고쳐 불렀다고 한다. 지금도 마을에서 정성껏 보살피고 있다고 한다.

●대왕바위

높이 6m, 둘레 60m의 대왕바위가 운제산(428m) 정상에 있는데 멀리서 보나 가까이서 보나 이 바위는 용의 머리를 닮기도 하고 라이언 킹을 쏙 빼닮은 것 같기도 하다.

신라시내 내 사장율사와 원효대사가 오어사에서 수도를 하다가 구름을 타고 이 바위에 올라가 바둑을 즐겼다고 하며, 신기한 것은 아들을 낳지 못하는 여인이 눈을 감고 이 바위를 아홉 바퀴만 돌면 득남을 했다는 얘기가 전해지고 있다. 위치는 포항시 남구 오천읍 항사리, 대송면 산여지에 있다.

교통 안내

〈승용차편〉 포항 시외버스터미널→철강공단→남천교→제내리→대송면 산여리(15분 소요) →운제산 정상 대왕바위

〈버스편〉 시내에서 오천행 102번, 300번(12분 간격 운행). 오천 구종점에서 하차 후 오어사행 버스 승차(1일 11회)

※ 등산 하행 길목에 중탄산나트륨 온천으로 유명한 영일만 온천이 있음.

영덕군

●팔령신 영산각

영덕군 영해면 괴시리

고려가 원나라의 압제를 받고 있던 고려말, 영해부(지금의 영해면)에 요귀의

출현으로 큰 소란에 휩쓸리게 되었다. 오서면, 남면, 북면에서 갑자기 집이 무너지기도 하고 사람이 횡액을 당하는 일들이 벌어졌는데, 요괴는 형체도 없이 이상한 방울소리를 냈고, 그 소리가 울리면 그 아래에 있는 집과 사람이 모두 넘어졌다.

영해부에서 그 원인을 규명하기 위해 알아낸 결과 요귀의 출처는 바로 부서(府西) 인양리 앞에 있는 팔풍정(八楓亭)이란 두 그루의 큰 나무였다. 이 나무의 높이는 10여 장이고 둘레가 여섯 아름이나 되었다.

사람들은 요귀가 팔풍정에서 울린다고 하여 팔령신(八鈴神)이라 하였다. 당시 영해현을 다스리던 사람은 영해사록으로 와 있던 대유역동(大劉易東) 우탁 선생이었다. 우탁 선생은 도학의 힘으로 이 요괴를 물리칠 계획을 세웠다.

우탁 선생은 팔풍정 아래에서 요괴를 꾸짖고 주문을 외웠다. 그러자 요괴는 갑자기 요란한 방울소리를 울리며 공중을 선회하더니 애처로운 소리를 지르며 동해바다를 향해 날아갔다. 이를 추적한 우탁 선생은 방울소리를 크게 꾸짖으며 타이르니 방울소리가 바다 위를 맴돌다가 비명을 지르며 바다 속으로 빠져들어 갔다. 이를 지켜본 우탁 선생은, "자취를 남겨 위로나 하여 주라."고 하였다.

그 뒤 마을 사람들이 관어대의 한 길가에 영신각을 짓고 역신과 나신의 방패를 삼았으며 매년 정월 대보름에는 마을의 평온을 빌기 위해 제사를 올리고 있다. 지금도 입춘이면 '팔령신소재백귀퇴치(八鈴神所在百鬼退治)'를 써서 기둥에 붙이는 행사를 행하고 있다.

우탁(于卓)

자는 천장, 탁보이고 호는 역동, 익호는 문희, 본관은 단양이며 충북 단양군 적성면 품달천에서 고려 원종 때 출생하였다. 우탁선생은 태어나 3일이 지나면서 울기 시작했다. 그래서 집안 사람들은 필시 아이에게 이상이 있다고 생각하고 있었는데 어느 날 노승이 이 마을에 오자 그 노승에게 물었다.

"혹시 아이에게 잘못이 있는지 걱정이 됩니다."

"걱정하지 마시오. 이 아이는 큰 인물이 될 것이오."

부모는 노승의 말을 듣자 안심이 되었고, 큰 인물이 된다니 그 기쁨이 말할 수 없이 컸다.

노승은 혼잣말로, '이 녀석이 벌써부터 주역을 외우고 있구나.' 하고 감탄했다.

우탁은 노승이 다녀간 보름 후부터는 울지 않고 정상적인 아이로 무럭무럭 자랐다고 한다.

우탁 선생은 고려 충렬왕 16년(1290년)에 문과에 급제하여 정 8품의 벼슬인 영해사록을 지냈으며 37세(1308년)에는 감찰규정으로 재직하고 있다가 그 후 벼슬을 버리고 안동군 예안현 지삼리에 은거했다.

그는 경사(經史)에 능하여 아무도 따를 자가 없었으며 특히 역학에 대한 깊은 지식은 중국의 왕도 탄복했을 만큼 뛰어났다. 또한 정주학(程朱學)이 우리 나라에 들어왔을 때 뜻을 아는 자가 없어 우탁 선생이 해독하여 제자를 가르치니 이것이 곧 성리학이다. 후진 양성을 위하여 매진하다 충해왕 3년(1342년)에 세상을 떠났다.

선생의 묘는 안동의 장정리에 있으며 단양군 적성면 하리와 대강면 사인암리에는 우허비가 세워져 있고 애곡리에 사당이 있다.

청도군

● 귀신무덤

청도읍 원정 1동

원정마을에 사는 한 총각이 평상시와 다름없이 나무를 하려고 뒷산으로 올라갔다.

나무를 하다가 피곤하여 잠깐 눈을 붙였는데, 오후에야 잠에서 깨어났다. 저녁때까지 부랴부랴 나무를 해가지고 내려오는데 누군가의 손이 총각의 두 다리를 꽉 잡는 것이었다. 깜짝 놀라 아래를 내려다보니 무덤 앞에서 하얀 소복을 입은 여인이 자기 발목을 붙잡고 놓질 않는 것이 아닌가? 그 여인은 총각을 보며 알아들을 수 없는 괴상한 말을 지껄였다.

"으악! 귀신이야! 사람 살려!"

혼이 빠질 만큼 놀란 총각은 나무를 내동댕이치고 정신없이 마을로 뛰어 내려왔다. 집으로 돌아온 총각은 놀란 가슴을 진정시키며 그날의 일을 곰곰이 생각하고 있었다.

'그 여인이 귀신일까! 사람일까. 나에게 뭔가를 중얼거리긴 했는데, 내가 너무 놀라 귀신으로 잘못 알고 있었던 게 아니었을까? 혹시 길을 잃었다거나 다친 사람이라면?'

총각은 이 세상에 귀신이 어디 있겠느냐며 스스로를 위안했다.

그 다음날 총각은 어제 일이 꺼림칙해서 다시 그 산으로 올라가 봤더니 그 자리에는 나무 짐만 그대로 있고 무덤은 온데간데없었다.

기이하게 생각하고 나무 짐을 챙겨 마을로 내려왔다. 며칠 후 다른 동네 사람이 산에 나무를 하러 갔는데 날이 어두워 가도 마을로 내려오지 않자 온 마을 사람들이 그 사람을 찾으러 산으로 올라갔다.

그런데 총각이 당했던 바로 그 자리에 그 사람이 쓰러져 있었고, 계속 알 수 없는 헛소리만 지껄이는 것이었다. 그 후에도 이런 일을 당한 사람이 무려 45명이나 되었다고 하니 그 후부터는 이 산에 귀신무덤이 있다고 겁을 내어 산에 오르지 않게 되었다고 한다.

호젓한 산길을 산책하거나 야영을 좋아하는 사람들은 이런 전설을 미리 알고 해야겠다(?).

●감로주가 나왔다는 술샘〔酒泉〕

청도읍 안인동

안인동에서 약 6km 떨어진 곳에 술이 나왔다는 샘터가 남아 있다.

그 옆에는 신을 모신다는 커다란 탱자나무 한 그루가 굽어보고 서 있고 이곳을 지나는 사람들은 돌이나 나뭇가지 등을 던져놓고 쉬었다가 갔는데, 이렇게 해야만 길을 가는데 무사하다고 믿고 있었다.

샘터 주위에는 온통 청석으로 깔려 있으며 샘의 가운데에 길이가 30cm 정도이고 너비는 10cm 정도, 깊이는 15cm 가량 패여 있다.

전설에 의하면 이 술샘에서는 반드시 대추 한 개를 먹고 술은 반드시 한 잔만 마셔야 되는데 이곳을 지나던 어떤 사람이 술맛을 보고 맛이 기가 막힌지라 금기사항을 망각하고 한 잔을 더 마셨더니 그 후부터는 술이 나오지 않게 되었다고 한다. 지금은 샘터만이 남아 있다.

●화악산의 용샘

화악산의 용샘

화악산의 용샘(새미)은 화악산 정상 가까운 곳에 있다. 옛날에는 이 우물 근처에 용이 살던 깊은 소가 있었으며 그 깊이는 추정할 수 없을 만큼 깊었다고 한다. 지금은 조그만 우물로만 남아 있어 옛 용샘의 명성에 허탈감을 던져주고 있다.

● 비수덤

청도군 각남면 상사동

비수덤은 화악산 깊은 골에 자리한 조그마한 우물인데 아무리 극심한 가뭄이 들어도 물이 마르지 않는다고 한다. 옛날 가뭄이 들 때 마을에서 흠집이 없는 사람을 제관으로 뽑아 이 우물가에서 비가 내리기를 기원했다고 한다.

제물인 돼지미리를 바위 밑에 묻고 우물을 헐어 흘러내리게 하면 2, 3일 후 반드시 비가 내린다는 효험을 사람들은 지금도 전적으로 믿고 있다. 하지만 제관으로 뽑힌 사람이 불성실하거나 정결치 못할 때는 자신도 화를 당할 뿐 아니라 비가 내리지 않는다고 전해지며 지금도 행사가 계속 이어져 내려오고 있다.

● 곽당 할매당

청도군 각남면 사리

곽당은 신당 1리의 옛 이름이다. 곽당에는 신통력을 가진 처녀가 살고 있었는데 이 처녀는 특이하게도 닭 우는 소리를 들어야만 신통력을 발휘할 수 있었다고 하며 이 처녀의 신통력으로 효험을 본 마을 사람들이 많았다고 한다.

이 처녀가 죽자 마을 사람들이 화악산 중허리쯤되는 배나무 골 잘뚜가지 지점에 묻어 후히 장사를 지내주고 그곳에 사당을 지어 주어 해마다 제사를 지내주었다고 한다.

그런데 어느 날 밤, 이 고을의 원님과 원로들의 꿈에 현몽하여, "지금 묻힌 곳은 너무 춥고 외로우니 나를 개 짖는 소리, 닭 우는 소리가 들리는 곳으로 옮겨 달라."고 하였다고 한다.

똑같은 꿈을 꾸게 된 이들은 마을 사람들과 의논한 후 주머니골이라 불렸으나 지금은 사 2리 근처 매남산 매남골에 이장하여 신성봉이라 이름하였다. 제사를 지내주지 않으면 동네마다 흉사가 발생했다고 하며 제사를 지낼 때 사용하려던 벼를 까먹은 참새도 즉사했다고 한다.

그 골짜기에 위치한 사리 1, 2리, 녹평 1리, 신당 1리에서는 일정한 날을 정해놓고 동제를 지내오고 있는데, 동제를 지낼 때에는 몇몇이 한밤중에 올라가서 제를 지내고 아침에야 내려온다고 한다. 그런데 제를 지내는 밤엔 이상하게 춥지도 무섭지도 않다고 한다. 지금은 무덤을 찾을 길이 없지만 사당에 여자 흰 고무신 한 켤레를 해마다 바꿔놓는다고 한다.

●뱀이 지킨다는 우물

청도군 각남면 옥산리

옛날 이 마을에는 공부자라는 갑부가 살았는데, 옥산리를 중심으로 한 지역이 공부자의 집터였음을 알려주는 우물이 남아 있다. 이 우물을 공부자 우물이라 하며 옥산리 서쪽 끝의 지금이라는 곳에 있다.

공부자가 피난을 갈 때 값진 보물을 우물 속에 숨겨놓고 갔다는 얘기를 듣고 물도 얻고 보물도 건질 겸 동네 장정들이 힘을 합쳐 우물 뚜껑을 열고 물을 퍼 올리려고 두레박을 우물 속에 담그자 물소리가 나지 않고 쇠에 부딪히는 소리가 났다고 한다.

그 순간 우물에서는 커다란 구렁이 한 마리가 나타났는데 기겁을 한 장정들이 황급히 우물 뚜껑을 덮어놓고 달아났다고 한다. 그 이후로 아직까지 이 우물 뚜껑을 열어볼 생각을 하지 못한다고 한다.

청송군

●신비한 도깨비 다리

청송군 부남면 화정동

도깨비 다리라고 불리는 이 다리는 누가 만들었는지 밝혀지지 않고 있지만 도깨비들이 만들었을 것이라고들 한다. 열두 개의 돌다리로 되어 있는데 돌의 크기는 책상 정도이며 냇바닥의 경사는 20~40도 정도다.

이 다리는 아무리 큰 홍수가 나도 떠내려가지 않으며 주민들 말에 의하면 큰 물결에 휩쓸리면 7, 8m 가량 떠밀려 가는 것을 분명히 보았는데도 하룻밤만 지나면 다시 제자리에 되돌아와 있다고 한다. 신기한 일이 아닐 수 없다. 그래서 주민들은 큰 홍수가 져 이 다리가 떠내려가도 도깨비들이 내려와 이 다리를 다시 제자리에 갖다 놓는다 하여 '도깨비 다리' 라고 부른다.

● 석탑의 영험

청송군 지천면 백운리

백운리 앞개울을 건너가면 논들이 나타난다.

이 석탑은 논 가운데에 우뚝 서 있는데 탑 주위에는 여러 개의 주춧돌과 기왓장 조각들이 널려 있는 것으로 보아 원래 절터였을 것으로 추측된다.

지금부터 60여 년 전 신팔행이라는 사람이 이 탑의 탑신 안에서 옻 단지 하나를 꺼내왔는데 그 안에는 종이에 쓰여진 경문과 향이 들어 있었다고 한다.

이 석탑이 있는 논을 산 이수진이라는 사람이 있었는데 농사 짓는 데 방해가 된다고 생각하고 탑을 헐어서 밖으로 옮겨 버렸다. 그랬더니 얼마 안 가서 이씨는 무슨 병인지도 모른 채 시름시름 앓더니 그만 죽고 말았다.

평상시 기운이 철철 넘쳐 건강하던 남편이 죽은지라 이씨의 부인이 용하다는 점쟁이를 찾아가 점을 쳐봤다.

점쟁이가 하는 말이, 탑을 옮겨서 재앙을 받아 죽은 것이며 이 탑을 손상시키면 필경 큰 화를 당할 것이라고 하였다.

이 탑에서 탑신과 개석을 깨어 갈아 숫돌로 썼던 마을 사람들도 각각 재앙을 받았는데, 이 말을 듣고 다시 제자리에 갖다 놓으니 아무런 탈이 없었다고 한다. 이러한 탑의 영험을 알게 된 마을 사람들은 아무도 손을 대지 않는다고 한다. 또한 이 탑에 공을 들인 후 아들을 얻었다며 지성을 드리는 사람들이 많다고 한다.

김천시

● 직지사 금강문

김천시 대항리 운수 1리

옛날에 떠돌이 승려가 있었는데 전국을 이리저리 돌아다니다가 합천의 어느 마을에 이르게 되었다. 이 마을의 촌장이 이 승려를 보고 용모도 수려하고 덕이 많아 보여 그를 사위로 맞아들이고 싶어했다.

그러나 그가 정중히 사양하자 촌장은 이 승려가 가버릴까 봐 몰래 장삼과 바랑을 숨겨두고 승려를 집에 묶어두려고 갖은 계책을 다 썼다.

결국 촌장의 딸과 결혼을 한 승려는 아들을 낳고 3년을 같이 살았다.

어느 날 아내는 3년 동안이나 아이를 낳고 살았으니 남편에게 장삼과 바랑을 숨겨둔 곳을 알려줘도 별탈이 없겠지 하는 마음으로 그것을 일러주었다.

그런데 다음날 아침 부인이 눈을 뜨니 남편이 온데간데없이 사라져 버리고 말았다. 부인은 남편과 비슷한 승려가 직지사에 있다는 얘기를 듣고 직지사로 찾아갔다.

남편이 묵고 있다는 집을 찾아가 그가 돌아오기를 기다리고 있는데, 사흘이 넘어도 돌아오지 않자 애가 탄 부인은 직접 절로 찾아가기로 했다.

절의 일주문을 지나 지금의 금강문 자리에 이르렀을 때 부인은 갑자기 피를 토하고 죽어 버렸다. 대개 사찰을 들어가다 보면 맨 앞에 일주문이 있는데 이는 사찰의 관문이다. 한문을 그대로 풀이하면 '한 개의 기둥으로 된 문'이지만 두 개의 기둥이 일직선상에 놓여 있다고 하여 일주문이라 한다.

이런 일이 있은 후 부인이 죽은 날이 되면 직지사의 승려들은 무언가 홀린 듯이 따라나가 부인이 피를 토하고 죽은 바로 그 자리에 고꾸라져 피를 토하고 죽는 기이한 일들이 발생하였다. 직지사에서는 이 원혼을 달래주려고 죽은 자리 옆에다 사당을 짓고 그녀의 혼을 달래기 위해 매년 제를 올렸다.

그러던 어느 해 직지사를 찾아온 고승이 사당을 보고, "신성한 사찰에 사당이 웬말이냐."라고 꾸짖었다. 직지사 승려들이 고승에게 그 동안의 연유를 소상히 얘기해 주자 묵묵히 듣고 있다가, "그러면 사당을 헐고 대신 금강문을 지어 금강 역사로 하여금 여인의 원귀를 막도록 하시오." 하였다.

그렇게 하여 지금의 직지사 금강문에 두 눈을 부릅뜨고 지키는 금강역사가 세워지게 되었다. 사천왕문·인왕문·금강문의 역할은 모두가 사찰산문으로 각각 사천왕·인왕·금강역사 등의 불법 옹호신을 봉안하여 사찰 안으로 들어오는 모든 악귀를 제거하는 기능을 갖는다.

사천왕(四天王)

수미산 중턱에 살며 사방과 불법을 수호하는 신을 일컫는다.

1) 동방지국 천왕상 : 몸빛이 희고 손에는 비파를 들었다.

2) 서방광국 천왕상 : 오른손에는 여의주를, 왼손에는 청룡을 들고 있다.

3) 남방증장 천왕상 : 오른손에는 활인검(活人檢)을, 왼손에는 測度(측도)를 들고 있다.

4) 북방다견 천왕상 : 오른손에는 보봉(寶奉)을, 왼손에는 보탑(寶塔)을 들고 있다.

인왕(仁王)

사찰 문이나 입구를 지키는 한 쌍의 신장상, 금강역사, 이왕, 집금강신이라고도 한다. 하나는 입을 벌리고 '아' 소리를 내며 공격 자세를 취하는 나라연금강과 '흠' 하는 표정으로 방어 자세를 취하는 밀적금강이 있다.

범천(梵天)

만물의 근본인 본유(本有)를 신격화한 것으로 바라문교에서 존숭되던 신이었으나 불법수호신이 되었고 형상은 중국식 복장에 손에 불자(佛子)를 쥐고 있다.

제석천(帝釋天)

고대 인도 신화에 나오는 태양신으로 천둥, 비를 관장하는 뇌정신, 천제석, 천제라고도 한다.

팔부중(八部衆)

불법을 수호하는 8종류의 신이다. 천, 용(天, 龍), 야차, 건달파, 아수라, 가루라, 긴나라, 마후라가를 가리킨다.

비천(飛天)

천계에 사는 신으로 천인, 천녀, 천이라 한다. 보통 사람에게는 보이지 않으나 초인적인 힘으로 자유자재로 날아다닌다.

경주시

●계림

경주시 교동

신라 반월성 서북쪽에 오래된 시숲(대나무 숲)이 있는데 이 숲은 태초의 숲으로 진한 육부 사람들에게는 신성한 숲으로 받들어져 왔다.

석탈해 이사금이 신라를 다스린 지 9년이 되던 어느 봄날 이른 새벽에 닭 우는 소리를 듣고 신라 재상인 호공이 잠에서 깨었다.

이 닭 우는 소리는 신성한 시숲에서 들려오는 것이었다. 호공이 급히 밖으로 나와 시숲을 바라보니 하늘에서 오색 서기가 영롱하게 뻗쳐 있었다. 두려운 마음으로 시숲 속으로 발길을 옮기자, 숲속의 한 그루의 고목에서 하얀 닭이 울고 있는데, 고목의 굵은 가지에는 찬란하게 빛나는 금빛 궤짝이 걸려 있었다.

호공은 매우 상서로운 일이라 생각하고 곧 반월성으로 가서 왕에게 고했다. 이사금은 이것은 나라에 광명이 비칠 징조라며 크게 기뻐하고 몸소 그곳으로 행차하였다.

그곳에 도착하여 이사금은 하늘을 우러러 절을 하고 조심스럽게 금궤를 내려 뚜껑을 열어보니 놀랍게도 아이가 들어 있었다. 아이를 안고 반월성으로 돌아온 이사금은 금궤에서 나왔다 하여 성을 금(金)이라 하고 이름은 알지(아이)라 하여 태자로 삼았다(삼국유사에는 김알지의 출생이 AD 60년 8월 4일이라고 기록되어 있다).

그리고 시숲을 닭이 알린 숲이라 하여 '계림'이라 부르도록 하였으며 나라 이름도 계림국으로 정하라고 어명을 내렸다. 이사금 왕이 죽자 태자 김알지가 왕위를 이어야 했으나 유리왕의 아들인 파사에게 왕위를 사양하였다.

김알지는 세한을 낳고 세한은 아도를 낳고 아도는 수유를 낳고 수유는 육부를 낳고 육부는 구도를 낳고 구도는 미추를 낳았으니 김알지의 7대손인 미추가 후에 신라 제13대 왕위에 오르게 되었다. 이후 후손들이 김씨 가문으로서 신라 왕위를 계승하게 되었다. 계림에는 비각이 세워져 있고, 그 비각 안에는 조선 순조(1803년)때 세운 비석이 있다.

교통 안내

〈승용차편〉교동→박물관 앞 사거리→(7번 국도)→800m→대릉원 주차장→반월성→계림

〈도보시〉반월성터 안→북쪽 첨성대나 대릉원 쪽으로 난 작은 길→(왼쪽)→계림

●석굴암 감로수(예내우물)

석탈해가 왕이 되기 전 경주 토함산에서 무술을 연마하고 사냥을 하고 있을 때 목이 말라 하인에게, "갈증이 나는구나. 어디 가서 시원한 물을 구해 오도록 하라."고 시켰다.

하인은 산정에서 샘을 찾기가 그리 쉽지가 않자 동쪽 계곡으로 내려가 바다가 보이는 곳에 이르러 바위 밑에서 솟아나는 맑은 샘물을 찾아냈다.

샘을 찾기 위해 여기저기 돌아다니다 보니 하인 자신도 몹시 목이 말라 먼저 물을 마시려고 표주박을 입에 대자 표주박이 입에서 떨어지지 않았다. 놀란 하인은 이사금에게 가서 용서를 구했다. 그러자 입에 붙어 있던 표주박이 저절로 떨어졌다.

후에 신라가 삼국을 통일하고 이 샘 위에 석굴암 부처님을 모시게 되었다. 불자들은 이 물로 청결하게 씻은 후 부처님께 예배하였다. 지금은 이 샘물을 계단 아래까지 끌어내어 석조에 고이게 만들었다(불국사 경내에 있음).

〈불국사 가는 길〉

경주 시내에서 7번 국도를 따라 울산 쪽으로 가다 보면 불국사역 앞 구정동 3거리가 나온다. 여기서 좌회전하여 902번 지방도로를 따라 2.5Km 가면 불국사 앞 관광단지 주차장에 이른다. 또 경주 시내에서 4번 국도를 따라가다 보문단지를 지나 감포 방면으로 가다가 덕동호를 못 미처 3거리에서 우회전하여 민속 공예촌을 지나 5분 정도 가면 역시 불국사 앞 관광단지 주차장에 닿는다. 불국사 가는 길은 이정표가 잘되어 있어 찾아가기가 무척 쉽다. 경주 시내에서 불국사까지 시내버스가 자주 다니는데, 경주역 앞이나 시외버스터미널에서 불국사 가는 버스를 쉽게 탈 수 있다.

〈석굴암 가는 길〉

경주시 진현동에 있다. 불국사 앞을 지나 토함산 아흔아홉 구비 고갯길을 8Km 정도 오르면 토함산 정상 석굴암 입구에 이른다. 석굴암으로 오르는 석굴로는 유료도로이며 불국사 앞에서 석굴암 입구까지는 석굴암 관광버스가 아침 10시부터 매시간마다 다닌다. 불국사까지 가

는 교통편은 시외버스터미널이나 경주역 앞에서 쉽게 이용할 수 있다.

● 금척고분

경주시 건천읍 금척리

금척은 금으로 만든 자[尺]이다. 신라 진평왕 때 일이다.

진평왕이 정사를 돌보다가 낮에 잠깐 졸고 있는데 갑자기 무지개가 영롱하게 피어오르더니 신선이 나타나서, "이 금자는 죽은 사람도 자로 재면 살아나고 나라의 부귀영화도 이 자를 갖고 있는 사람에게 생기니 부디 나라를 위하여 귀히 사용하시오." 하며 황금으로 된 자 하나를 주고 사라지는 것이었다.

놀라 잠에서 깬 왕이 주위를 살펴보니 놀랍게도 꿈에 본 황금자가 놓여 있지 않은가? 이 귀한 보물을 갖게 된 신라는 날로 번창해 갔다.

이 신비한 금척을 갖고 있기 때문에 나라가 부강해지고 있다는 소문을 들은 중국 당나라 황제는 이것을 탐내어 사신을 신라에 급파하여 빌려달라고 했다. 그러나 무참히 거절당하자 신라를 침략하여 금척을 손에 넣고 말겠다는 협박을 했다.

나라가 금척으로 인해 전쟁의 소용돌이에 휘말리게 되자 진평왕은 고민하다가 한 가지 계획을 세웠다. 백성들을 동원하여 여기저기에 가짜 고분들을 많이 만들라고 명한 것이다. 그리고 수많은 고분들 가운데 진평왕 자신만이 알고 있는 고분 속에다 이 금척을 숨겨 놓았다.

얼마 후 진평왕은 세상을 떠나고 결국 금척이 어디에 묻혔는지 지금까지 알려지지 않고 수수께끼로 남아 있다.

또한 일제시대 때 고증을 받은 역사학자들이 황금자가 탐이 나 발굴 작업에 착수했는데 갑자기 하늘에서 뇌성벽력이 일며 1주일간이나 사나운 빗줄기가 쏟아져 내려 이 일대가 홍수에 잠기기도 하여 결국은 발굴 작업을 중단하고야 말았다고 한다.

교통 안내

경주 국도를 따라 광명과 모량을 지나면 건천읍에서 10km 지점에 금척리가 있다.

●만파식적, 신비의 마술피리

신라 제31대 신문왕(681년)은 감은사를 창건하였는데 이듬해 5월 초하룻날 해안을 관장하던 박숙청이 대궐에, "동해바다 가운데에 조그만 산이 생기더니 물결을 따라 삼은사를 왔다갔다합니다."라는 신기한 소식을 알려왔다. 왕은 이 보고를 받고 기이하다고 여겨 천문관인 김춘길에게 점을 쳐보게 하였다.

김천길은, "김유신 장군은 하늘의 33인 중 한 분으로 세상에 내려와 신라의 대신이 되었고, 또 돌아가신 어머님께서는 바다의 용이 되어 삼한을 보호하고 계십니다. 지금 두 성인께서 나라를 지킬 보물을 내려주시려 하니 폐하께서 해변으로 나가시면 보물을 얻으실 것입니다."라고 왕에게 고했다.

신문왕은 그 달 7일, 해변에 나가 바디 쪽에 솟이 있는 섬을 살펴보았다. 거북머리처럼 생긴 산꼭대기에는 대나무 한 그루가 서 있었다. 그 대나무는 신비하게도 낮에는 둘로 갈라져 있다가 밤이 되면 하나로 합쳐졌다.

왕은 그날은 감은사에서 묵기로 하고 다음날이 되었는데 정오쯤 갑자기 갈라져 있던 대나무가 하나로 합쳐지면서 사방이 캄캄해지더니 천지가 진동하고 비바람이 몰아치는 것이었다. 이런 날이 1주일이나 계속되다가 16일이 되었을 때 비로소 날씨가 잠잠해졌다.

물결이 잔잔해지자 왕은 배를 타고 그 산으로 갔다. 산에 도착했을 때 홀연히 용 한 마리가 나타나더니 검은색 옥띠를 바쳤다. 왕은 용에게, "이 대나무가 갈라졌다 합쳐졌다 하는데 왜 그런 일이 생기는 것이오?" 하고 물었다.

"이것은 손바닥도 마주 쳐야 소리가 나는 법인즉 임금께서 소리로 천하를 다스리게 될 징조입니다. 그러니 왕께서는 이 대나무를 가져다가 피리를 만드십시오. 그러면 천하가 화평해지며 국력이 부강해질 것입니다."

왕은 너무나 놀랍고 기뻐서 오색비단과 금은보화로 보답하였다. 왕이 대나무를 베어가지고 배를 타고 나올 때 산과 용은 갑자기 자취를 감추어 버렸다.

궁궐로 돌아온 신문왕은 그 대나무로 피리를 만들어 월성의 천존고에 간직하였다. 그 후 외적이 침입하면 이 피리를 불어 외적을 물리치고, 가뭄이 들면 이 피리를 불어 비가 오게 했으며 바다를 가라앉히고 파도를 잠재우기도 했다. 또한 만파식적이라 칭하고 국보로 삼았다.

●사리골 마을의 지석묘

경주시 안강읍 노당리

노당리 사리골 마을에는 힘이 장사인 안계동 할머니가 돌들을 채찍으로 몰고 갔다는 이야기가 전해지고 있다.

사리골 마을에는 지석묘가 여러 개 있는데 우산을 펼치듯 가지를 펼쳐든 은행나무가 밭길에 우뚝 서 있고, 노당재 위에는 유난히 눈에 띄는 커다란 지석묘가 있다.

이 지석묘에 얽힌 이야기는 다음과 같다.

옛날 중국 진시황이 만리장성을 쌓기 위해 중국은 물론 이웃 나라에까지 돌을 운반해 오라는 명령을 내렸다. 이에 힘이 장사인 안계동 할머니가 돌을 운반하는 책임을 맡고 있었는데 여러 개의 돌들을 소를 몰듯 채찍으로 때리면서 몰고 갔다.

그런데 채찍을 맞으면서 굴러가던 돌들이 노당재 밑에 와서는 흩어지며 움직일 생각을 하지 않는 것이었다. 안계동 할머니는 돌들 가운데 큰돌을 먼저 들어다가 노당재 위에 얹어놓고 작은 바위들을 운반하려고 사리골로 내려왔다.

그리고 채찍을 땅에 꽂아 놓고 작은 돌들을 치마폭에 싸가지고 운반하려는데 만리장성이 다 되었으니 이제 돌이 필요 없다는 전갈이 왔다. 그래서 할머니는 치마폭에 쌌던 돌들을 버리고 가버렸다. 할머니가 꽂아 놓았던 채찍이 지금의 은행나무라고 하며 이 마을에 있는 여러 개의 지석묘는 그때 치마폭에 쌌다가 버린 돌들이라고 한다.

이처럼 거녀 할머니들의 설화가 심심찮게 전해지고 있는데 전북 부안에는 개양 할미가 있고 제주에는 설문대 할망이 있다.

●단석산의 천탑암

경주시 건천읍

건천읍 꽃안마을에서 남쪽으로 가다가 큰골로 들어서면 장흥사지가 못 속에 있고 여기서 계곡으로 조금 더 가면 화랑바위와 급제바위가 있다. 이곳에서 신라 화랑들이 심신을 수양하고 무술을 연마하였다.

이 바위에서 서쪽으로 점점 더 깊이 들어가면 백련골이 나타나는데, 이 계곡에서 너덜바위들을 통과하여 눈을 들어 정상을 바라보면 하늘을 떠받치고 있는 듯한 기둥처럼 생긴 하늘받침돌과 커다란 바위더미가 있다. 이것이 바로 전설의 천탑암이다.

이 탑 아래에는 현재 옛 자취를 감춘 단석사지만 덩그러니 남아 있다. 천탑암 남쪽에는 입구에 불상을 새겨놓은 석굴이 있는데, 이 굴은 김유신 장군이 화랑시절에 수도를 하던 곳이라고 전해진다.

옛날 당나라에 요승(妖僧)이 있었는데 1천 명이나 되는 중들을 혹사시키고 잿밥에만 관심이 있었다. 중들은 지옥 같은 이곳에서 벗어나려 해도 요승이 도술을 부리기 때문에 도망칠 수 없었다.

당시 이곳 단석사에 와 있던 원효스님이 이 소식을 전해듣고 이 바위더미에 올라가서 당나라 쪽을 향하여 지팡이를 힘껏 던졌다. 힘차게 날아가던 지팡이가 이 요승이 있는 절을 덮어 버리자 요승은 그만 죽고 말았다.

요승이 죽자 지옥 같은 곳에서 벗어나게 된 중들은 이 지팡이가 떨어진 곳으로 가서 자세히 살펴보았다. 지팡이에는 해동 원효(海東 元曉)라고 새겨져 있었다.

그 후 1천 명의 중들이 원효대사를 뵙기 위해 바다를 건너 이곳 단석사까지 찾아왔으나 그때는 원효대사가 열반한 뒤라 만나지 못했다. 그러자 그들은 슬퍼하며 각각 바위더미에 돌을 쌓아 원효 스님의 명복을 빌고 떠났다.

경산시

● 소원을 들어주는 관봉석조 여래좌상 (보물 제431호)

경산시 와촌면 대한리

일명 갓바위라고도 부르는 이 여래좌상은 통일신라시대 불상으로 팔공산 남쪽에 있는 관봉 정상에 있다. 이 여래좌상은 와촌면 대한리에 있는 선본사 소속이며 선본사 기록에 의하면 원광법사의 수제자인 의현대사가 돌아가신 그의 모친을 위하여 선덕여왕 7년(서기 638년)에 조성하였다고 기록되어 있다.

부처 머리에 평평한 자연석을 갓 모양으로 다듬어서 올려놓았는데, 이 불상에 지성껏 빌면 한 가지 소원은 들어준다는 영험 있는 불상으로 알려져 있어 전국에서 주야로 찾아들고 있다.

〈불상의 종류〉

불타(佛陀)

모든 법의 진리를 깨달아 중생을 교화하고 이끌어 주는 성자(聖者), 각자(覺者), 지자(知者)를 뜻하며 불(佛), 여래라고도 한다. 원래는 석가모니에 대한 명칭이었으나 대승불교의 발달에 따라 서방 정토에 걸쳐 있는 모든 부처를 가리키게 되었다. 불교에서 석존 이전에도 연등불, 다보불 등의 과거 7불이 있었으며 석가 열반 후 56억 7천만 년 후 나타나는 미륵불이 있다. 불교에서 삼세불이라는 것은 연등불, 석가모니불, 미륵불을 가리킨다. 대승불교관에서 삼신불 사상은 응신불인 석가불과 보신불인 서방 아미타불, 동방 약사불, 진리 그 자체를 형이상학적인 의미의 집합체로 보며 부처의 으뜸인 법신불인 비로자나불로 본다.

① 석가모니불

불교의 창시자이며 석존, 고타마 싯다르타라 한다. 석가 열반 후 1세기 경전 후 불상으로 만들어졌다. 단독상으로서는 탄생불, 반가사유상, 고행석가상, 항마성도상, 최초설법상, 열반상으로 표현되었고 석가 삼존상, 석가, 다보이불병좌상으로 표현되기도 한다.

회화적으로는 팔상도, 석가설법도, 군상도로 수인은 입상의 경우 시무외인, 여원인 좌상의 경우 선정인이나 통일신라시대 이후 항마촉지인, 지권인으로 나타난다. 협시는 문수, 보현보살, 관음, 미륵보살의 형태이다.

② 아미타불

서방 극락세계에 살면서 중생을 위해 자비를 베푸는 부처. 무량수불, 무량수광불이라고도 한다.

③ 약사불

질병의 고통에서 구해주는 부처다. 약사유리광여래, 대의왕불이라고도 한다. 동방 정유리 세계에 살면서 12대원을 발하여 중생의 병을 치료하고 수명을 연장해 준다.

④ 비로자나불

부처의 진신을 나타내는 존칭으로 법신불이며 화엄경의 주존불이다. 지리산 내원사 소장 석조비로자나불좌상이 최고이며 보림사, 도피안사 철조비노자나불 좌상을 들 수 있다.

성주군

●감응사의 약수

성주군 월향면 한개마을

먼저 감응사를 찾아가려면 한개마을에서 백내라는 냇가를 찾아 약 200m쯤 걸어가다 내를 건너 20분쯤 천천히 걸어가면 고려 때의 사찰인 감응사가 영취산의 품속에 늘어서 있다. 또한 이곳에는 가야시대의 옛 산성인 성산도 있다.

신라 40대 애장왕 3년, 왕자가 날 때부터 눈이 좋지 않자 걱정하던 임금의 꿈에 한 노승이 나타나서, "내일 아침 해가 뜰 무렵, 독수리 한 마리가 날아다닐 텐데 그 독수리를 따라가 내려앉은 곳에 약수가 있습니다. 그 약수로 왕자님의 눈을 씻으면 나을 것입니다." 하고 일러주는 것이었다.

이튿날 왕은 꿈에서 말한 대로 날랜 병사들을 풀어 독수리가 앉는 곳을 찾으라고 명했다. 수리를 뒤쫓아간 병사들이 독수리가 내려앉은 곳을 찾아내어 그 물을 떠가지고 왕께 돌아왔다. 왕이 그 물로 왕자의 눈을 씻게 하니 과연 꿈에서 계시한 그대로였다.

임금은 이 은혜를 잊지 못하여 절을 짓게 하였는데 이 절이 곧 감응사다. 그리고 산 이름을 독수리가 난 산이라 하여 영취산이라고 부르게 했다. 옛날의 전설을 입증하듯 지금도 감응사 절벽 아래 바위 틈에서 석간수가 흘러내리고 있다.

명주시

●의상대사의 지팡이

의상대사가 당나라에서 돌아올 때 가지고 온 지팡이가 있었다. 의상대사가 열반할 때 예언하기를, "이 지팡이를 비와 이슬이 맺지 않는 곳에 꽂아라. 지팡이에 잎이 나고 꽃이 피면 국운이 흥왕할 것이다."라고 하자 문도들이 조사당 축대에 꽂았다. 그러자 이 지팡이에 음력 4월초 8일경 버선 모양의 누런 장삼 빛을 띤 꽃이 피었다.

그 후로 나라가 태평할 때는 잎이 피고 꽃이 피었지만, 일제 때에는 잎은 피어도 꽃은 피지 않았다고 하며 8·15 해방 때에는 꽃이 피었다고 한다.

이 나무의 수령은 1,300여 년이라고 하며 높이는 1m30cm정도밖에 되지 않지만 옛날이나 지금이나 높이는 똑같다고 한다.

더욱 신기한 일은 이 나뭇잎을 따서 달여먹으면 아이를 낳지 못하는 여인이 임신을 한다고 하여 몰래 꺾어가는 사람들이 많다고 한다. 지금은 온통 철제와 철망으로 씌워 보호하고 있다.

조사당
선종사찰(禪宗寺刹)은 조사에 대한 신앙이 강하기 때문에 조사의 사리탑인 부도를 건립하고 조사당을 지어 역대 조사들의 영정을 봉안했다 하여 응진전이라고도 한다.

칠곡군

●가산산성의 가산바위

팔공산 서쪽 자락에 위치하고 있는 가산산성은 임진왜란, 병자호란의 양 난을 겪고 난 후 조선 중기에 전략적 방어를 위하여 약 100여 년간에 걸쳐 축성하였다. 이 성은 성내, 성외, 중성의 국내 유일의 3중성으로 이루어져 있으며 성벽, 문루, 장대, 포루 등이 양호한 상태로 보존되어 있다.

먼저 탄탄한 등산로를 따라 오르면 동문이 나타난다. 동문을 지나 고개를 들면 금방 팔공산이 시야에 들어오는데 여기서 잠시 산세의 웅장함을 느껴보며 계속 가다 보면 가산성 내성 중앙에 위치한 80평 규모의 넓고 높은 바위인 가산바위(혹은 가암)가 눈앞에 모습을 나타낸다. 이 바위는 장정 100여 명이 앉을 수 있을 만큼 넓고 평평하게 되어 있어 대구시의 전경을 한눈에 볼 수 있는 전망 좋은 휴식처 구실을 하기도 한다.

이 바위에 얽힌 전설의 세계로 잠시 들어가 보자.

옛날 이 고을에 힘이 엄청난 장사가 살았는데 모두들 그를 가산장사라 불렀다고 한다. 이 장사가 금강산으로 유람을 가서 주머니에 조약돌을 잔뜩 넣어가지고 돌아오는데 가산마을, 즉 이곳에 이르러 조약돌 하나가 주머니에서 빠져 나왔다. 우스운 얘기지만 이 바위가 바로 가산바위라고 한다. 그리고 장사가 소변이 마려워 오줌을 누는데 이때 장사의 오줌줄기를 맞은 바위에 구멍이 뚫렸다고 한다. 변강쇠라는 영화를 기억할 것이다. 변강쇠가 누는 오줌의 강도를 화면에서 봐서 알겠지만 이 장사의 오줌 줄기가 엄청난 폭포라고 연상해 보면 가능할 것이다.

이 바위의 거나란 구멍 속에는 절마(鐵馬)와 철우(鐵牛)가 있었다고 하는데 도선국사가 이것을 묻어 지기를 눌렀다고도 전해진다.

등산 코스

1) 제1코스 : 남문→1Km→동문→1.9km→중문→0.3km→가산바위→1.7Km→학명동

2) 제2코스 : 학명동→1.7km→가산바위→0.5Km→북문→0.5km→중문→5.5km→남문→1.2km→기성동→3Km→송림사

교통 안내

〈승용차편〉 팔공산 순환도로를 타고 기성리 3거리에서 가산산성 이정표를 따라간다.

1) 대구 북부터미널에서 천평행 시외버스로 동명면 소재지 하차

2) 대구(북부정류장, 팔달교)에서 동명행이나 기성동행 시내버스 이용

경상남도 편

김해시

● 구지봉의 김수로왕 탄생 전설

풍수학설로 거북 열 마리가 뭉쳐져 있는 형상을 하고 있는 산 모양이 거북의 머리 같다 하여 구지봉이라 부르기도 하며, 가락(駕洛)에 있는 산이라는 뜻에서 가락봉이라고 한 것이 변하여 개라봉도라고 한다.

이 지방에 아홉 우두머리인 구간(九干)이 통솔했는데, 후한의 세조 광무제 건무 18년 3월 상사일에 그들이 사는 북쪽 구지봉에서 형상은 보이지 않고 다음과 같은 소리가 들려왔다.

"하늘이 나에게 명하기를 이곳에 가서 새로 나라를 세워 임금이 되라 하셨다. 그래서 내려왔다. 너희는 이 산꼭대기 흙을 파서 모으면서 '거북아, 거북아, 머리를 내밀어라. 내밀지 않으면 구워 먹겠다.' 하고 노래하고 춤추어라. 그러면 곧 왕을 맞이하여 매우 기뻐서 춤을 추게 될 것이다."

구간들은 그 말대로 마을 사람들과 함께 춤추며 노래했다. 얼마 후 하늘에서 붉은 색 줄이 내려왔는데 줄 끝에는 붉은 보자기에 금 상자가 싸여 있었다. 열어보니 둥근 황금색 알이 여섯 개 들어 있었다. 기뻐하며 다시 싸서 아도간(我刀干)의 집으로 가서 탑 위에 두고 헤어졌다.

12일이 지난 날 아침에 마을 사람이 모여 함을 열어 보니 여섯 알이 화하여 어린이가 되었는데, 용모가 몹시 크고 곧 평상에 앉으므로, 절하고 극진히 공경했다.

이 가운데 10일이 지나 키가 구척이나 된 아이가 그 달 보름에 즉위하니 금함에서 나왔다 하여 성을 김(金)이라 하고, 세상에 처음 나타났다 하여 수로(首露)라 하였다 한다. 나머지 다섯 아이도 모두 다섯 가야국의 임금이 되었다.

남해군

● 암수바위

남해군 남면 가천리

남면 가천리 바닷가에는 남자의 성기와 여자의 음부를 상징하는 바위가 있는데 이 바위는 1751년(영조 27년)에 발견된 것이라 한다. 주민들은 이 바위를 수미륵(높이 2.5m, 둘레 1.5m), 암미륵(높이 2.5m 둘레 2.5m)이라 부르는데 수미륵은 남근이 발기를 하고 있는 형상이며 암미륵은 아기를 밴 형상이다.

당시 이 고을 현령의 꿈에 노인이 나타나서, "내가 가천에 묻혀 있는데 우마의 통행이 잦아 일신이 불편해서 견디기 어려우니 나를 일으켜 주면 필시 좋은 일이 있을 것이다."라고 말했다.

꿈에서 깨어난 현령이 그곳으로 가보니 과연 꿈에서 본 지세와 똑같아 곧 일꾼을 시켜 그 자리를 팠다. 그리고 그곳에서 지금의 암수바위가 나왔다. 고을 현령은 암미륵은 누운 채 그대로 두고 음력 10월 23일에 수미륵만 현재의 위치에 일으켜 세웠다. 또한 논 다섯 마지기를 헌납하여 미륵불로 봉안하고 이날에 제사를 지내왔는데, 지금까지도 전해지고 있으며 마을 수호신으로 모시고 있다.

음력 10월 23일, 마을 제사에는 이 마을 사람들이 참석해 마을의 평화와 풍어를 기원하는 제사를 지낸다. 또한 이 미륵은 해상사업을 하는 사람이 제사를 지내면 해난사고가 나지 않고 고기가 많이 잡힌다 하여 지금도 그들이 이곳을 찾아 무사고를 기원한다고 한다. 관광길에 때를 맞추어 이곳의 토속신앙을 체험해 보는 여정도 재미있을 것 같다.

참고로, 필자가 전국을 다녀본 곳 중에서 여자의 음부와 가장 많이 닮은 바위를 볼 수 있었는데, 점잖은 사람들은 눈을 돌릴 수밖에 없을 만큼 정교하고 탐스럽게 생겼다. 이것을 보는 남자들의 남근이 발끈거릴 만큼 유혹적인데 전남 신안의 홍도에 가면 볼 수 있으며, 이 바위를 보지바위라 부른다.

마산시

●신혼부부나 연인들은 꼭 피해가야할 울빛재

마산시 진전면 오서리에서 고성군 회화면으로 넘어가는 곳에 '울빛재' 라는 고개가 있는데 애달픈 전설이 전해내려 온다.

옛날 진전면에 살던 어떤 처녀가 고성 땅으로 시집을 갔는데 친정어머니가 몹시 위독하다는 전갈을 받았다. 그녀는 시부모와 남편의 허락을 받고 친정어머니의 간호를 위해 고개 넘어 친정으로 돌아왔다.

그저 며칠 동안이면 되겠거니 생각했던 친정어머니의 병환은 꽤 여러 날이 지났는데도 별 차도가 없었다. 그러자 젊은 아낙은 시집으로 돌아갈 날이 하루하루 더뎌져 몹시 애를 태우게 되었다.

집에서 기다리던 남편도 애를 태우다가 마침내 고개까지 와서 아내를 기다리게 되었다. 거의 매일같이 남편은 고갯마루에 앉아서 아내를 기다리다가 해가 저물면 지쳐서 돌아가곤 했다. 이런 날이 벌써 몇 달째 접어들고 있었다.

그 동안 정성스런 딸의 간호를 받아서인지 친정어머니의 병환은 이제 거의 완쾌되었다. 젊은 아낙은 마음을 놓고 시집으로 돌아가기 위해 서둘러 집을 나섰다. 그러나 막 고갯마루에 이르렀을 때 큰 호랑이 한 마리가 나타나서 아낙은 변을 당하고 말았다. 한편 그날도 아내를 기다리기 위해 고개까지 올라오던 남편은 호랑이에게 잡아먹힌 아내의 시체를 확인하고는 너무나도 원통한 나머지 그 자리에서 자결하고 말았다.

따라서 최근까지도 신혼부부의 초행길은 이 고개를 피해 다니는 풍습이 남아 있다고 한다.

●정월 초사흗날은 고기를 먹지 않는 호계리 마을

마산시 내서면 호계리

지금도 시골 어느 곳을 가더라도 마을에서 정신적 지주로 여기는 그들만의 독특한 의식이 있는데 호계리 마을도 그와 같다. 이곳은 산의 형상이 호랑이를 닮았다고 하여 '범머리'라 부르며 호랑이와 밀접한 관련이 있어 지명도 '호계리'로 되어 있다.

이 마을 사람들은 해마다 음력 정월 초사흗날만 되면 냉수로 목욕재계를 하여 몸과 마음을 청결히 하고 정성을 다하여 동제를 올리고 있다. 온 마을 사람들은 이날만은 일체 육식을 피하는 관습이 예로부터 지켜져 내려오고 있다고 한다.

혹시 이곳을 들른 여행객들도 이날만은 그들의 문화를 존중하는 마음으로 고기를 먹지 않는 것이 좋겠다.

합천군

● 해인사, 용궁의 옥쇄

해인사는 양산의 통도사, 승주의 송광사와 함께 우리 나라 3보 사찰로 꼽히는 절이다. 3보 사찰은 통도사의 법보 사찰, 해인사의 경보 사찰, 송광사의 승보 사찰이 있다.

이 절은 신라 애장왕 3년(803년)에 순응, 이정 두 스님이 창건하였으며 '해인사'란 절 이름은 화엄경의 해인 삼매에서 연유된 것이며 법보 종찰이다. 특히 국보인 8만 대장경을 비롯해 20여 점의 지정 문화재가 있는 유물의 보고이기도 하다.

옛날 해인사 부근 마을에 할머니가 혼자 외롭게 살았는데 하루는 길 잃은 강아지가 집에 들어오자 자식 삼아 3년간을 고이 길렀다. 3년 후 큰 개가 되었는데, 그 개가 말하기를, "나는 원래 용궁의 왕자인데 큰 죄를 지어 용왕의 벌을 받아 개로 변하여 3년간 이승에 나가 살라는 벌을 받았습니다. 그런데 할머니가 나를 정성껏 길러주어 무사히 용궁으로 돌아가게 되었습니다. 용왕님께 말씀드려 며칠 후 용궁으로 초대하겠습니다." 하고 말했다.

과연 며칠 후 왕자가 다시 나타나 할머니를 용궁으로 데리고 갔다.

"오늘 용왕께서 할머니에게 선물을 주실 텐데 금은 보화를 달라고 하지 마시고 해인이라는 구슬을 달라고 하십시오."라고 일러주었다.

시킨 대로 할머니는 용왕께 구슬을 달라고 했다. 용왕은 구슬을 주면서, 이 보물은 무엇이든지 원하는 대로 이루어 주는 보배 가운데 보배로 만약 나쁜 일에 쓰게 되면 큰 재앙이 따르니 좋은 일에만 쓰라며 일러주었다.

구슬을 받은 할머니는 크게 기뻐하며, 사는 동안 좋은 일에 많이 사용을 하고 죽기 전에 나쁜 사람들의 손에 넘어가지 않게 하기 위해서 가야산 어느 곳에 깊이 묻어 버리고 세상을 떠났다. 따라서 지금도 가야산 어느 곳엔가 해인이 묻혀 있다고 한다.

교통 안내

1) 부산→의령→삼가→합천

2) 창원→의령→삼가→합천

3) 진주→대의→삼가→합천

4) 대구→88 고속도로→해인사 I.C

5) 전남 남원→함양→거창

●하늘에서 떨어진 쌀궤

삼가면 외토리

삼가면 외토리 용호정 앞뜰에 효자비가 있는데, 이것은 부부가 효성이 지극한 나머지 천지신명이 감동하여 쌀 궤짝을 내려 주었다고 하며, 그것을 기리기 위해 이곳 사람들이 비를 세워 후일에 남겼다고 한다.

고려 공민왕 때 이온(李蒕)선생 부부가 외동에서 극빈하게 살았다. 노쇠한 부모님에게 밥을 지어 드리려고 양식을 구해도 구할 수가 없어 한탄을 하고 있을 때 마침 밭에 있던 소가 똥을 누는데 김이 모락모락한 똥에서 아직 소화가 안 되어 그대로 나온 보리쌀이 있었다. 그는 소똥에서 나온 보리쌀을 수십 번을 씻고 또 씻어서 부모님께 눈물로 밥을 지어 올렸다.

오후에 남의 집 모심기 품팔이를 하고 있는데, 갑자기 하늘에서 뇌성이 일더니 무지개가 서는 것이 아닌가. 기이한 일이라고 생각한 일꾼들이 하늘을 처다보는데 하늘에서 궤짝 하나가 땅에 떨어졌다.

일꾼들이 달려들어 궤짝을 열어보려고 애를 써도 열리지 않는데, 이 부부가 궤짝에 손을 대니 열리는 것이 아닌가. 열어 보니 궤짝 안에는 백미가 가득들어 있었다.

사람들은 하늘이 효자를 생각해서 도운 것이라 여기고 이 부부에게 궤짝을 주었다. 이들은 크게 기뻐하며 하늘에 감사를 드리고 이후부터 밥을 배불리 먹게 되었는데, 어느 날 이웃 사람이 쌀이 떨어져 빌리러 와서 쌀을 퍼주었더니 이후부터는 궤짝이 사라지고 말았다고 한다.

밀양시

● 호박소 이무기

밀양군 단장면

단장면의 한 골짜기에 시례 호박소라는 연못이 있는데, 그 연못에 용이 한 마리 들었다는 유래가 있다.

옛날 그 골짜기에 이미기(이무기)라는 사람이 살고 있었다. 그가 어떤 선생 밑에서 수학했는데 어찌나 영특한지 하나를 가르치면 열을 알 정도였다.

하루는 제자가 저녁에 "오줌 누러 잠시 나갔다 오겠습니다." 하자 스승은 허락하고 먼저 잠자리에 들었다. 그러나 도중에 깨어 일어나 보니 아직도 제자는 돌아와 있지 않았다.

이런 일이 그 이튿날에도 또 일어나서 선생은 참 이상하다고 생각하고 뒤를 밟아보기로 하였다. 사흘째 되는 날 밤 1시 경에 몰래 뒤를 밟아보니 마을에 있는 연못으로 가 물 속에서 노는 것이었다.

선생이 유심히 살피니 분명 그 제자는 사람이 아니고 이무기였다. 그가 한참 물 속에서 놀다가 나와서 다시 둔갑하여 사람으로 되돌아오자, 선생은 급히 돌아와 자는 척하였다.

얼마 후에 제자가 돌아와서 슬그머니 옆에 누워 자는데, 선생이 몸을 만져보니 매우 싸늘하였다. 그때 마침 마을에 비가 오지 않아 무척 가물었는데, 선생은 옛말에 '사람이 용이 되면 가문다'는 말이 있어 아마도 그 제자 때문이 아닌가 의심하였다.

마을 사람들이 선생에게 찾아와, "비가 오게 할 수 있는 방법이 없겠습니까?" 하고 간청하자 선생은 제자를 불러서 "얘야, 백성들이 가뭄에 시달리고 있는데 네가 무슨 재주가 있는지 밝히지 않아도 되니 비만 내리게 해다오." 하고 계속 제자를 재촉하였다.

선생의 간청에 못 이겨 마침내 승낙하고 붓글씨를 쓰다가 먹을 손가락에 찍어 하늘에 튕기자 먹비가 막 쏟아지는 것이었다.

그런데 사실 이 제자는 옥황상제가 5년간 수양하라는 명을 내린 이무기였다. 그 이무기가 명을 어기고 비를 내리게 하자 옥황상제는 저승사자를 내려보냈다.

하늘에서 뇌성벽력이 치며 선생 앞에 저승사자가 나타나, "여기 이미기라는 사람이 있느냐?" 하고 묻자 이미기는 선생 뒤에 숨어 벌벌 떨고 있었다. 선생은 순간적으로 기지를 발휘하여 "예, 뒷산에 이미기라는 나무가 있습니다." 하고 대답하니 갑자기 그 나무에 벼락이 내리쳤다. 그리고 다시 날씨가 맑아지는 것이었다.

이미기는 선생의 기지로 목숨을 구할 수 있었다. 그 후 아무도 이미기를 보지 못했는데, 아마 등천을 못해서 자주 가던 시례 호박소로 들어간 것이 아닌가 하고 추측해 본다.

교통 안내
밀양 시외버스터미널 → 남명행이나 얼음골행 버스 → 얼음골 하차
07:00~19:40분까지 30분 간격으로 운행

● 아랑각, 아랑의 한이 서린 흰나비

밀양시 내일동
약 400년 전 조선 명종 때 밀양부사의 딸인 매우 아름다운 아랑낭자가 있었다. 부사집의 관노인 주가라는 사람이 아랑낭자를 짝사랑하여 기회를 엿보았는데, 아랑낭자가 혼자 달빛을 구경하고 있자 욕을 보이려고 덤벼들었다.

아랑이 죽을 힘을 다해 반항하니 관노는 아랑낭자를 살해하고 영남루 아래 대밭에 묻어 버렸다. 갑자기 딸의 행방이 묘연하자 부사는 오랫동안 슬픔에 잠겨 있다가 벼슬을 버리고 어디론가 떠나 버렸다.

그 후 밀양에 부사로 부임해 오는 사람마다 그 다음날 시체로 발견되곤 하여 아무도 밀양에 부사로 부임하려 들지 않았다.

담이 크고 지혜가 많은 '이상사' 라는 젊은 사람이 부사로 부임을 하게 되었다. 이 부사는 관청에서 하룻밤을 보내고 있는데 자정쯤 되었을 때 머리를 산발한 처녀귀신이 나타나서 부사에게 절을 하니, 담력이 큰 부사는 귀신을 크게 꾸짖었다. 처녀귀신은, "저의 억울한 한을 풀어 주소서." 하였다.

새로운 부사마다 죽었던 것은 부사가 부임할 때마다 억울함을 하소연하려고 나타난 아랑의 혼령을 보고 놀라서였던 것이다. 사연을 들은 이 부사는 억울한 처녀의 한을 풀어 주기로 약속하였다.

"내일 모든 관속들이 모이면 저는 흰나비가 되어 어떤 사람의 어깨에 앉을 터인데 그가 범인이옵니다." 라고 알려주었다.

다음날 모든 관속들을 불러모으니 과연 흰나비 한 마리가 어느 관노의 머리에 앉았다. 이를 본 부사는, "당장 저놈을 끌고 오도록 하라." 하였고, 끌려온 관노에게서 죄상을 고백 받았다.

부사는 그 관노를 참형에 처하고 아랑의 시체를 찾아내어 그를 위한 각을 세워 영혼을 위로했다. 그 후로는 아랑귀신이 나타나지 않았다고 한다. 지금도 아랑이 죽은 음력 4월16일에 제사를 지내고 있으며 대숲 속에는 아랑의 시체를 발견한 자리에 '아랑유지' 라고 쓴 비석이 남아 있다.

●땀을 흘리는 표충비(사명당비)

밀양시 무안면 무안리

밀양시 무안면 홍제사 경내의 사명당 송운대사를 기리기 위해 세운 비각이다.

나라에 큰일이 있을 때마다 비신에서 땀이 흘렀다는 말이 있어 유명하며 높이 2.7m, 폭 960m, 두

께 54.5cm의 비각이다. 이 비각의 땀과 관련된 이야기로 인해 사명대사의 충
의 정신이 죽어서까지 나타나 신통함을 보인다고 하며 남명리 얼음골과 함께
밀양의 불가사의 가운데 하나로 일컬어진다. 1999년 3월 26일에 사상 최대의
땀을 흘렸다고 한다.

교통 안내

밀양시→영산 방향으로 약 15km→무안면 무안리→표충비

● 용바위의 아기장수와 용마의 한

밀양시 산외면 희곡리

용산에 용바위라고 하는 커다란 바위가 있는데, 옛날에 그곳에서 용마가 나
왔다고 한다.

옛날 희곡리의 아낙이 사내아이를 낳았다. 며칠 후 아낙은 아이를 혼자 집에
놓아두고 일을 나갔다가 집에 돌아와 보니 놀랍게도 아이는 날아다니다가 방
안의 천장에 붙어 있었다.

이 사실을 안 남편은 장차 큰 임금이 될 거라고 기뻐했으나 관가에서 이 소문
을 알게 되면 온 가족이 몰살당할까 우려하여 결국 관가에서 알기 전에 아이를
손수 죽이기로 결심했다.

그리하여 아이의 부모는 아이를 기름틀에 나락 석 섬을 올려 눌러놓고 돌을
매달아 놓으니 아이의 숨이 끊어졌다.

그런데 바로 그 순간 용산의 용바위가 요란한 소리와 함께 좌우로 갈라지더
니 그 속에서 용마 한 마리가 뛰쳐나왔다.

용마는 하늘로 높이 날아 울부짖더니 소에 빠져 죽어 버렸다. 이는 아이가 크
면 나타날 용마였는데, 그만 장래 주인이 죽고 말았으니 용마도 스스로 목숨을
끊은 것이다.

지금도 비가 오려고 날이 흐리면, 용바위에서 뻘건 핏물이 배여 나온다고
한다.

창녕군

● 위장병, 버짐병 환자에게 좋은 영산약수터

창녕군 영산면 교리

영산면의 만년교(보물 564호)를 지나 영산천변을 따라 500m가량 올라가면 약수터로 이어지는 작약교가 있다. 작약교에서 함박산 정상을 향하여 400m쯤 가면 약수터가 있는데, 이 약수터는 신라 경적왕 때 효성이 지극한 나무꾼에 의해 발견되었다는 내용이 동국여지승람에 기록되었다.

유명한 약수터로 일명 함박산 약수터라 불리기도 하는데, 이 약수로 세수하면 버짐이 없어지고, 마시면 만성위장병이 낫는다 하여 많은 사람들이 찾는다.

교통 안내

부곡에서 군내버스가 영산까지 수시로 다닌다.

의령군

● 자굴산(897m)의 금지샘

경남 의령군 가례, 칠곡, 애의면

자굴산은 의령군 서쪽 지역에 자리잡고 있는 의령군의 진산으로, 합천군과 경계를 이루고 있다. 이 산을 오르는 길의 압권은 정상에 서서 바라보면 사방으로 트인 시원한 전망이다. 또한 손끝에 금방이라도 잡힐 듯한 지리산의 웅장한 모습이 더더욱 신비스럽게 보인다.

자굴산 중턱에는 옛날 신선이 경관에 반하여 풍류를 즐겼다는 강선암이 있으며, 바로 옆에는 깎아지른 듯한 절벽 밑에 약 3m 깊이의 동굴이 뚫려 있는데 이 동굴 안에는 천연수가 고여 있는 전설의 금지샘이 있다. 샘물은 늘 조금씩 흐른다.

이 샘 위쪽으로 명경대가 있고 금지샘 옆의 절벽 사이로 난 길을 오르면 정상 남릉이 나타난다. 등산은 3시간 정도 소요된다.

등산 코스

1코스 : 칠곡면 내조리→정상

2코스 : 가례면 갑을리→정상

3코스 : 대의면 신전리→정상

교통 안내

의령군 의령읍에서 승용차로 10분 소요

●자굴산의 금지샘

이 동굴 속에는 예로부터 금지샘이라는 물이 있는데, 보기에는 조그마한 웅덩이에 물이 조금 고여 있다. 그런데 한 바가지만 퍼내도 금방 바닥이 드러날 것만 같은데 아무리 퍼내도 마르지 않는다고 한다. 뿐만 아니라 아무리 홍수가 져도 이 물은 절대로 그 이상은 넘치지 않는다고 한다.

병자호란 때, 몽고군들이 이곳에 와서 샘을 보고 말에게 물을 먹이려고 한 바가지를 퍼내니 샘물이 금방 말라 버려 더 이상 물이 나오지 않았다고 한다. 그래서 후일 이 지방 사람들은 이 샘을 신령스럽게 여기게 되었다고 한다. 이 샘은 수량이 적어 식수로 사용하기에는 충분치 않다.

영산시

● 통도사의 3대 신비

자장이 당나라에서 돌아와 통도사를 지으려고 할 때 연못가에 자리를 잡게 되었는데, 그 연못에는 아홉 마리의 용이 살고 있었다. 자장은 독경을 외워 용

을 물리치고자 하였으나 용들이 불응하므로 법력으로 용들과 격투를 벌이게
되었다. 이때 세 마리의 용은 달아나다가 바위에 부딪혀 피를 토하고 죽었는
데, 이 바위를 용혈암(龍血巖)이라 부르게 되었다. 또한 다섯 마리는 영취산 골
짜기 아래로 떨어져 죽었으므로 이곳을 오룡곡(五龍谷)이라 불렀다. 그리고
나머지는 연못에 남아 절터를 지키게 하고 그 연못을 구룡신지라 하였다.

신비 1) 통도사의 금개구리

1,400년 전 자장율사가 이곳에서 처음 수도할 때, 공양미를 씻으러 우물가에
가니 개구리 한 쌍이 우물 속에서 흙탕물을 일으키며 헤엄치고 놀고 있었다.
그것을 잡아서 다른 데로 보냈는데 다시 우물물에 나타나 노는 것이었다.

그 개구리를 잡아서 자세히 보니 입과 눈가에는 금줄이 선명하고 등에는 거
북 모양의 점이 있어 보통 개구리가 아님을 깨닫고 곧장 절로 돌아왔다. 그리
고 절 뒤 절벽에 신통력을 부려 손가락으로 직경 2cm, 깊이 약 10cm의 구멍을
뚫었다. 그리고 그 안에 개구리를 넣고 언제까지나 죽지 말고 영원토록 자장암
을 지키라며 '금와' 라 부르니 지금까지 죽지 않고 살아 있다고 한다.

신비 2) 통도사의 금강계단 사리함

금강계단 사리함의 영리함은 누구나 사리를 처음 공양할 때부터 알게 된다.
사리함을 열면 법신의 향기가 산 내에 퍼져 여러 날 향기가 난다. 또 사람에
따라 사리가 보이기도 하고 안 보이기도 하며, 밝게 빛나기도 하고 순금색 또
는 순옥색으로 보이기도 한다. 또는 반은 금, 반은 옥으로 크게도 보이고 작게
도 보인다고 한다.

또한 친견할 때면 맑은 하늘에 금방 비가 내리기도 하고 금방 개이기도 하며
사람들이 친견하고자 동구로 들어오면 금강 계단의 석종 위에 오색광명이 비
쳐 동네의 산과 골짜기를 밝혀준다고 한다. 향과 초로 부지런히 공양하고 정진
수도하면 계단의 반상에 가는 모래알처럼 변신사리가 무수히 나타난다고도
한다.

몸과 마음이 부정한 자가 그 주위에 나타나면 그 사람만 비위가 상하는 고약
한 냄새가 나서 곧 광란하며 미친 사람처럼 된다고 한다. 또 금강계단 부도 석
종위 여의주석의 구룡반석 아래 움푹 파인 곳에는 항상 물이 가득 차 있고, 그
가운데 푸른 달팽이가 항상 붙어 있는데 석종을 들 때면 어디론가 사라졌다가

사람들이 떠나가면 다시 나타난다고 한다. 금강계단 위로는 일체 날짐승들이 날지 않고 그 주변에서는 시끄럽게 하지도 않으며 똥과 오줌을 누지 않는다고 한다.

그럼 실제로 금강계단을 열어본 사람을 소개한다.

고려 때 지방장관 두 사람이 각각 금강계단에 예를 하고, 돌 뚜껑을 들고 사리함을 열었는데, 첫번째 사람은 긴 구렁이가 함 속에 있는 것을 보았고. 두번째 사람은 큰 두꺼비가 쪼그리고 있는 것을 보았다.

그 후부터 감히 뚜껑을 열지 못하였는데 고려 고종의 명을 받은 장군 김이생과 유시랑이 절에 와서 예를 하고 뚜껑을 열고자 하니 스님이 두 장수에게 지난날의 얘기를 하며 군사에게 시켜 돌 뚜껑을 열게 하였다. 그 속을 보니 작은 돌함과 돌함 속에 유리통이 들어 있는데 통 속에 불사리 네 과가 있어, 모두가 경배하고 유시랑이 수정함을 기부하여 함께 간수하였다.

옛날 기록에 보면 자장율사가 당나라에서 불사리 백 과를 모셔 왔는데, 현재는 네 과만 확인될 뿐 나머지는 어디에 묻었는지 알 수가 없다.

신비 3) 통도사의 부처님 가사

가사라는 것은 출가 스님들의 법복이다. 원래 출가 스님들은 세 가지의 옷과 탁발용 바리 하나 외에는 아무것도 소유하지 못하게 규정되어 있다.

고려 광종임금은 불심이 두터웠는데 통도사에 부처님의 가사가 있다는 말을 듣고 친히 친견하고자 중신들과 의논을 하니, 신하들은 왕이 궁을 비우면 곤란하니 직접 절에 가서 불사가를 가져와 왕께 보여드리고자 하였다.

임무를 맡은 대신 채경종이 교지를 받들어 절에 가서 예불을 하고 봉함을 받들어 궁에 돌아왔다. 그런데 임금이 불전에 서원하고 봉함을 열어보니 함 속에는 아무것도 들어 있지 않았다. 크게 노한 임금은 채경종을 유배시키고 말았다. 그러나 신하들은 이 봉함이 부처님의 가사가 들어 있는 함이라며 간곡히 말했다. 임금은 17일을 참회 정진한 후 다시 함을 열어보니 그 안에는 큰 뱀이 들어 있었다.

다시 17일을 참회 정진하니 꿈에 스님이 나타나, 이곳에 있을 곳이 아니므로 통도사를 떠나지 아니 했노라 하여 임금이 크게 놀라며 참회하고 다시 절에 돌려보냈다. 절에 도착한 신하가 그 봉함을 열어보니 다시 가사가 들어 있었다고 한다.

법의(法衣)

승려가 입는 의복으로 가사라고도 한다. 대의에 해당하는 승가리, 상의에 해당하는 울타라승, 내의에 해당하는 안타회를 삼의라고 하며 승기지와 군의를 합하여 오의라고 한다.

1) 대의(大衣)

불상 중에서 여래의 제일 겉에 입는 옷. 양어깨를 모두 덮는 통견과 오른쪽 어깨를 드러낸 채 법의를 왼쪽 어깨에서 겨드랑이로 걸치는 우견편단 방식이 있다.

2) 승지지(僧祇支)

불상의 왼쪽 어깨에서 오른쪽 겨드랑이로 걸쳤을 때 드러나는 속옷이다.

3) 군의(裙衣)

허리에서 무릎 아래를 덮는 긴치마 모양의 옷이다.

4) 천의(天衣)

보살이나 천인이 입는 얇은 옷으로 무봉의(無縫衣)라고 한다.

등산 코스

1) 취서산(통도사 뒷산) : 신평→통도사→극락암→비로암 입구→백운암→능선 갈림길→주봉→정상(10.7km)

2) 천성산(내원사 계곡) : 용연→매표소→내원사→정상→법수원→백동(12Km)

교통 안내

1) 35번 국도 : 양산읍→13Km→내원사→7Km→통도사→10Km→언양

2) 경부고속도로 : 부산→30.7Km→통도사 I.C→37.6km→경주 I.C

● 내원사, 이곳에 칩이 없는 이유는?

해발 812m의 천성산 계곡에 자리잡은 이 절은 비구니의 수도처이다.

신라 문무왕 13년(서기 673년)에 원효대사가 동래군 불광산에 척판암을 짓고 수도하던 중, 천리안으로 보니 당나라 태화사 절에 1천 명의 스님이 장마로 인해 산사태가 나서 다 죽게 되어 있었다. 그런데 모르고 기도만 하고 있어 원효는 큰 판자에 '효적판구중 해동원효' 라 써서 하늘에 던졌다. 그 판자가 태화사 마당을 날아다니자 놀란 스님들이 모두 나와 판자를 바라보는 순간 산이 무너져 그 절이 매몰되었다고 한다.

위기를 면한 스님들이 그 판자를 보니 해동 원효스님이 자기들을 구해 주었

는지라 1천 명의 스님이 모두 신라에 들어와 원효스님을 찾으니, 원효대사가 그들이 머무를 곳을 구하여 이곳(양산군 하북면 용연리)에 이를 때 산신이 마중 나와 원효를 인도하여 현재 절 자리에 모셨다. 대사는 원효산에 원효암, 천성산 계곡에 내원암 등 89개의 암자를 짓고 이들을 분산 수도하게 하였다.

그런데 계곡이 깊고 험하여 급한 연락을 하기가 힘든지라, 내원사 계곡에 큰 북을 달아 신호를 보내 식사 때와 새벽 예불 시간을 알려주고 집회시간을 조정하였다고 한다.

그해 여름, 북을 치고 내려왔는데 스님들이 늦게 도착하여 그 까닭을 물어본즉, 골짜기마다 칡넝쿨이 많아 시간이 걸린다고 하였다. 원효대사는 즉석에서 계곡의 칡넝쿨을 없애겠다며 좌선의 자세로 법력을 발휘하기 시작했다. 반신반의하는 스님들에게, "이제는 칡넝쿨이 없어졌으니 법화에 늦지 말라." 하고는 법당으로 들어갔다.

스님들이 혹시나 하여 칡넝쿨이 많이 우거졌던 곳에 가보니 버석버석하며 모두 말라죽어 있었다. 그 후 뿌리까지 말라죽어 지금까지도 칡이 나지 않아 유일하게 칡이 없는 산으로 알려졌다. 이곳을 찾는 관광객들이 칡을 찾아 헤매도 전혀 발견할 수가 없다고 한다. 1천 명이 이곳에서 득도하였다 하여 천성산이라 부르게 되었다.

교통 안내

남해 고속국도 진주 I.C에서 진주 시내로 진입한 뒤 3번 국도를 이용한다. 신안면 하정리의 단성교 앞에서 좌회전하여 단성교를 건너 20번 국도를 16.7Km쯤 따라가면 사천버스 정류장 앞 삼거리 입구이다. 여기서 우회전하여 지방도를 이용 7.6Km쯤 북상한 뒤 왼쪽 길로 2.3Km를 더 가면 대원사 입구이다.

진주나 산청에서 대원사행, 홍계행 버스 이용, 40Km.

고성군

● 황소바위, 꼬리바위 쪽을 한번 두들겨 보라

고성군 개천면 북평리

옥천사 입구에는 백령암 혹은 황소바위라고 불리는 커다란 바위가 있다.

지금으로부터 60여 년 전 이 바위가 주행에 방해된다고 하여 이 바위를 정으로 깨어 제거시키기로 하였다. 이 일이 결정되는 날 밤, 이 일을 맡은 석공의 꿈에 황소 한 마리가 송아지를 데리고 나타나서 피를 마구 흘리는 것이었다.

이러한 불길한 꿈을 꾼 석공은 마음이 내키지 않았으나 일본인의 강압에 못이겨 황소바위에 정을 대고 찍어내자 바위에서 시뻘건 피가 쏟아져 나왔다. 그러자 일본인과 석공은 혼비백산하여 도주해 버렸는데, 상한 자리는 1주일이 가도 아물지 않고 계속 붉은 피가 흘러 내렸다고 한다.

그 후부터 이 황소바위의 신령스러움이 널리 알려졌으며 황소의 꼬리처럼 보이는 이 바위의 뒤쪽을 두드리면 마치 속이 빈 철관을 두드리는 것처럼 텅 빈 소리가 울린다고 한다.

등산 코스

1) 예성리→옥천사→성고개→오도로(4.2km, 2시간 소요)

2) 예성리→백련암→옥천사→연화산(4.7km, 2시간 30분 소요)

교통 안내

1) 고성에서 마산행 버스로 배둔 하차(5분 간격 운행)

2) 고성에서 개천행 버스 이용(2시간 간격 운행)

3) 진주에서 연화산에 있는 옥천사까지 시외버스 1시간 간격으로 운행, 1시간 소요

진주시

●진주성(사적 제118호)

진주성은 백제 때의 거열성(居列城)터였다고 하지만, 언제 쌓은 것인지 정확한 고증이 없어 알 수 없고, 『신증동국여지승람』등의 사료에 의하면 고려말 우왕 3년(1377년)에 왜구의 침입을 방어할 목적으로 성을 고쳐 쌓았다고 전해진다.

이곳은 임진왜란 때 호남으로 진출하려는 왜적을 막아내는 군사적으로 중요한 관문의 역할을 하기도 했으며 임진왜란 3대첩의 하나이다.

진주성 안에는 의기사(義妓祠), 쌍충사적비(雙忠事蹟碑), 김시민 장군 전공비와 촉석정충단비(矗石旌忠壇碑)가 나란히 서 있는 정충단(旌忠壇), 북장대(北將臺), 서장대(西將臺), 영남포정사문루(嶺南布政司門樓), 창렬사(彰烈祠), 호국사(護國寺) 등의 유적들이 있으며, 이 일대가 사적 제118호로 지정되어 있다. 진주성은 6·25때 소실된 것을 복원하기 위해 현대기술로 새로 축성했는데 옛 그대로의 모습은 볼 수 없으며, 이 성이 갖고 있는 진정한 모습이 사라졌다는 점은 실로 안타깝다.

● 촉석루와 논개의 충절

남강가 벼랑 위에 장엄하게 솟아 있는 촉석루는 남강을 굽어보며 서 있으며 남원 광한루, 밀양 영남루와 함께 우리나라 3대 누각으로 유명하다.

현재 건물은 6·25 전쟁 때 완전히 파괴된 것을 1959년 원형대로 복원한 것이다.

이 누각은 고려 공민왕 14년(1365년)에 세워져 일곱 번의 중수를 거쳤으며 진주성의 남장대(南將臺), 장원루(壯元樓)라고도 하였다. 전쟁 때는 지휘본부로, 평화로운 때에는 과거를 치르는 시험장으로 사용했다고 한다.

2차 진주성 전투에서 진주성이 밀려드는 왜적들에게 마침내 함락을 당하자 이곳 촉석루에서 왜적들이 승리를 자축하는 자축연을 열었다. 이때 관기였던 논개가 적장을 유인하여 죽일 것을 결심하고 곱게 치장하고 미리 열 손가락에 가락지를 낀 후 연회장으로 나와 왜장 에야무라 로쿠스케(毛谷村六助)를 껴안고 원래 위암(危岩)이라 불리는 이 바위에서 남강에 몸을 던져 적장과 함께 목숨을 버린 의로운 일을 하였다.

촉석루 바로 앞 절벽 아래에 떠 있는 바위가 바로 논개가 왜장을 껴안고 뛰어들었던 바위인데, 후에 논개의 의로운 충절을 기리기 위해 의암(義岩)으로 고쳐 불렀다.

이 의암이 조금씩 움직여서 촉석루 쪽 절벽에 들러붙기도 하고 떨어지기도 한다는데, 절벽에 닿으면 큰 재앙이 일어난다는 전설이 있다.

●진주성의 운돌[鳴石]

진주시 남성동, 본성동

고려말 왜군의 침략에 대비하여 진주성을 석성으로 개축하였는데, 그 역사에 가담했던 스님이 명석면 동전리(東田里)를 지나다가 암수 두 개의 큰돌이 걸어오는 것을 보았다. 그래서 어디로 가느냐고 물었더니 진주성의 돌이 되고자 하여 가는 길이라고 하였다.

이에 스님이 진주성의 역사는 이미 끝났다고 말하자, 돌들은 그 자리에 우뚝 서서 눈물을 흘리며 통곡을 했다고 한다. 감동한 스님은, "보국충석(輔國忠石)이여." 하며 아홉 번 절을 하였고, 이후 주민들은 명석각(鳴石閣)을 지어 두 돌을 모셔두었다. 매년 3월 삼짇날에 제사를 지냈다고 한다.

거창군

● 느티나무 귀신

남상면 춘전리 모동마을 앞

모동마을 앞에 수백 년이나 되는 느티나무 한 그루가 우뚝 서 있다.

모동마을에 부자가 살고 있었는데, 그에게는 딸이 하나 있었다. 그 딸이 나이가 들어 양반집 신랑을 맞이해서 혼례식을 올리던 날, 인근 마을에서 많은 축하객이 몰려들었다.

그날은 몹시 추운 날이었다. 이날 문둥이들도 어울려서 부잣집의 잔치 음식을 얻어먹기 위해 이 집을 찾았다. 그러나 문둥이들은 잔치 음식은커녕 매만 흠씬 맞고 쫓겨나 주린 창자를 움켜쥐고는 잘 곳이 없어 땅이 꽁꽁 얼어붙는 날씨인데도 어쩔 수 없이 느티나무 밑에서 하루저녁을 보내게 되었다.

이 문둥이들은 너무나 날씨가 추워 이곳저곳에서 나무를 구해다 불을 피워놓고 잤다. 그런데 그 불이 나무에 붙어서 문둥이들은 불길에 모두 타서 죽고 말았고, 그 나무의 한 가운데에는 큰 구멍이 뚫려 버렸다.

그런데 이상한 것은 결혼한 색시가 다음날부터 시름시름 앓기 시작하더니 온갖 약을 다 써도 효과가 없고 병은 더 위중해지기만 했다.

어느 날 이곳을 지나던 도사가 그 집에 들르게 되어 이 이야기를 듣고 색시의 부모에게 말했다.

"원통하게 죽은 문둥이 귀신들이 느티나무에 붙어서 앙갚음을 하느라고 그러니 진수성찬을 차려놓고 문둥이들의 혼을 위로해 주시오."

색시 부모는 내키지는 않았으나 딸의 병이 워낙 중한지라, 도사가 시키는 대로 느티나무에 음식을 차려놓고 빌었더니 과연 색시의 병이 깨끗하게 나았다. 그 이후 위중한 병자가 있을 때 이곳에다 성찬을 차려놓고 기원하면 병이 완쾌되었다고 한다.

거제시

● 아주리 마을의 은혜 갚은 두꺼비

거제시 장승포읍 아주리

아주리는 옛날 거제의 세 현 중 하나가 있던 곳이다.

이 고을에 원님이 부임할 때마다 하룻밤만 자고 나면 비명횡사를 하곤 했다.

새로 마을에 부임한 원님도 그 괴이한 소문을 알고, "괴이한 일이로고. 도대체 무슨 변이란 말인가?" 하고 안절부절못하고 있는데 "사또, 무슨 괴변인지 그 연유를 찾아내기 위해서 처녀를 하룻밤 지내게 하는 것이 어떨깝쇼?" 하고 관속이 말했다.

"그것 참, 좋은 생각이로고. 하지만 어떻게 처녀를 구할 수 있겠는가?"

"그 점은 염려 놓으십시오. 이렇게 하면 어떨런지요?"

관속이 사또의 귀에다 대고 속닥거리자 금세 사또의 표정이 밝아지면서, "옳지, 그러면 되겠군. 핫핫." 하였다.

그래서 이 마을에서 몹시 가난하게 살아가는 처녀에게 돈을 주어 원님이 자는 방에 넣어 하루를 보내게 했다.

이윽고 달이 차고 으슥한 밤이 되자 혼자 방에 있던 처녀는 무서움에 몸을 벌벌 떨고 있었다. 그때 방문에서 '탁탁' 하는 소리가 들려 열어보니 큰 두꺼비가 문앞에 와 있었다.

"아니, 바로 너였구나."

바로 이 두꺼비는 처녀가 남의 일을 하면서 부엌에서 밥을 먹으려 할 때 밥을 한 숟가락씩 떠먹였던 그 두꺼비였다. 그때 끼니마다 밥을 얻어먹은 두꺼비가 이제는 큰 개만한 몸집으로 자랐던 것이다. 처녀는 무섭던 참이라 잘됐다 싶어 두꺼비를 방안으로 데리고 들어왔다.

처녀는 한참 앉아 있으려니 가슴이 답답해지고 숨이 막혀와 밖으로 나가 시원한 바람을 쐬었다. 다시 정신이 맑아지자 방문을 열어보니 두꺼비가 죽어 있었다.

'이상하다. 멀쩡하던 두꺼비가 죽다니!'

생각하면서 천장을 보니 몸통이 한 아름이나 됨직한 큰 지네가 대들보에 걸려 역시 죽어 있었다. 지네와 두꺼비가 서로 독을 뿜어서 둘 다 죽었던 것이다. 그러니까 지네가 뿜어내는 독 때문에 원님들이 죽었던 것이다.

다음 날 아침에 고을 사람들이 어찌 되었나 보려고 갔더니 처녀는 살아 있고 두꺼비와 지네가 죽어 있었다. 그래서 그 까닭을 물으니 처녀는 지금까지의 사연을 소상히 설명하였다. 사람들은 두꺼비를 후히 장사 지내 주었다.

그런데 지네를 어떻게 처리하느냐가 문제였다. 이 커다란 독지네를 산에 버리면 독 때문에 농사짓는 데 해가 될까 염려스럽고, 바닷가에 버리면 고기 잡는 데 해가 될 것 같아 고을 사람들은 지네를 끓는 참기름 솥에 넣어 튀겨서 고을 앞 바다로 멀리 나가서 버렸다고 한다. 관가에서는 그 처녀에게 후한 상을 내려주었고 후에 그녀가 죽자, 그 여인의 넋을 사당에 모시고 그 이름을 '아주당'이라 했다.

그런데 오랜 세월이 지난 오늘날에도 봄이 되면 간혹 그 지네를 버린 먼바다에서 아주 마을 앞으로 시퍼런 물줄기가 뻗쳐온다고 한다. 이렇게 지네의 독이 아주 마을 해변으로 들어올 때에 조개나 굴을 따서 먹으면 독이 있어서 병에 걸리거나 심하면 죽기까지 한다고 한다. 그래서 이 시기에 이곳 사람들은 조개잡이를 하지 않는다고 한다.

〈거제도 드라이브 코스〉

첫번째 코스

거제대교→거제→산양→동부면→해금강→학동→신현→거제교

이 길은 거제도의 해안과 내륙의 산간지역을 관통하는 코스이다.

두번째 코스

해금강→학동→구조라→장승포→신현→거제대교

이 길은 거제의 해안을 한 바퀴 완주하는 코스이다.

전라북도편

군산시

●신비의 거울이 있는 상주사 업경대

군산시 서수면 취동리

　복우마을 축성산 동편 기슭에 위치하고 있는 상주사는 창건 연대는 확실하지 않으나 신라 진평왕 28년(606년)에 혜공대사가 창건한 것으로 전한다. 대웅전에는 불상, 불서를 비롯하여 업경대, 위비 등이 있다.

　업경대는 인간이 죽은 후에 염라대왕 앞에 나아가 이 업경대의 거울에 자신의 얼굴을 비추면 현생에서의 죄가 비추어져 그 죄에 따라 심판을 받는다는 것으로 상주사에는 2기가 불단 위에 놓여져 있다.

명부전

일명 지장전, 시왕전, 쌍세전이라고도 한다.

지장보살을 본존으로 하고 협시로 도명존자, 무독귀왕을 배열한다. 그 좌우에 명부시왕상을 배열하고 있다. 그래서 지장이 강조될 때는 지장전이라고 하고 명부시왕이 강조될 때는 명부전이라 한다.

지장보살은 육도 윤회에서 고통받는 일체 중생을 구제하는 일을 서원으로 세우고 있다. 이 보살은 지옥에 들어서 있으며 죄인들은 염라대왕의 업경대 앞에서 지은 죄를 숨김없이 공술해야 한다. 두루말이에 죄목들을 차례로 적어 놓고, 공술이 끝났을 때 업경대에 더 이상의 죄가 비쳐지지 않으면 심문은 완료된다. 죄를 적은 두루말이를 저울에 달아보면 죄가 무거운지 가벼운지가 판가름 난다.

이 과정을 지장보살이 지켜보면서 죄를 변호해 주기도 한다. 지장전에는 지옥에서의 그런 광경들을 그린 십왕원(十王圓)이 있다. 십왕원에 의하면 죽은 사람들은 7일에서 49일까지와 1백 일과 1년, 3년 등 열 차례에 걸쳐 여러 왕 앞에 나아가 재판을 받게 되는데 그런 내용은 십왕도에 묘사되어 있다.

십왕 탱화에는 화폭 아래에서 3분의 1에 이르는 부분에 색구름이 피어오른다. 윗부분에는 책상에 앉은 대왕이 중심에 있고, 구름 아래로는 지옥에서 벌을 받고 있는 장면이 그려져 있다.

김제시

● 금산사, 소원을 들어준다는 미륵전 무쇠덩이

모악산 도립공원 입구에 우뚝 서 있는 금산사는 백제 법왕 원년(599년)에 창건되고, 776년에 진표율사가 고쳐 지어 대가람의 면모를 갖추게 되었다. 경내에는 국보 제62호로 지정된 미륵전을 비롯하여 지정문화재 10여 점이 있으며, 그 외에도 부속건물이 많아 호남 제일의 고찰로 손꼽힌다.

목조로 된 미륵전은 우리 나라에서 하나뿐인 삼층법당으로 내부는 통층으로 되어 있다. 미륵전 미륵보살상은 옥내 입불로서는 세계 최대라고 하며 삼존불 중 가운데 미륵불상이 11.82m, 좌우 불상은 8.8m이나 된다. 국보 24호인 미륵전은 겉모양은 3층이나 내부는 전체가 통한 특이한 건물이다.

견훤이 갇혔다는 미륵불 지하에는 가마솥 모양의 무쇠덩이가 있는데 손을 대고 소원을 빌면 이루어진다는 전설이 전해온다. 후백제의 시조 견훤이 왕위를 넷째아들에게 물려주려고 하자 장남인 신검이 동생을 죽이고 아버지인 견훤을 금산사 미륵전 지하실에 가두어 장사 30명으로 하여금 지키게 하였다. 그러나 3개월 만에 장사들을 유인하여 술을 먹이고 탈출하였다.

견훤은 나주로 가서 고려 왕건에게 항복하고 힘을 빌어 아들 신검을 치니 후백제는 멸망하고 말았다. 견훤은 자기 아비인 아자개와도 화목하지 못하였는데, 부자간의 권력욕으로 혈육끼리 피를 불러 스스로 멸망의 구렁텅이로 빠져드는 실로 부끄러운 역사를 남겼다.

미륵보살(彌勒菩薩)

자씨보살, 일생보처 보살이라고도 한다. 석존의 제자로서 도솔천에 올라가 있으면서 천인을 교화하고 56억 7천만 년 후 세상에 출현, 용화수 아래에서 3회 설법으로 모든 중생을 구제한다는 미래불이다.

등산 코스

1) 주차장→금산사→케이블카→정상→수왕사→대원사→구이(10km, 3시간 30분)

2) 주차장→금산사→케이블카→헬기장→염불암→금선암→중인리(11km, 4시간)

3) 주차장→금산사→청룡사→배재→장근재→헬기장→정상→케이블카→금산사→주차장(12km, 4시간 30분)

교통 안내

전주→712번 지방도로→귀신사 입구→(2.9km)→삼거리(좌회전)→200m 금산사 주차장

(시내버스) 김제→금산사행 20분 간격, 40분 소요

(시내버스) 전주→금산사행 30분 간격, 40분 소요

(좌석버스) 전주→금산사 776, 79-1, 887번

● 눈물 흘리는 영세불망비

부안(죽산) 방면 김제공업사 옆 길가에 서 있는 이 비는 총위사 서희순, 관찰사 홍의석, 어사 유치승, 군수 정세창 등 4인의 영세불망비로, 언제부터인지는 모르나 이 비 앞 도로에서 일어나는 크고 작은 사고를 미리 예견하여 눈물을 흘린다는 신비한 비다.

이 비에는 그동안 흘린 눈물자국이 지금도 선명하게 남아 있다.

교통 안내

김제→죽산, 신평, 종남, 광활(14, 15, 16, 17, 39번)방면→5분 소요

● 진표(陳表)와 용자칠총(龍子七塚)

전주(이서) 방면으로 가다 보면 선인동 마을 입구 노변에 용자칠총의 묘가 있다. 편모를 모시는 진표의 효심에 하늘도 감동했는지 노모를 위해 고기를 잡으려고 나갔다가 낚시에 용녀를 잡게 되었다.

서로 부부의 연을 맺어 살다가 열 달 동안 서로 떨어져 살아야만 인간으로 환생할 수 있다는 약속을 했지만, 진표는 유랑생활 중 용녀와의 약속을 잊고 홀연히 사라지자 용녀가 낳은 어린 용자 일곱 명이 선인동에 묻혔다는 것이다. 아담하고 단정한 일곱 개의 무덤이 전설의 흔적을 잘 말해 주고 있다.

남원시

●황산대첩의 왜장괴인 아지발도의 피바위

아지발도라는 괴인 장수는 18세쯤 되는 사람으로, 엄청난 괴력을 갖고 있는 데다 키는 7척이 넘었으며 전신을 철갑으로 무장한 탓에 활을 맞아도 끄떡없어 아군에게는 공포의 대상이 되고 있었다.

하루는 이성계가 그의 충복인 퉁두란 장군과 아지발도를 없앨 계획을 짜며, "적장의 용맹이 대단하여 우리측 군사들의 피해가 날마다 커질 뿐만 아니라 사기가 꺾여 있으니 근심이로다." 하고 말했다.

"장군, 활을 맞아도 끄떡없으니 사람인지 귀신인지 모르겠습니다. 몸은 온통 철갑으로 무장하고 있어 무슨 수로 죽여야 할지 정말 답답합니다."

"여보게, 이렇게 작전을 짜세. 내가 활을 쏘아 적장의 이마 쪽을 맞추면 적장이 놀라서 입을 벌릴 것이야. 그때 자네가 입을 쏘아 맞추면 적장을 죽일 수 있네."

퉁두란은 무릎을 탁 치며, "형님, 정말 기막힌 전략입니다. 당장 그렇게 하도록 하지요." 하였다.

적장 아지발도가 나타나자 드디어 천하 명궁인 이성계가 활을 당겼다. 바람을 가르고 날아간 화살이 드디어 아지발도의 투구를 맞추었다.

"억!"

투구가 땅에 떨어지자 놀란 아지발도가 입을 벌렸고, 이때를 놓치지 않고 퉁두란의 화살이 바람을 가르고 날아가 여지없이 아지발도의 입을 꿰뚫어 버렸다. 아지발도는 "으악" 하고 외마디 비명을 지르고는 쓰러졌다

순간 검붉은 피가 목에서 폭포처럼 쏟아져 이 바위를 벌겋게 물들였는데, 그가 쏟아낸 피가 지금도 있어 바위를 깨면 붉은빛이 난다고 한다. 이 바위를 피바위라고 한다.

황산대첩비지(사적 제104호)
고려 때 왜구의 노략질이 심하던 중, 남원성 공격에 실패한 왜구들이 운봉현으로 물러나 다시

반격에 나설 계획을 하고 있을 때, 조정에서는 이성계를 도순찰사로 임명, 적의 섬멸작전에 나서게 하였으며 이곳 운봉을 지나 황산의 서북쪽에 이르러 왜구와 충돌하게 되었다. 이때 왜구 장수 아지발도를 죽이고 적을 섬멸하였는데 이 싸움이 황산대첩이며, 이를 기념하기 위해 조선 선조 10년에 황산대첩비지를 세웠다.

교통 안내

1) 남원 시내→24번 국도→운봉읍→함양 방면→2.0km 지점→좌회전→황산대첩비지
2) 운봉 경유, 인월면, 아영, 산내행 시내. 시외버스 이용(남원 22km)

●실상사 범종의 신비

실상사는 828년(신라 흥덕왕 3년)에 창건하였다. 신라 구산선종의 하나이며 지금은 국보 사찰에 지정된 명찰로 동면 인월을 거쳐 지리산 가는 길목에 위치하고 있다.

언제부터인가 실상사가 흥하면 일본이 쇠퇴하고 그와 반대로 일본이 흥하면 실상사가 쇠퇴한다는 전설이 전해지고 있다. 땅의 정기가 지리산 천황봉을 거쳐 일본으로 흘러간다고 하여 4천 근이나 되는 약사불을 봉안했으며 지금은 주춧돌만 남아 있는 5층 목탑을 세워 지맥을 눌러놓았다고 한다. 특히 약사전의 창호에는 무궁화를 문살로 만들어 놓아 호국사찰임을 상징하고 있다.

또한 실상사 인경(종)에 일본 지도를 새겨 놓아 새벽마다 종을 때릴 때에는 반드시 일본 지도를 때렸다고 한다. 이 절이 창건된 이래 지금까지 1,100여 년 동안 지도가 새겨진 일본 땅을 때려온지라 망치가 닿은 부분은 닳고 깎이어 무늬가 희미해졌으나 망치가 맞지 않은 북해도나 구주지방 지도의 무늬는 지금도 선명하게 남아 있다고 한다.

이것은 말할 것도 없이 일본이 흥하면 실상사가 쇠퇴한다는 신념에 따라 일본이 흥하지 못하도록 날마다 그 심장부를 때리는 것이고, 일제시대 때는 일본이 망하기를 마음속으로 기원하면서 일본 지도를 때려 왔다고 한다.

일본인들은 실상사가 흥하면 일본이 쇠퇴한다는 유래를 가볍게 여기지 않고 본 사찰을 음으로 양으로 압박하였다. 그 일례로 종을 때리지 못하도록 엄중히 단속하고 지도가 새겨진 부분에 딱지를 붙여 놓으니 설사 종을 친다 하여도 소리가 우렁차지 못하고 잡음이 섞이어 무딘 소리가 나므로 쓸모가 없게 되었다.

그러다가 8·15 광복을 맞아 일본인이 붙여놓은 딱지를 떼어낸 후 다시 치기

시작하니 소리가 맑아졌다. 신기한 이 종은 보광전에 봉안되어 있으며 무게 8
백 근, 높이 1.3m, 둘레 2m의 큰 종으로 표면에는 4좌의 불상과 용이 새겨져
있고 육자대명왕진언의 글씨가 선명하게 새겨져 있다.

약사불(藥師佛)

질병의 고통에서 구해주는 부처다. 약사유리광여래, 대의왕불이라고도 하며 동방 정유리 세계
에 살면서 12대원을 발하여 중생의 병을 치료하고 수명을 연장해 주는 부처다. 좌우 협시로서
일광, 월광 보살을 권속으로서 12신상이 손에 약그릇을 들고 있다고도 하고 보주를 쥐고 있다
고도 한다.

● 신비의 철제여래좌상(보물 제41호)

실상사 약사전의 철불은 나라에 길흉이 있을 때마다 이를 알리고자 땀을 흘
리는 이적을 보이는 영험한 부처로 알려져 있다.

교통 안내

호남고속도로 고서 분기점→88 올림픽고속도로→지리산 I.C→(8.3km)→실상사 진입로
인월이나 함양에서 마천 또는 백무동행 버스 이용, 실상사 앞에서 하차(2, 30분 간격 운행)

● 변강쇠와 옹녀가 놀았다는 백장암

백장암이란 변강쇠와 옹녀가 놀았다는 곳으로 전해진다.
이곳에는 남녀의 성기 모양을 한 음양바위가 있어 보는 이로 하여금 얼굴이
붉어지게 하는데, 양바위는 남자의 성기가 벌떡 일어나 있는 모양이며 음바위
는 여인의 음부가 촉촉이 젖어 있는 듯한 묘한 뉘앙스를 던져주고 있다. 참으
로 자연이 만들어낸 오묘함이 신비롭기만 하다.
또한 이 계곡에는 금실이 좋지 않은 부부가 이 바위를 긁어 가루를 끓여먹으
면 금실이 좋아진다는 근원바위가 있고, 아이를 점지 받는다는 수태바위가 계
곡의 좌우에 있다.
특히 3개의 소는 무속인들이나 소리꾼들이 치성을 드리기 위해 목욕 재계를
했던 곳으로, 맨 아래 소에서부터 마지막 소까지 차례로 거치면서 목욕을 한
후 근원바위, 음양바위, 수태바위 등에서 치성을 드렸다고 한다. 수태바위에는
초와 향이 늘 피워져 있다.

이곳은 예로부터 기자(祈子) 신앙터로 각광을 받고 있어서인지 계곡 곳곳마다 여자의 한복이 걸려 있고 재물들이 널려 있다. 지금도 많은 무속인들이 신내림을 받기 위해 치성을 드리는 것을 볼 수 있다.

또한 이 계곡은 명창들이 득음을 얻기 위해 소리공부를 했던 곳이며 전국 팔도 장승이 모여 변강쇠에게 벌을 내리는 장승회의를 했다는 전설이 있는데, 변강쇠가 8도의 장승을 한데 모아 불태우자 장승들의 보복으로 죽게 되었다는 8도 장승 조형물과 문화 상징물을 전시하는 쌈지 공원이 있다. 이곳을 남원시에서 새롭게 조성해 놓아 새로운 관광명소로 탈바꿈하였다.

이밖에 계곡 앞 도로변에 있는 남천에는 강쇠바위로 불리는 바위가 있다. 벽장골이란 지명과 함께 변강쇠가 기력을 보충했다는 들독골 등의 지명과 전설이 있는 곳이다. 백장암에는 삼층석탑(국보 제10호), 석등(보물 제40호), 청동은입사 향로(보물 제420호) 등의 문화재가 있다.

신비한 것뿐만 아니라 계곡의 절경이 골마다 스며 있어 휴양지로 추천하고 싶은 곳이다. 백장암은 인월면을 거쳐 지리산 가는 길목의 3km쯤에서 왼쪽으로 걸어서 20분 정도 소요되며 산 능선에 위치해 있다.

국창 송흥록의 변강쇠 타령

송흥록은 12살 때 산내면 백운산에 들어와 머물면서 실상사의 불교 음악 연주자들의 지도를 받았다. 그는 월광선사의 도움을 받아 소리 공부를 하여 10년만에 득음을 이루었는데, 당시 사회를 풍자하는 변강쇠 타령을 만들었다고 전해진다.

변강쇠 타령의 가사는 매우 음탕하다고 하는데, 변강쇠전은 작자 연대 미상의 판소리로 현재 전해지는 작품은 신재효가 정리한 변강쇠가가 유일하다.

정읍시

●장군바위

정읍시 소성면 주동마을

이 마을을 숯골이라 부르며 숯골 남쪽 산밑에 아주 신기한 바위가 하나있는데 이 바위가 장군바위이다.

옛날 어느 장군이 더위에 지친 채 이곳을 지나다가 숲이 우거지고 널찍한 바위와 방죽을 발견하고 이곳에서 목욕을 한 후 옷을 벗은 채로 바위 위에 누웠다. 워낙 피곤한 몸이라 곤히 잠에 빠져들었는데 깨어 보니 해는 이미 서산에 지고 있었다.

그런데 그가 누워 있던 바위에 자신의 몸이 사진처럼 찍혀 패여 있었다.

이 장군바위(세로 3m 40cm, 가로 1m 30cm, 두께 70cm)는 장군이 누워 있던 머리, 팔, 어깨, 등, 갈비뼈, 엉덩이, 두 다리, 고환 등 인체의 부분이 그대로 패여 있는데, 누구든 한번 구경하면 신비로움에 감탄하고야 만다.

이 바위는 위로는 나주 나씨의 선산이며, 아래로는 산으로 둘러싸인 논으로 되어 있고, 조금 내려가면 정읍에서 고창으로 통하는 큰 도로가 있다.

장군바위는 검은 색깔인데 이끼가 많이 끼여 있으며, 바로 밑에는 장군이 목욕을 했다는 방죽이 지금은 자그마한 연못으로 변한 채로 있다.

아쉬운 점은 이 바위가 주변 논밭에 그대로 방치되어 있다는 것이다.

장군이 누웠다는 바위에 알몸으로 30분만 누워 있으면 장군같이 힘이 세어진다는 속설도 있으니 힘 좋은(?) 남자가 되고 싶은 사람들은 한번 가보기를 적극 권한다.

●가래바위, 절세미인의 최후

옛날 갈재 아래에 주막 한 곳이 있었다. 주막 주인인 안씨가 꿈을 꾸었는데 갑자기 가래바위를 오색찬연한 구름이 일더니 미모의 여인이 나타나 절을 하면서, 가래바위의 정기를 받았으므로 몸을 빌려 세상에 태어나고 싶다고 간청했다. 안씨는 이를 허락하여 동침을 하게 되었다.

꿈을 깨고 난 뒤 어느 날 드디어 부인이 딸을 낳았는데, 그 딸이 꿈에 본 여인의 모습과 똑같은 절세미인이었다. 그래서 이름도 '가래'라고 지어 주었다.

아이가 자라면서 그 미모가 인근에 소문이 나면서 이 미인을 한번 보려고 주막에는 날로 많은 객으로 북적거렸고, 가래를 한 번 보고는 혼을 빼앗겨 버린 선비들이 과거를 보러 가던 것도 포기할 정도였다.

이러한 일이 속출하자 관찰사가 이 사실을 조정에 보고하였다. 조정에서는 사악한 여인을 그대로 두었다가는 학식이 많은 선비들이 꾀임에 빠져 인재들을 잃을지도 모르므로 풍기문란을 가져오는 여인을 엄히 다스려야겠다고 생각했다. 관찰사가 목을 치라는 왕명을 받아 가래의 목을 베니 바람소리를 타고 여인의 통곡소리가 들리는 것이 아닌가?

소리를 따라가 보니 가래바위 근처였다. 바위는 사람 모양으로 변해 있었고 한쪽 눈이 일그러져 있었다. 그때부터 사람들은 가래바위에 위령제를 지냈다고 한다.

갈재를 오르는 길의 오른쪽 공터에 전설과 흡사한 바위가 하나 있는데 자세히 보면 한쪽 눈을 찡그리고 있는 사람의 형상을 하고 있다.

교통 안내

내장산 관광호텔 뒤쪽으로 갈재를 오르는 길 오른쪽 공터에 있음.

고창군

● 핏빛바위와 마애장육 불상

내원궁 남쪽의 돌출한 바위를 더듬어 동쪽으로 오르면 만월대와 이 벼랑 밑에 마애장육마애불이 있다. 이 미륵불은 각시바위라고도 부른다는데, 검단대사의 작품이라고 전해진다.

옛날에 불심이 깊은 어느 여인이 운선암에 불공을 드리러 갔다. 그런데 중이 자신의 유방을 만지자 여인은 젖꼭지를 자르고 자살해 버렸다.

그 뒤 중이 그 여인의 명복을 빌기 위해 양춘암이라는 바위에 초상을 새기니 먹구름이 끼면서 젖꼭지가 떨어져 피가 흘러 나왔으며 지금도 여전히 피가 흐르는 것처럼 보인다고 한다.

옛날에 이 미륵불상 뒤에 나무와 쇠못으로 누각을 만들어 공중에 매달았다고 한다. 거대한 누각 속에 불상이 음각되어 있는 것은 매우 드문 일이다. 지금

도 몇 개의 구멍과 쇠못 그리고 재목이 두 군데의 바위구멍에 박혀 있는데 동불
암이라고도 부른다.

이 누각이 무너진 것은 인조 26년(1648년)이다. 불상의 배꼽 부분에 돌문이
있어 복장이라 했고, 이 속에 무엇이 들어 있는가는 오랫동안 수수께끼였다.

손화중과 선운사 도솔암 석불에 얽힌 이야기가 있다.

도솔암 마애불상 배꼽 부분에 담겨 있는 비밀록을 검단대사가 앞일을 내다
보는 예언서를 벼락과 함께 넣고 봉했는데, 조선 중기 때 전라감사 이서구가
꺼내어 첫 장을 여는 순간 뇌성벽력이 일었다.

놀라 황급히 다시 넣고 봉했는데, 언뜻 본 첫 장에 '전라감사 이서구 개탁(여
는 것은 이서구가 한다)' 이라는 글씨가 있었다고 한다.

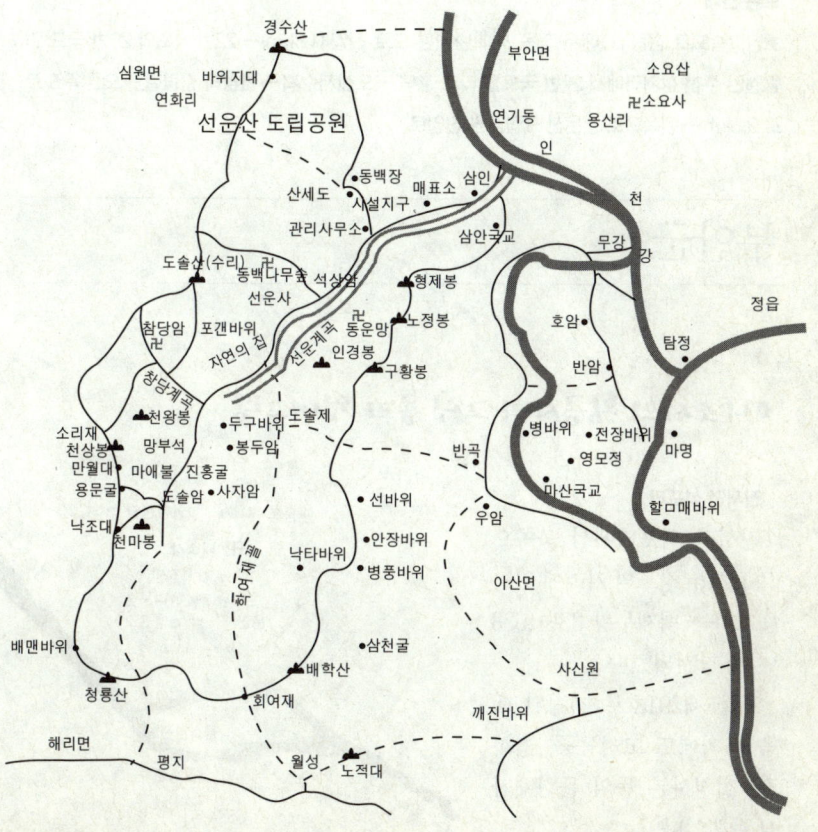

그 후 사람들은 그 주변에 얼씬거리지도 못했는데 손화중이 그 이야기를 듣고 1892년 8월에 청죽 수백 개와 새끼 수천 발을 구하여 석불 앞에 발판을 만들었다. 그리고 석불의 배꼽을 도끼로 부수고 그 속에 있는 것을 꺼냈다고 한다.

선운산 등산 코스

1) 관리소→ 자연의 집→ 낙조대→ 천마봉(4km, 2시간)

2) 중촌마을→ 경수산→ 석상암(3km, 1시간 30분)

3) 석상암→ 수리봉→ 참당암→ 도솔암→ 낙조대→ 천마봉→ 선운사(8km, 4시간)

4) 자연의 집→ 봉수암→ 사자암→ 배맨바위→ 천마봉→ 낙조대→ 도솔암(7km, 3시간 30분)

5) 구암→ 삼천굴→ 비학산→ 희어재→ 도솔재→ 선운사(7km, 3시간 30분)

6) 구암→ 안장바위→ 선바위→ 탕건바위→ 매표소(6km, 3시간)

교통 안내

호남고속도로 정읍 I.C에서 정읍 시내 반대편 도로 진입 (1.8km)→22번 국도와 29번 국도 갈림길인 주천 삼거리에서 22번 국도를 타고 흥덕→오산저수지→반암리 갈림길→오른쪽 도로로 2.8km→왼쪽으로 선운산 도립공원 진입로

부안군

●내소사의 황금새가 그린 용과 선녀그림

진서면 석포리

진서면 석포리에서 북쪽으로 1.2km 정도의 거리에 있는 내소사는 백제무왕 33년(633년)에 창건되었다.

보물 제291호로 지정된 대웅전 외에도 고려동종, 법화경, 절경사본 등의 문화재가 보존돼 있다.

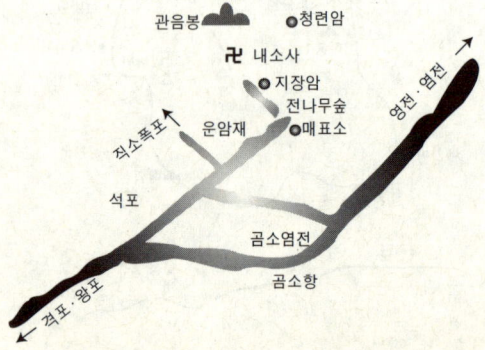

어느 날 청민선사가 선우라는 사미승에게, "일주문 밖에 나가면 도편수가 왔을 테니 모셔오너라." 하여 나가 보니 과연 웬 사람이 일주문에 기대어 잠을 자고 있어, 그를 깨워 안으로 데리고 들어갔다.

다음날부터 도편수는 산에 가서 나무를 베어다가 자르기 시작했는데, 거의 3년 동안 법당은 짓지 않고, 나무를 목침만하게 토막내어 다듬는 것이었다.

심통이 난 사미승은 도편수가 법당은 짓지 않고 허송세월만 보내고 있구나 생각하고 괘씸하게 여겨 몰래 나무토막 하나를 숨겼다.

어느 날 나무 다듬기를 마친 도편수는 나무를 수십 번 세더니 눈물을 흘리며, 자신은 아직 법당을 지을 인연이 먼 것 같다고 말했다. 선사가 무슨 일이냐고 묻자, 재목 하나를 덜 깎았는데 그런 주제에 어찌 법당을 짓겠느냐고 했다.

옆에서 이 말을 듣고 있던 사미승은 깜짝 놀라 감추었던 나무를 내놓고 용서를 빌었다. 도편수는 부정탄 재목은 빼놓고 짓겠다며 하나를 빼고 지었다. 그래서 내소사 대웅전은 당연히 출목이 박혀 있어야 할 자리가 지금도 한 군데 비어 있다.

법당을 짓고 나서 단청을 칠하려고 화공을 불렀는데 화공은, "그림 그리는 1백 일 동안 아무도 법당을 들여다보지 말라."고 단단히 일렀다.

이번에도 사미승은 궁금하여 견딜 수가 없어서 99일째 되는 날 법당 안을 들여다보니 법당 안에 화공은 없고 황금빛 날개를 가진 새 한 마리가 입에 붓을 물고 날아다니며 그림을 그리고 있었다.

사미승이 넋을 잃고 쳐다보고 있자, 인기척에 놀란 새는 날아가 버리고 말았다. 그래서 내소사 법당에는 양쪽에 한 쌍이 그려졌어야 할 용과 선녀 그림이 왼쪽 것만 그려져 있고, 오른쪽 것은 빈칸으로 남아 있다. 그것은 꼭 하루 걸려 그릴 만큼의 빈칸이었다.

전하는 말에 의하면 도편수는 호랑이가 화현한 대호선사이며, 황금빛 새는 관음보살의 화현이었다고 전한다(이와 비슷한 얘기가 상주의 '북장사 괘불'에도 전해져 온다).

관광 코스

석포리→내소사→청련암→세봉

등산 코스

원암리→내소사→관음봉→직소폭포→자연보호헌장탑→봉래구곡→백천내

주변의 관광 명소

개암사, 직소폭포, 격포해수욕장, 채석강, 변산해수욕장, 월명암, 낙조대, 와룡소, 가마소, 적벽강

교통 안내

부안→23번 국도(고창 방면)→(15.2km)→보안 사거리(우회전)→30번 국도→(10km)→석포리 내소사 입구(우회전)→(2km)→내소사 일주문

●울금바위, 원효대사와 쌀구멍

이 바위는 개암사 북쪽에 있는 두 개의 큰 바위 덩어리다.

바위 밑에 동굴이 있는데 이것이 원효방이다. 원효대사가 이곳에서 도를 닦으며 불법을 강의했다 하여 원효방이라 부른다.

원효대사가 머물 때 바닥의 돌을 뚫고 물이 나왔으며, 그 옆 구멍에서는 하루 한 끼의 양만큼 쌀이 나왔다. 그러나 손님이 쌀이 많이 나오도록 부지깽이로 쌀 구멍을 후볐더니 이후로는 쌀이 나오지 않았다고 한다.

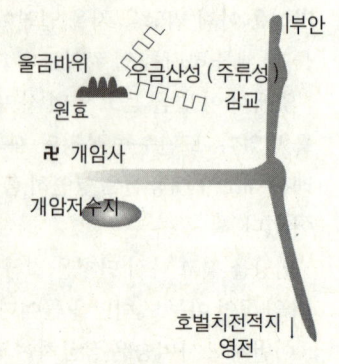

30m 높이의 천장에 옥정이라는 구멍이 있는데 돈이나 돌을 던져 그 구멍 안에 넣으면 소원을 이룬다고 하며 여자들은 아들을 낳는다고 한다.

또한 굴 안에는 샘이 흐르고 있는데, 사기에 의하면 이 샘은 원효대사가 자리를 잡은 후 솟았다고 한다. 또한 '부풍승람'에는 바위에 세 개의 굴이 있는데, 한 군데서 샘이 솟아 오두헌이라는 현감이 '옥천'이라 이름을 붙였다.

이 샘은 날이 가물면 물이 솟고, 비가 오면 마른다고 한다. 여기에서 소정방과 김유신 장군이 만났다고 하여 우금암이라는 이름이 붙여졌다. 수많은 산봉우리들의 절경을 볼 수 있고. 여기에서 내려다보면 변산반도 일대와 칠산바다의 수평선이 한눈에 들어온다.

교통 안내

1) 호남고속도로 태인 I.C→부안 방면 30번 국도→부안→줄포, 고창 방면 23번 국도→개암사, 우금산성

2) 시내버스터미널→줄포, 곰소 방면 시내버스 이용→부안→개암사 입구 10km→도보 20분

● 바다에서 올라와 저절로 세워졌다는 쌍조석간당산

계화면 궁안리

대벌 마을에 세워진 밑 둘레 2.4m, 높이 3.6m, 너비 6m의 당산이다.

할머니 당산이라 불리는 이 당산의 명문에는 '조선조 후기 영조 25년(1749년) 정월 9일 한밤중'이라고 써 있어 이때 세운 것이라 추정된다. 마을에서는 부락의 안녕을 위해 풍어제를 지낼 때 배따라기를 하는 것이 특징이다.

이곳 당산에는 짐대 위에 오리(또는 기러기) 암수 한 쌍이 얹혀져 있는데, 마을에서는 이것들을 '머리낭자'라 부른다. 작은 새는 옛날에 바닷물에서 떠내려와서 저절로 세워졌다 하여 신명스러운 물건으로 여기고 있다.

완주군

● 부처님이 땀을 흘리는 송광사 삼존불

신라 경문왕 7년(867년)에 도의선사가 처음 절을 세웠다.

송광사의 현존하는 당우로는 대웅전을 비롯하여 명부전, 웅진전, 약사전, 관음전, 천왕문, 쌍십자각, 금강문 등이 있다. 대웅전 앞뜰에는 낙우송과 우리 나라에서 가장 크고 오래된 마로니에가 각각 150년 이상의 수령을 자랑한다.

특히 송광사 진입로 약 1.5km 거리에는 벚꽃터널로 장관을 이루고 있어 매년 4월 중순쯤 1주일 동안 벚꽃 축제가 열린다. 또 송광사의 삼존불(석가모니, 문수보살, 보현보살)이 있는데 조선 후기의 거불로서 '땀흘리는 삼존불'이라고 부르는 것은 1991년부터 나라에 큰 사건이 있을 때마다 온몸에서 비오듯 땀을 흘리기 때문이라고 한다.

교통 안내

전주에서 인후동을 지나 진안 가는 26번 국도→소양을 지나 마수교 바로 앞에서 좌회전→2.5km쯤 가면 왼쪽으로 송광사 진입로가 나온다(직진하면 위봉사 가는 길의 이정표가 있다).

* 전주 코아호텔 앞 육교 아래에서 37, 38, 54, 106번(내주, 오성리, 위봉폭포 또는 송광사행)
* 시내버스 이용하여 종점 또는 대흥리에서 하차(수시 운행, 30분 정도 소요)

● 서방산, 어혼환생의 이적

종남산과 같은 줄기인 서방산(612m) 정상에 서면 봉실산, 미륵산, 대둔산, 안수산, 운장산, 만덕산 등이 한눈에 들어온다. 서남쪽 기슭에는 숱한 이적을 행한 조선 중기의 고승 진묵대사가 수도하였다는 봉서사가 자리잡고 있다.

천변에서 물고기를 가마솥에 끓이고 있던 사람들의 심술궂은 권유에 두 손으로 큰 가마솥을 번쩍 들어 단숨에 들이마신 뒤 상류에서 변을 보니 그 입으로 들어갔던 물고기들이 펄펄 살아 헤엄쳐 내려갔다는 서방천의 '어혼환생'의 이적 또한 유명하다.

● 진묵대사 부도가 자라나는 봉서사

신라 성덕왕 26년(727년)에 창건, 고려 공민왕 때 중건된 대가람이었으나 6 · 25때 완전 소실되었고 1953년과 1975년 두 차례에 재건하여 현재의 모습을 갖추었다.

최근에 유형문화재 제108호로 보존되어온 2m 높이의 진묵대사 부도가 윗몸통과 갓 부분이 흰 돌로 변하여 조각된 돌이 살이 불어나듯이 자라는 등 과학적으로 설명되지 않는 이적으로 화제를 모으고 있다.

이 절에서 수도한 진묵대사는 생전에 숱한 이적과 불가사의한 신통력을 발휘한 고승으로 널리 알려진 인물이며, 죽어서 7말 7되의 사리를 남긴 것으로 전해지고 있다.

서방산~종남산 등산 코스 : 총 10.2km 5시간 10분 소요
간중리 버스 종점→부대→간중 저수지→밀양 박씨 선산 봉서재→유격장→봉서사→우물 뒤 능선→서방산(헬기장)→동남 능선→제1, 2봉→종남산→동남 능선→안부→오른쪽 내리막길→보이스카우트 제2 야영장→제1 야영장→송광사

교통 안내
전주~간중리 시내버스, 전주~봉동 시내 좌석버스, 전주~송광사 시내 좌석버스

임실군

● 주인 위해 목숨 바친 충견의 의견비와 오수

임실에서 남원으로 가는 춘향로로 10km쯤 가면 오수면이 나온다. '오수' 라는 지명은 이 고장에 구전되어온 전설과 관련되어 '보은의 개' 라는 뜻을 지니고 있으며, 오수시장 옆에 있는 원동산 공원에는 의견비와 동상을 세워 주인에 대한 개의 충성과 의리를 기리고 있다.

또한 근래에 오수읍에서 임실 쪽 1.2km 지점, 4차선 도로변 오암리에 새로운 의견상을 세웠고 공원으로 조성하여 휴식 공간으로도 이용하고 있다.

1천여 년 전 신라 때 지사면 영천리에 김개인이란 사람이 있었다. 개를 몹시 사랑한 그는 외출할 때마다 데리고 다녔다.

어느 날, 주인이 장에 다녀오면서 술에 만취되어 길에 골아 떨어져 잠이 들었다. 때마침 산불이 나 번지던 불길이 주인 근처에 타올랐다. 다급해진 개는 주인을 깨우려고 온갖 방법을 다 썼으나 소용이 없자, 물 속에 뛰어들어가 온몸에 물을 묻혀 주인의 주변을 적시는 일을 수백 번 반복하여 불길을 겨우 막았다. 그리고 개는 지쳐서 쓰러져 죽고 말았다.

잠에서 깨어난 주인은 그 모든 사실을 알게 되었고, 개의 충의에 감탄한 나머지 개를 고이 묻어주고 무덤에 지팡이를 꽂아놓았다. 그런데 그 뒤 지팡이에서 싹이 나 큰 나무로 자랐다. 의리 있는 '개나무' 고장이란 뜻으로 그 이후 '오수' 라고 부르게 되었다.

교통 안내

임실에서 남원으로 가는 춘향로로 10km쯤 가면 오수면이 나온다. 오수읍에서 임실 쪽 1.2km 지점 4차선 도로변 오암리에 새로운 의견상을 세워 공원으로 조성하여 휴식공간으로도 이용하고 있다.

● 상사바위와 월추암

신덕면에 있는 상사암은 오랜 옛날 월추암 사이에 있는 산을 차지하고자 했다. 월추암이 먼저 공격을 하여 상사암을 칼로 세 번 쳐서 상사암의 처인 작은 샘배바위(소상암)의 목을 베니, 샘배바위는 상사암 밑에 떨어져 조각바위가 되고 말았다. 상사암에는 몸체에 세 줄기의 칼자국이 지금도 선명하게 남아 있다.

이때 화가 난 상사암은 커다란 창으로 월추암을 두 군데나 찔러 움푹하게 만들어 버렸다. 결국 상사암이 싸움에서 이겼지만 처인 소상암을 잃어 눈물을 흘렸는데 그 눈물이 웅덩이를 이루어 아무리 가뭄이 심해도 이곳에는 물이 마르지 않는다고 한다.

월추암은 상사암의 공격으로 입은 상처로 유혈이 낭자했는데 두 개의 웅달샘에 빨간 선혈이 고여 있었다고 한다. 지금도 이 웅달샘 물을 마시고 소변을 보면 오줌이 피 색깔이 된다고 한다.

교통 안내
1) 전주·남원간 국도 17번→관촌역(14km)→우회전→신평면→신덕면→수천리
2) 임실→신평면→신덕면→수천리

장수군

● 물이 수(水)자로 갈라지는 신무산 뜬봉샘

장수읍 수분리

신무산 중턱 수분마을 뒷산 계곡을 따라 약 2km 올라가면 금강의 발원천이 되는 뜬봉샘(비봉천)이 있다. 샘 아래에는 당제가 있는데 이곳이 금강과 섬진강의 분수령이 되는 지점이다. 이곳에서 바라보면 신기하게도 금강과 섬진강이 갈라지는데, 꼭 한자의 수(水)자와 같은 모습으로 갈라진다. 따라서 물이 갈라진다 하여 수분이라고 한다.

태조 이성계가 나라를 얻기 위해 전국 명산의 산신으로부터 계시를 받으려고 먼저 팔공산(신무산)에 들러 중턱에 단을 쌓고 백일기도에 들어갔다. 1백일째 되는 날, 단에서 조금 떨어진 골짜기에 무지개를 탄 봉황새가 떠가는데 공중에서 "새 나라를 열라."는 소리가 들렸다. 이성계는 정신을 가다듬고 봉이 뜬 곳으로 가보았다. 그곳엔 풀섶으로 덮인 옹달샘이 있었다. 이성계는 계시를 들은 단 옆에 상이암을 짓고 옹달샘 물로 제수를 만들어 천제를 모셨다.

옹달샘에서 봉이 떴다고 해서 붙여진 이름이다.

진안군

● 부부한신이 등을 돌리고 앉은 마이산

부부인 두 산신이 이곳에서 아이를 낳고 살다가 하늘로 승천할 때가 되어 의논을 하였다. "우리가 승천하는 것을 아무도 보아서는 안 되니 캄캄한 밤중에 올라갑시다." 하고 남편 산신이 말하자, 부인 산신이 "밤중은 캄캄하니 차라리 새벽에 올라갑시다." 하고 고집을 부렸다.

결국 남편은 아내의 말을 따르기로 하고 다음날 이른 새벽에 하늘로 승천하는데, 마침 동네 아낙네가 물을 길러 나왔다가 하늘에 둥둥 떠가는 산신들을 보고 깜짝 놀라, "에그머니, 산이 올라가네!" 하고 소리치는 바람에 부정을 타 떨어져 주저앉게 되었다.

부인 산신의 말을 들었다가 승천에 실패한 남편은 화가 나서 등을 돌리고 앉아 있어 숫마이봉이고, 미안하여 고개를 숙이고 있는 여신이 암마이봉이다. 한편 탑사 앞쪽에 나도산이 있는데 유래는 '나도 산신인데.' 하여 따라 올라가다가 같이 떨어져서 된 산이다.

진안의 말귀를 닮았다는 마이산은 널리 알려져 있다.

그렇다면 말머리는 도대체 어디에 있는 걸까? 아직까지 많은 사람들이 모르고 있는 신비의 말대가리(?)를 찾아보자.

가는 길이 험하지만 지나는 길마다 비경이요 환상 그 자체다. 신비하게도 말머리 형상을 하고 있는 이 바위는 두 귀가 없는 점이 특징이다. 남부주차장 입구에서 동촌 마을 위 골짜기로 산행하는 데 걸리는 시간은 족히 두 시간이 걸린다. 찾는 데 어려움이 있으면 은수사 스님께 물어보면 된다.

마두봉 밑에는 천상굴이 있어 천마(天馬)와 관련된 전설이 있다. 진안의 마령이라는 지명 또한 말의 신령에서 유래된 것이어서 이 사실을 뒷받침해 주고 있다.

등산 코스

1) 북부 주차장→성황당→탑사(1.7km)

2) 북부 주차장→성황당→금당사(1.9km)

3) 북부 주차장→고금당→남부주차장(3km)

4) 북부 주차장→고금당→광대봉→합미성(7.9km)

5) 남부 주차장→고금당→광대봉→합미성(6km)

교통 안내

호남고속도로 전주 I.C→전주(26번 국도→전주↔진안)→소양→부귀→진안로터리 마령 방면(7km)→우회전(2km)→남부 마이산

● 화암굴과 석간수

아빠봉과 엄마봉 사이의 계곡 고갯마루를 천황문이라고 하는데, 이 천황문 고개가 바로 섬진강과 금강의 분수령으로 천황문 고갯마루에서 아빠봉 쪽으로 약 1백m 정도 가파른 계단을 올라가면 숫마이산 중심부 아래에 사시장철 석간수가 솟아나오는 화암굴이 있다.

아무리 극심한 가뭄에도 변함없이 떨어지고 솟아 나오는 숫마이산 남신의 정수를 마시고 득남을 염원하며 기자례를 올리는 간절한 여심을 볼 수 있다.

마이산 화암굴 기자례

먼저 기자례를 올리고자 하는 사람은 7일 전부터 매일 심신을 깨끗이 한 다음 향과 초 두 자루만을 준비한다. 일반 제례와는 달리 제물은 일체 준비하지 않는다. 양쪽에 촛불을 켜고 제수의 진설 없이 화암굴의 옥정수만을 받아 가운데에 떠놓고 간절한 마음으로 득남을 소원하면서 합장 기자배례를 올린 다음 눈을 감고 정화수를 마셔야 한다. 다시 말해서 남근과 흡사한 아빠봉 남산의 양기를 마시는 것이다.

진안면 단양리 쪽에서 보면 숫마이산(아빠봉)은 남근과 아주 흡사하며 천황문 고개 암마이산

(엄마봉) 쪽에서 건너편 화암굴을 보면 그 형상이 여인의 음부를 상상하기에 족하다. 오늘에 이르기까지 마이산 화암굴에 기자례를 올리는 여인의 발길이 끊이지 않고 있는 것을 보면 그동안 수많은 여인들이 이 마이산 아빠봉의 양기를 마시고 득남의 소원을 성취했다는 사실을 알 수 있다.

●마이산탑사를 팔진도법으로 쌓은 이갑룡 처사

이갑룡 처사는 원래 임실 둔덕 태생으로 어릴 때부터 효심이 지극했는데 부모의 상을 당하자, 묘 옆에 움막을 치고 시묘살이를 3년간 하였다.

그 후 명산을 전전하다가 25세 때에 마이산에 와서 솔잎을 먹고 생식을 하면서 수도하던 중, 지금부터 1백어 년 전 신의 계시를 받아 천지음양 이치와 팔진도법으로 10여 년에 걸쳐 축조한 탑수가 80여기가 된다. 또 탑돌은 마이산 주변의 돌과 전국 각처의 명산돌을 날라 와 축조한 것이다.

이갑룡 처사는 용화세계 억조창생의 구제와 만인들이 짓는 죄를 대신 속죄하는 기도를 성업으로 알고 정진하다가 98세에 세상을 마쳤다.

● 폭풍에도 떨어지지 않는 천지탑과 오행탑

거의 90도로 직립한 엄마봉의 남쪽 바로 아래에 자연석을 차곡차곡 쌓아 마치 송곳처럼 정교하며 주탑인 천지탑(16m)을 정점으로 배열되어 있다. 이곳의 탑 역시 음양사상으로 축조되어 있음을 알 수 있다.

이름은 천지탑이라 했지만 그 모양은 바로 부부의 탑임을 알 수 있다. 천지는 음양사상에서는 음양의 대상으로 보며 이는 부부와 다름없다. 따라서 음양산에 음양탑이 축조되어 있음은 결코 우연일 수 없는 것이다.

천지탑의 배치를 보면 마이산이 동서로 나란히 서서 남북을 마주보는 형상임에 반하여, 천지탑은 남북으로 나란히 서서 동쪽을 향하고 있다(서쪽은 엄마봉에 가로막혀 있다).

여기에도 깊은 뜻과 치밀한 계산이 담겨 있다. 왜냐하면 보통 쌍탑의 경우, 동서로 서서 남쪽을 바라보는 것이 상례인데 더욱이 마이산 두 봉우리가 동서로 나란히 서 있는데도 굳이 남북으로 배치한 점 등이 어떤 의도가 있었거나 또는 학설에 입각하여 축조되었으리라 추측된다. 이 의문은 천지탑 바로 앞에 축조되어 있는 오행탑을 보면 자연히 풀리게 된다.

천지탑은 역시 음양탑임이 분명하다. 음양설에 따르면 북은 음, 남은 양임이 분명하고 또한 오행설에 따르면 중앙에 '토'가 자리잡고 서쪽으로 '금', 북으로 '목', 남쪽으로 '화'에 이른 것이 바로 오행상생의 수리인데, 바로 천지탑과 오행탑은 음양오행의 이치를 탑으로 조형해 놓았다고 할 수 있다.

● 흔들리는 탑

아무리 거센 폭풍이 몰아쳐도 쓰러지지 않고, 흔들거리다가도 다시 멈추는 신비의 돌탑이다.

● 거꾸로 솟는 고드름

단 위에 놓여 있는 정화수 그릇은 겨울에 물을 갈고 기도를 드리면 그릇 표면으로부터 10~15cm의 고드름이 솟아오르고 고드름 속에서 이갑룡 처사가 쓴 신서가 발견된다고 한다.

● 풍혈과 냉천

진안군 성수면 좌포리

좌포리 양화마을 앞(진안에서 25km, 전주에서 임실관촌 경유 36km) 산밑에 있는 풍혈과 냉천은 이조 때부터 널리 알려져 사람들이 즐겨 찾는 곳이다. 풍혈은 바위 사이에서 찬바람이 나오는 구멍으로, 풍혈이 생성되는 것은 바깥공기가 틈새가 많은 주변의 암벽 사이로 들어가 돌아다니다가 대기 밖으로 나오는 순간 단열 팽창돼 온도를 읽기 때문인 것으로 알려지고 있다.

풍혈 앞에 있는 냉천은 삼복더위에도 손을 담그고 1분을 견디기 힘들 정도로 차갑다. 이 냉천에서 목욕을 하면 웬만한 위장병과 피부병 정도는 쉽게 낫고, 무좀에도 특효가 있다고 전해오고 있으며 풍혈은 저장소로 이용하기도 했다고 한다.

이 냉천의 물은 '한국의 명수'로 꼽힐 정도로 물맛이 좋으며, 특히 명의 허준 선생이 약을 짓던 물이라 알려지면서 찾는 이들이 더욱 많아졌다. 냉천 앞으로는 맑은 물 속으로 바닥이 드러나 보이는 폭 20m의 개천이 있어 천렵과 물놀이 터로 좋다.

물의 성분은 알칼리성 탄산나트륨을 띠고 있어 온천과 냉천을 한 곳에서 할 수 있는 보기 드문 휴양지이다.

옛날 양산 고을에 73세 된 노부부가 살고 있었는데, 이들은 자손이 없음을 늘 비관했다.

하루는 스님이 와서 마이산에 올라가 백일기도를 하면 아들을 얻을 수 있다고 하여 할머니는 이곳 냉천으로 들어와 목욕을 하고 백일 정성기도를 한 후, 남자 쌍둥이를 낳게 되었다.

총명하고 재주가 좋은 두 아들이 자라 17세 되던 해에 장가를 보냈는데 형은 북쪽 사람을 부인으로 맞아들였고, 동생은 남쪽 사람을 부인으로 맞이하였다. 그러나 기후 조건이 맞지 않은 부인들을 편안하게 지내게 할 수가 없어 냉천과 온풍혈을 만들어서 냉천에서는 북쪽 부인을 온풍혈에는 남쪽 부인을 살게 했다.

냉천은 한여름에도 30도 이상 발을 담글 수 없을 만큼 차갑고, 이 물을 마시면 피부병이 없어지고 아들을 낳는다고 한다.

온풍혈에는 겨울에 더운 바람이 나와 옛날에 온천이 있었다는 설이 있으나 발견하지 못하고 있다.

교통 안내
진안로터리 → 마령면 → 성수면 → 중길리(국도 12번)

●바위가 떠 있는 넘들(흔들)바위

진안읍에서 전주로 가는 길에 처음 만나게 되는 고개인 강령재를 넘어 자동차 정비공장과 산 구비를 돌아 왼쪽으로 눈을 돌리면 큰바위 위에 또 하나의 바위가 얹혀 있는 것을 보게 된다. 선들바위는 이 바위를 말하는데 다음과 같은 전설이 내려온다.

이대신이라는 장사가 있었는데 다른 장사가 힘 겨루기를 청해 왔다. 그들은 자기가 들고 온 바위를 상대편이 가져온 바위 위에 올려놓는 쪽이 이기는 시합을 하였고, 결국 이대신이 이겼다.

신기한 것은 이대신이 올려놓은 바위는 바람이 불면 흔들흔들 움직이면서도 떨어지지 않는다는 것이다. 또한 지금도 두 사람이 바위 밑으로 실을 넣고 앞으로 당기면 실이 걸리지 않고 빠져 나온다고 한다. 바위와 바위 사이가 떠 있음을 증명하는 것이다.

● 용바위(용암동문)

용바위는 죽도에 이르기 전에 있는 바위인데, 용이 등천할 때 생겼다는 용의 발자국과 꼬리가 스쳤다는 흔적이 지금도 뚜렷이 남아 있다.

죽도 교통 안내

1) 호남고속도로 이리 I.C→799번 지방도로→(7.9km)→봉동 로터리(직진)→전주 방면→17번 국도→소양교(좌회전)→명덕교(좌회전)→모래재→진안읍→상전면→죽도(내송마을)

2) 진안 공용버스터미널에서 상전면 행 군내버스 이용

06 : 10~20 : 00까지 10분 간격 운행, 20분 소요

순창군

●남자아기를 원하는 사람이 가면 좋은 산동리 남근석

전설에 의하면 지금으로부터 500여 년 전 한 여장부가 2기의 남근석을 조각하여 치마에 싸가지고 오다가 무거워서 한 개는 팔왕마을에, 또 하나는 이웃마을인 창덕리 태촌마을에 버렸다고 한다. 태촌마을은 팔왕마을에서 남쪽으로 약 1km 지점에 있다.

이 남근석은 자손이 귀하거나 아기를 못 낳는 여자들이 한밤중에 이 남근석을 껴안으면 틀림없이 아들을 낳는다는 신통력이 있었다. 그래서 음력 정월 보름날에 움막을 치고 음식을 장만하여 아들 낳기를 비는 여성들이 많았다. 마을 사람들은 이것을 '미륵'이라 부르는데 높이가 170cm이고 지름은 45cm이다.

강천사 쪽으로 약 7km를 가면 팔덕면 소재지→2km쯤 가면 팔왕터 마을 앞

●창덕리 남근덕

전설에 따르면 지금으로부터 500여 년 전, 태촌마을에 한 걸인이 살았는데 신분상 결혼을 할 수 없음을 비관하여 설움을 나타내고자 남근을 조각하여 이곳에 세웠다고 한다.

자손이 귀하거나 불임증이 있는 여자가 이곳에서 공을 드리면 옥동자를 수태한다 하여 매년 정월 대보름날에 많은 부녀자들이 모여 공을 드렸다고 한다. 높이는 165cm, 둘레가 45cm이다.

교통 안내

순창읍에서 강천사 쪽 정읍행 793번 도로로 약 7km를 달리면 팔덕면 소재지 용산리에 이른다. 면사무소 건너편 골목길에서 좌회전하여 약 1.3km 가면 된다.

●갈미바위

쌍치면 신촌마을

쌍치에서 영정리로 들어가는 어귀 근처에는 냇가가 흐른다.

이 냇가에는 널따란 당바위라는 반석이 있고 옆에는 날카로운 송곳처럼 생긴 송곳바위가 있다. 여기서 다시 아래로 조금 내려가면 갈미바위라 부르는 바위를 볼 수 있는데 이 바위에 대한 전설이 있다.

옛날 이 마을에 한 어부가 살고 있었다. 고기를 잡으려고 배를 타고 이 바위 앞에 이르렀는데 이상하게도 이 바위에 큰 구멍이 하나 있었다. 커다란 구멍이 뻥 뚫려 있는 바위를 처음으로 본 어부는 호기심으로 이 구멍 안으로 들어갔다. 점점 들어갈수록 넓어지는 이 구멍 안에는 엄청난 물고기들이 있었다.

'야! 이게 웬 횡재냐. 오늘 운수 대박이구나.' 하며 많은 물고기를 잡아 가지고 밖으로 나오려는데 아뿔싸, 바위 문이 그만 닫혀 버리는 것이었다. 깜짝 놀란 어부는 밖으로 나가려고 안간힘을 써보았지만 아무 소용이 없자, 점점 기운만 빠져나가고 꼼짝없이 죽게 되었다.

바위 속에 갇힌 어부는 혹시 잡았던 물고기들을 도로 물에 놓아주면 되지 않

을까 생각하고 물고기를 다시 놓아주니 신기하게도 다시 바위 문이 열려 어부는 무사히 빠져나올 수 있었다. 이 '갈미바위'는 신촌마을 입구에 있다.

익산시

● 공중에 떠 있는 바위

금마면 신용리

이 바위는 양쪽에서 바위 밑에 명주실을 넣고 지나가면 명주실이 통과되어 사실상 공중에 떠있다고 한다. 또한 음력 12월 말에 아기를 낳지 못하는 여인이 이곳에서 정성으로 기도를 드리면 아기를 얻는다고 하여 지금도 정성을 기원하는 사람들이 찾아온다고 한다.

바위가 있는 산에는 장군바위와 장군이 오줌을 눈 자국바위, 집채 만한 수박바위 등 기괴한 바위들이 있었지만 석공들의 부주의로 훼손되어 지금은 사라져버려 아쉽다고 이곳 주민들은 말한다. 미륵사지터에서 얼마 떨어지지 않은 금마면 신용리 마을 동네 뒷산에 있다.

전라남도 편

화순군
- 도술사가 숨겨 놓은 둔갑문서로 알려진 문서바위
- 보석폭포와 마고할미

담양군
- 애기바위

나주시
- 문바위와 옥동자
- 향유방울의 이적이 나타난 성모상

목포시
- 유달산 부처상과 마귀바위
- 신비의 옥정(玉井)

순천시
- 송광사의 승보사찰과 비사리구시
- 보조국사의 지팡이가 변한 쌍향수
- 충무사와 왜성대, 이 충무공의 혼령과 도깨비들의 안식처
- 금전산의 약수와 쌀구멍

여수시
- 석창성지, 걸어오다가 멈춰버린 바위들

강진군
- 용혈굴과 용혈암
- 보는 각도마다 불화의 눈이 따라다닌다는 무위사 후불탱화 관음보살

고흥군
- 소박맞은 여인들이 가보아야 할 봉황산

곡성군
- 신숭겸과 용마
- 칙간바위와 철갑옷 바위
- 정갑산굴, 신묘한 전설과 보물을 지키는 지네

구례군
- 신비의 당물샘
- 운흥정과 용소

함평군
- 농바우와 신비한 용샘
- 포항정의 신기한 소나무

무안군
- 상처에 좋은 물이 흐르는 승달산 갈마봉바위

보성군
- 손상시키면 흔줄나는 백암바위
- 낙태 영혼의 해탈기도가 가장 영험한 대원사
- 공룡알 화석과 공룡뼈

신안군
흑산도
- 귀신나무로 불리는 초룡목
- 무서운 용나무
흑산면 홍도리 기암
돔바위 / 흔들바위 / 원승이바위 / ET바위
지도바위 / 시루떡바위 / 주전자바위
보석동굴 · 콜라병동굴
임자도
- 용출굴
비금도
- 신비의 소나무바위
- 떡메산
우이도
- 당신(堂神의) 영험
암태도
- 벗섬 – 거인장군의 훈련장과 기암들
압해도

- 굴박산의 굴바위

영광군
- 까치가 만든 조각품인 불갑사 대웅전

영암군
- 월출산, 천상으로 들어가는 비밀의 석문
- 구정봉의 신령암
- 구정(九井)의 신령암(혹은 三動岩)
- 염험한 미륵불
- 신비한 샘물(약천)

완도군
- 청해진, 신비의 장보고 장군샘
- 죽어서도 살아있는 영혼의 관왕묘와 관운장 신(神)

진도군
- 금골산의 쌀구멍과 마애여래좌상의 배꼽 비밀
- 돌묘[石墓]와 공동
- 할미중드랭이굴

장성군
- 신비의 영천(靈泉)

장흥군
- 정력이 약한 사람에게 권할 만한 사인암

해남군
- 눈물 흘리는 충무사의 명량대첩비
- 대흥사 천불전, 가사의 효험
- 천불과 큰북의 울음
- 천상의 공주가 조각한 북미륵암 마애여래좌상
- 미황사의 용담굴과 금생
- 용담굴(음부샘), 천장에서 용수가 찔끔
- 문바위재, 신비의 황금샘

화순군

● 도술사가 숨겨놓은 둔갑문서로 알려진 문서바위

이 바위는 문바위 또는 성문바위라 부르는데, 우선 모양새부터가 웅장하여 눈길을 사로잡는다. 이 바위에는 다음과 같은 전설이 있다.

지금으로부터 약 400여 년 전 남양 홍씨인 홍수천이란 사람이 있었다. 그는 조실부모하여 고아로 살면서 남면 사평리 고을의 배장사라는 부자 밑에서 머슴을 살았다.

그는 주인의 모진 학대로 말로 형용할 수 없는 고생을 하였다. 배장사는 부자이기도 했지만 시서와 술객들을 좋아하여 시서 잘하는 선비와 음양술수에 능한 술객들이 사랑방에 줄을 이었다. 그리고 배장사의 눈에 들면 1년이나 반 년씩 머물다 가는 것이 보통이었다.

하루는 둔갑장신을 하는 술사가 찾아와 머물게 되었다. 그 술사는 홍수천의 착하고 어진 마음에 감복해 틈틈이 둔갑장신의 묘술을 가르쳐 급하고 어려운 경우에 호신의 방편으로 삼을 것을 권했다. 그날부터 홍수천은 글과 더불어 술수를 열심히 배우기 시작했다. 그는 날이 갈수록 이치의 터득이 빨랐다.

하루는 술사가 홍수천을 아무도 몰래 산중으로 데리고 가서 둔갑법부터 장신술까지 모두 다 시험해 보았다. 그러나 아직 진묘의 경지에는 이르지 못해 다시 공부를 더 하기로 약속했는데 그만 술사가 갑자기 병이 들어 죽고 말았다. 뜻을 이루지 못한 홍수천은 그 길로 배장사의 집을 나왔다.

그 후 홍수천은 이 집, 저 집을 다니며 가난한 집에 쌀이 없는지 살펴 부잣집 대문 안에 들어가지도 않고 창고 속에 있는 쌀가마니를 등에 업고 와 가난한 집에 주었으며, 병으로 신음하는 환자가 토끼고기가 먹고 싶다면 주문을 외워 산토끼가 그 사람 집으로 찾아들도록 도술을 부렸다.

이렇듯 어려운 사람들을 도와주던 홍수천은 옛날 머슴살이를 할 때 주인에게 곤욕을 당한 억울함을 보복할 계획으로 그 집 금고의 엽전을 모두 구렁이로 만들어 버렸다.

이처럼 그는 묘술을 써서 사람의 마음을 깨우쳐 주기도 했지만, 날이 갈수록 사욕에 젖어 술법이 사술로 전락했다.

그는 어느 날 친구들을 불러 복내장에 구경 갈 것을 제안했다.

10여 명이 작당하여 화순 남면에서 복내로 가는 큰 고개를 넘어갈 때 홍수천이 갑자기 주문을 외우니 옆에 있던 바위가 모두 소로 변했다. 홍수천이 제일 먼저 소를 몰고 가 장머리에 매어 놓자 친구들도 소를 매어 놓아 일행은 모두 소를 팔았다.

얼마가 지난 후, 다시 복내 장날이 되어 산에 있는 바위를 황소로 둔갑시켜 또 팔아 넘기고 뒤돌아 서서 유유히 걸어오는데, 갑자기 어떤 사람이 뒤쫓아오면서 소리쳤다.

"여보시오 여보시오! 댁에서 팔고 간 소가 갑자기 바위가 됐소. 이게 어찌된 일입니까?"

홍수천은 직감적으로 느껴지는 것이 있었다.

'아, 범 잡는 담비가 나왔구나!'

크게 놀란 홍수천은 그 자리에서 새로 변신해 허겁지겁 도망쳤다. 그러자 큰 수리매가 날개를 펴고 번개처럼 쫓아왔다. 홍수천은 다시 쥐로 둔갑해 큰 고목으로 들어갔다. 수리매는 구렁이가 되어 고목을 타고 굴속으로 찾아 들어왔다. 놀란 쥐는 하는 수 없이 산 고개에서 사람으로 변해 무릎을 꿇고 단정히 앉았다.

이윽고 구렁이로 둔갑했던 사람도 80이 된 백발노인의 모습으로 나타났다.

"천장지비의 신술로써 혹세무민을 하면 천형을 받아야 마땅하나 관용으로 놔두는 바이니 모든 것을 버리고 야인으로 돌아가거라."

홍수천은 술사의 말에 깊이 참회하고 돌아와서 천문지리의 비장된 모든 술서를 석문 바위 옆에 있는 큰바위 밑에 감춰 버리고 어디론가 사라져 버렸다. 그 후부터 이 바위를 '문서바위' 라고 하는데, 지금도 그 바위를 보는 사람들은 무언가 감춰져 있을 것이라고 입 모아 말하고 있다.

교통 안내

한천면 가는 버스 종점→광업소→돗재 약수터 옆

● 보석폭포와 마고할미

화순군 도암면 봉하리

옛날 마고 할미가 운주사 천불천약을 만들고 이곳 보석폭포에서 목욕을 했다는데 목욕통, 참빗바위, 거울 자국, 지팡이 바위, 마고 할미 손자국 등이 남아 있다.

담양군

● 애기바위

담양댐 근처에는 고구마처럼 생긴 '애기바위'가 있다.

옛날 금성면에 6대 독자를 둔 금부자 부부가 살았는데 좋은 며느리를 얻어 후손을 많이 보는 것이 소원이었다. 아들이 혼기에 차자 혼인을 시켰는데, 며느리가 마음에 들지 않아 조바심이 난 금 노인은 1년 사이에 며느리를 여섯 명이나 갈아들였다.

그런데 이상한 일은 여섯 며느리가 모두 말이 많았는데, 꿈에 산신령이 나타나서 "여자들이 너무 말이 많아 삼신을 쫓았으니 새 며느리가 말이 많지 않으면 자식을 얻을 수 있을 것이니라." 하였다.

이 말을 들은 금 노인은 그날부터 일곱번째 새 며느리에게 말조심 할 것을 단단히 일렀다. 그리고 과연 1년 안에 태기가 있어 아기를 낳게 되었다.

이즈음 새 며느리의 꿈에 또다시 산신령이 나타나, "날이 밝거든 나를 찾아오되 나를 만나기 전까지는 입을 열지 말라."고 하였다.

다음날 며느리는 산신제단이 있는 철마단을 찾아 나섰는데 산등성이에 이르러 집채 만한 바위가 걸어오는 것을 보자 그만 입을 열고 말았다.

"워메, 뭔놈의 바우덩이가 걸어 온디야?" 하고 말하는 순간 바위가 걸음을 멈추며 며느리를 깔고 앉아 며느리는 죽고 말았다.

며느리가 이같은 변을 당하게 되자, 후손이 끊어져 후손을 보려는 꿈은 허사가 되고 말았다. 그 뒤 며느리가 보았던 바위를 '애기바위' 라 부르게 되었다.

교통 안내

담양읍에서 담양댐행 버스 승차→담양댐 버스 종점에서 하차→담양댐 방향으로 100m쯤
걸어가다가 오른쪽 금상산성(5부 능선 쪽)에 보이는 거대한 바위이다.

나주시

● 문바위와 옥동자

남평에서 3km 동쪽에 남평문씨의 시조인 문다성(文多省)이 태어났다는 '문
바위' 가 있다. 이 문바위에서 서남쪽으로 건너다 보이는 강 건너가 남평 고을
터다.

어느 날 이곳 원님이 아침에
일어나 이곳을 바라보니 서기
가 감돌았다. 원님은 이상한 일
이라며 관졸들을 데리고 이곳
을 찾아갔다.

당시 문바위 아래에는 장자
연못이 있었는데, 이 연못가 벼
랑에 있는 바위에서 아기 울음
소리가 들려 관졸에게 그곳에
올라가 보라고 했다. 관졸이 올
라가 살펴보니 바위에는 돌상
자가 놓여 있고 그 안에 옥동자
가 들어 있는데 배와 등에 '文'
자의 문신이 있었다.

원님은 이 옥동자는 틀림없이
귀한 사람이 될 거라고 생각하

고 데려다 길렀는데 다섯 살 때 글재주가 신통하고 학문도 통달하였으며 무예도 뛰어났다. 그는 아이의 성을 문신에 새겨진 대로 '문' 씨로 하고 이름을 다성이라 했다. 이로써 남평문씨의 역사가 시작되었다고 한다.

교통 안내

〈승용차편〉 남평→화순 고곡온천 가는 길→죽림사 진입로(오른쪽)→다리 5분→원암마을
〈버스편〉 광주→남평→원암마을행 버스(1일 2회 운행)→풍림리 1구 하차

●향유방울의 이적이 나타난 성모상

나주시 교동에 가면 눈물을 흘리는 성모상을 볼 수 있다.

이 성모상은 1985년부터 성모 마리아 대축일(1월 1일) 등의 축일이나 낙태 시비 등으로 세상이 뒤숭숭할 때 피눈물을 흘린다고 한다. 높이는 55cm이다. 2000년 6월 14일 남북정상회담이 열리던 때, 이곳 성모상에서 향유 방울이 떨어졌다고 한다. 또한 성모 마리아 자신이 북한과의 화합과 평화를 위해 정상회담을 열도록 하였다는 계시가 있었다고 하여 또 한 번의 이적을 나타내었다.

목포시

●유달산 부처상과 마귀바위

조각공원 옆으로 난 산길을 따라 올라가다 보면 너덜바위들이 여기저기 산재해 있다.

이 바위들을 통과하면 조금씩 가파르기 시작하는데, 암벽 사이에 난 좁은 길을 밟고 오르면 잠시 후 숲으로 둘러싸인 조그만 길이 나온다.

여기서 바로 나 있는 윗 바윗길로 오르면 눈앞에 다도해의 잔잔한 물결에 흐

늘거리듯 헤엄치는 모습으로 거대한
용머리 섬이 한눈에 담긴다. 아름다
운 풍광과 한 폭의 그림처럼 소담하
게 담겨 있는 경승을 조망할 수 있는
데 너무 아름다워 경탄이 쏟아져 나
온다. 특히 낙조 때의 모습은 장관이
다. 이 암반지대에는 오래된 이름 모를 석상이 있는데, 약간 물러나서 보면 부
처상처럼 보이기도 한다.

이 부처상 옆으로 눈을 돌려 위를 약간 쳐다보면 몸뚱이는 뱀이요 얼굴은 악
마의 형상을 한 무시무시한 모습의 바위가 보이는데, 부처상이 서 있는 쪽을
노려보고 있다. 혼자 보기에는 약간 섬뜩한 느낌이 드는데, 이 점이 바로 찾아
가 보고 싶은 매력을 더해 준다.

●신비의 옥정(玉井)

유달산의 달성사 내에 있는 샘이다.

1928년 초대 주지인 노대련 선사가 백일치성 기도 중 영암 출신 현기봉 거사
와 함께 암굴 30척을 굴착하였으며 백일기도의 영험을 입어 1백 일만에 용출
되었다. 극심한 가뭄에도 수원은 마르지 않는다고 한다.

지금부터 10년 전 옥정의 소문을 듣고 찾아온 관광객들이 옥정 곁에서 목욕
을 하는 등 추태를 보이자 샘물은 말라 버렸고, 이에 절에서 용왕제를 지내어
백일기도를 올린 후에야 다시 물이 나왔다고 한다.

또한 경기도에 사는 정 보살이라는 사람이 있었는데, 그의 자식 2명이 모두
세 살을 넘기지 못하고 죽었다.

하루는 정 보살이 꿈을 꾸었는데 법당 옆에 있는 샘의 물을 마시면 생명을 구할 수 있다고 했다. 그는 우물을 찾기 위해 전국을 돌아다녔는데, 유달산 달성사의 옥정을 찾게 되었고, 그 후 세번째 자식은 잃지 않았다고 한다.

지금도 부정한 사람이 사용하면 옥정 물이 일시에 없어지고 만다는 신비의 샘이다. 이런 유래를 알지 못하는 사람들이 훼손하고 함부로 물을 쓰다 보니 절에서 철제 탱크로 우물을 덮어 버려 지금은 그 실체를 볼 수 없다.

유달산 등산 코스

1) 유달공원 입구→달성각→유선각→마당바위→일등바위(2km, 30분 소요)
2) 유달공원 입구→소요정→이등바위(1km, 20분 소요)

순천시

● 송광사의 승보사찰과 비사리구시

삼보 사찰 중 승보사찰(僧寶寺刹)로 유명한 송광사의 연기 설화는 신라 말엽의 이야기이다.

혜린대사(慧璘大師)는 당대의 고승으로 제자들과 깊은 산 속에서 수도를 하고 있었는데, 제자들이 전염병에 걸리고 맹수의 위협으로 시달림을 당하였다.

제자들의 고통을 본 혜린대사는 정결한 곳을 찾아 부처님에게 구원을 빌다가 문수보살의 돌부처를 발견하였다. 그 앞에서 7일 기도를 하니 마지막날 꿈에 석가여래가 나타나 이제 불법을 모두 터득하였으니 새로운 절을 세워 중생 구제의 큰일을 행하라고 하였다. 깨어 보니 제자들의 병이 모두 나아 있었다.

대사는 다시 돌부처 앞에서 가는 길을 인도하여 달라고 기도하였다. 그러자 늙은 스님이 나타나 석가모니의 불보를 전해주며 송광산에 절을 지어 모시라고 하였다. 대사가 국가의 보조를 얻어 송광사를 세웠으니, 태자 보천이 왕위도 버리고 불교에 귀의하여 득도한 곳도 바로 이곳이다.

또한 송광사에는 다음과 같은 전설이 내려온다.

옛날 승주 고을에 70살 먹은 노파가 죽었다. 죽은 노파는 저승사자를 따라가 염라대왕 앞에서 다른 귀신들과 함께 재판 받기를 기다리고 있는데 염라대왕이, "이 중 누가 순천 송광사에 가본 사람이 있느냐? 가본 사람이 있으면 살려주리라!" 하였더니 너도나도 가보았다고 말했다.

염라대왕이 맨 앞사람에게 "유명한 비사리구시를 보았느냐?" 하고 물으니 "예." 하고 대답했다. "그러면 깊이가 얼마며 폭이 얼마더냐?"라고 물으니 안 가본 사람이 엉터리로 대답하자 크게 노하여 지옥으로 보내고 또 다음, 또 다음 사람도 마찬가지였다.

드디어 노파 차례가 오자 노파는, "살아 생전 초파일에도 가보고, 보조국사님 제삿날에도 가보고, 여러 번 가보았지만 비사리구시를 보고도 재보지 않아 알 수가 없었습니다." 하였더니 염라대왕은 "정직한 사람이다."라고 칭찬하고 좀더 오래 살다 오라고 하였다.

죽은 노파가 눈을 뜨니 가족들은 기뻐서 어쩔 줄을 몰라했다. 노파는 놀란 아들을 붙잡고 저승얘기를 하며 자(尺)를 가지고 송광사에 들러 구시를 재보니 길이가 17자이고 높이는 3자, 너비는 4자였다.

노파가 이것을 자꾸 잊어버리므로 아들은 명주실로 각각의 길이, 높이, 너비만큼 끊어 빨간 주머니에 넣어주며 "후에 돌아가시어 염라대왕이 물으면 주머니에서 실을 꺼내어 답하세요."라고 일러주었다.

그래서 한때 승주 노인들은 구시를 자로 잰 끈을 빨간 주머니에 넣어 차고 다니는 것이 유행이었다고 한다.

등산 코스
선암사 주차장(1.5km, 20분)→선암사(2.2km, 1시간 20분)→굴목재(1.5km, 1시간)→정상(1.8km, 40분)→멤산골 산장(4km, 1시간 20분)→마당재→송광사(4시간 40분 소요)

교통 안내
서울의 경우 호남고속도로를 끝까지 타고 가 광산 톨게이트에서 67km, 송광사 I.C에서 다시 10km를 들어간다. 총 380여km로 4시간 거리다.
부산과 대구의 경우는 88 올림픽도로를 타고 호남고속도로와 접속되면서 남해고속도로와 연결되면 부산 320km, 대구는 250km여서 하루 길도 가능하다.

● 보조국사의 지팡이가 변한 쌍향수

곱향나무로 불리는 송광사의 명물 쌍향수는 높이 12.5m, 수령 800년 된 나무로 조계산 마루 천자암 뒤뜰에 있다.

두 그루 향나무가 같은 모습을 하고 있어 쌍향수란 이름이 붙었는데, 보조국 사 지눌과 당나라 담당(금나라 장종황제의 셋째 왕자)이 송광사 천자암에 이 르러 짚던 지팡이를 꽂았더니 가지가 나고 잎이 피었다고 한다. 나무 전체가 엿가락처럼 꼬이고 가지는 모두 땅을 향하고 있는데, 이 쌍향수는 거꾸로 된 지팡이를 꽂았기 때문에 잎이 모두 땅을 향해 있다고 한다. 이 때문에 꼭대기 잎 하나에만 손을 대어도 밑동을 건드리는 이치가 되어 나무 전체가 흔들린다 고 한다.

● 고향수

쌍향수와는 달리 송광사를 찾는 이들이 일주문을 올라서 우화각을 들어서기 전에 볼 수 있는 고향수도 전설에 얽힌 나무다.

보조국사 지눌은 송광사(당시 절 이름은 수선사였다)에서 지낼 때 늘 향나무 지팡이를 짚고 다녔다. 그런데 죽기 전에 절의 입구인 일주문 뒤에 이 지팡이 를 꽂아놓고 제자들에게 이르기를, 이 지팡이에 잎이 피면 내가 다시 환생해 이 절을 찾을 것이라고 말했다 한다.

사실 여부는 알 수 없으나 높이 7m 가량의 이 고사목이 이곳에 서 있기 시작 한 것은 수백 년 된 듯하다. 지금은 사람들이 접근하지 못하도록 주위에 철망 을 치고 폭 4m의 돌로 보호하고 있다.

● 충무사와 왜성대

승주군 해룡면 신성리

신성포는 순천에서 12km쯤 떨어져 있는 광양만 내 승주 해룡면의 한 포구 다. 순천에서 여수로 가는 국도로 7km쯤 가다 월전리서 왼쪽 지방도로로 접어 들어 성산역 옆 건널목을 거쳐 5km쯤 들어가면 신성포가 보인다. 이곳이 저 유명한 사적 제49호 왜성대가 있는 곳이기도 하다.

왜성대는 신성포에서 1km가량 앞에 있는 해발 60m가량의 거북형 동산으로 총면적 3만4천여 평이다. 이곳에 임진왜란 때 가장 먼저 부산항에 쳐들어 왔던 소서행장이 6년간이나 국내 여러 곳을 약탈하다가 우리 군대에 쫓겨 최후의 요새성을 쌓았다.

이 성의 내성 높이는 5.9m, 폭은 3.9m, 둘레는 400m가량이며 바깥 성은 높이가 4~8m, 폭 4m, 둘레 1,200여m로, 내성과 외성 사이에 막사를 지었으며 내성의 맨 정상에 망대 겸 왜장이 거처하는 집을 지었다.

동쪽 해변가는 가파르기 때문에 오르기 힘들게 되어 있고, 육지와 연한 곳은 건너기 어렵도록 성 주위에 폭 10m 이상의 운하를 파고 육지와는 다리를 놓아, 올렸다 내렸다 하도록 꾸몄다.

소서행장은 다시 재기할 심산으로 이곳에 기지를 만들었다.

이 성은 1597년 9월 2일에 시작하여 3개월 만인 12월 2일 완공했다. 이 왜성대에서 바라보이는 성산리 남쪽산(120m 성산이라고도 한다)에 높이 1.9~4m, 폭 5.5m, 주위 40m 가량의 성이 하나 있다. 이 성은 임란 전부터 있던 성이어서 구성 또는 조선산성이라고 하며, 임란 때 축조한 일인들 성을 신성 또는 왜성이라 한다. 그리고 이곳 성 곁에 생긴 마을을 신성포라 부르게 되었다.

신성포는 임란이 끝나고 10여 년 뒤에 이씨, 김씨 등 세 사람이 집을 짓고 농사를 짓기 시작했는데, 밤만 되면 왜성대 주변에 말발굽 소리가 진동하고 도깨비불이 날아다니는가 하면 군사들의 함성이 그치지 않아 무서워 바깥출입을 못했다.

한 번은 이곳에 들른 도승이 이곳 사람들의 얘기를 듣고 마을 뒤에 이순신 장군의 영당을 지어 모시고 공경하라고 일러주었다. 사람들은 도승의 말이 그럴 듯하다 싶어 조그마한 사당을 짓고 장군의 초상화를 모시고 장군이 돌아가신 전날인 11월 18일을 기해 정성스럽게 제사를 지냈다. 이때부터 왜성의 밤도깨비 소동은 없어졌다고 한다.

합방 후 일인들이 다시 이 나라에 발을 들여놓아 이곳을 찾는 일본인 수가 늘었는데, 일인들이 이 충무공의 영당이 눈엣가시가 되어 해방 직전인 1944년 영당에 불을 지르고 말았다.

하루는 이곳 백창환 씨 아버지 꿈에 장군이 나타나 '내 텃돌을 손대는 자가 있으니 가서 지켜라.' 하고 현몽해 나가 보니 동네사람이 불탄 영당 주춧돌을 뜯고 있어 꿈 얘기를 하고는 서로 손대지 않기로 굳게 약속했다.

해방 후 즉시 주민들은 그 터에서 다시 제사를 지내기 시작했으며 1984년 순천, 승주, 광양 등지 주민들이 돈을 모아 충무사라는 사당을 짓고 순천 향교가 중심이 되어 봄 가을로 제사를 지낸다.

이곳 영정은 이당 김은호가 그린 것으로, 문공부 지정 영정의 기본이 되었으며 1951년 정운 장군과 송희립 장군의 영정도 배향했다.

이곳 충무사 경내에 매가 들어왔는데 날지 못해서 잡히고, 곰도 들어왔지만 뛰지 못해서 잡혔다고 하며 포구에서 밤에 고기를 훔쳐 달아나던 도둑이 밤새 달린 것이 충무사 주위를 맴도는 결과가 되어 잡혔다는 일화가 남아 있다.

이처럼 이 충무공은 죽어서도 영험을 보이므로 마을에 도둑이 없다고 한다. 부정한 여인들은 충무사 주위를 얼씬거리지 않고 사업을 하려는 사람들은 모두 이 사당에 치성을 드린 뒤라야 사업을 착수한다고도 한다.

● 금전산의 약수와 쌀구멍

이 고개에서 동북쪽으로 금전산 구릉을 타고 20분쯤 1km를 오르면 해발 500m 지점에 옛날 처사가 살았다는 처사굴이 있다. 이 굴은 입구의 높이가 80m, 가로의 길이가 1m40cm가량으로 굴 안으로 들어가면 삿갓형 천장의 높이가 2m50cm, 가로가 2m50cm, 세로가 1m20cm의 조그마한 공간이 있으며 10여 명 정도 앉을 수 있다.

이 굴 바닥은 몇 년 전부터 이곳에서 수도한다는 사람이 바닥을 콘크리트하고 한쪽에 제단을 만든 뒤 향로, 촛대 등을 진열해 놓고 있다.

재미있는 것은 이 굴 안에 폭 80m 가량의 굴이 뚫려 있고 이 굴에 물이 담겨 있는데 사람들은 이 샘을 '처사샘'이라 부르며 철분이 많이 섞인 약수로 여름이면 인근에서 이 물을 먹으러 찾아드는 사람들이 줄을 잇는다.

이 처사굴이 있는 암벽의 높이는 10m 가량으로 굴 입구 2m 거리의 암벽에 폭 30cm가량 되는 구멍이 1m 이상 뚫려 밑을 향해 있는데 이 구멍을 '생미공' 또는 '쌀구멍'이라 한다.

처사가 이 굴에서 공부할 때 20리 밖 마을에서 부인이 비가 오나 눈이 오나 세 끼 밥을 해서 치마폭에 안고 와 식사를 대접했다.

산신이 이 부인의 정성에 감동해 어느 날 밤 꿈에, "밥을 해오지 않아도 네 남편의 식사는 염려하지 말라."고 현몽한 뒤 이 쌀구멍에서 끼니마다 이 처사가 식사할 만큼의 쌀이 나왔다. 그러나 처사가 찾아온 손님을 대접하려고 1인 분이 더 나오도록 파낸 뒤부터 이 쌀구멍에서 쌀이 나오지 않았다고 한다.

등산 코스

낙안읍(20분)→등산로 입구(40분)→형제바위(20분)→금강암(30분)→정상(30분)→암재(40분)→금둔산(30분)→낙안읍(총 3시간 30분 소요)

●임신하게 해주는 각시샘(영험함)

처사굴에서 서남방 200m지점의 산마루에 처사굴의 샘과 관련지어 말하는 '각시샘'이 있다.

이 샘은 경사 30도 가량으로 뚫려 있다. 구멍이 어린아이 머리가 들어갈 정도이고 깊이는 72cm이며 안쪽에는 마치 여자 자궁의 나팔관처럼 두 갈래로 패여 있다. 이 샘물은 아기를 갖고 싶어하는 사람이 마시면 백발백중 임신을 하게 해주는 영천이라고 해서 주로 여인들이 먹는다.

처사샘과 마찬가지로 부정한 사람이 먹으면 몸이 마르며, 정성이 부족하거나 오는 길에 뱀을 본 여인에게도 영험을 나타내지 않는다고 한다. 이같은 전설 때문에 지금도 여름이면 멀리서 많은 여인들이 이 물을 먹으러 찾아온다.

이상한 것은 물은 분명 샘 속에서 나오는데 샘 밖으로 넘치지 않으며 각시샘에서 20m쯤 아래에 높이 4m 가량의 '사랑바위'가 있다. 이 사랑바위 밑에 석굴이 있다.

옛날에 처사가 처사굴에서 공부할 때 이 처사를 시험하기 위해 산신이 예쁜 연인으로 변해 각시샘에서 살았다. 처사를 유혹해 사랑바위로 불러 사랑을 속삭이고 이 사랑바위 밑에서 아기를 낳으면서 처사에게 아기를 낳을 때 흘린 피를 모두 마시라고 했다는 얘기가 있다.

이 사랑바위는 불치재 길에서 바라보면 마치 나르는 선녀가 조각된 것처럼 보여 묘한 느낌을 준다.

주변의 관광 명소

조계산 자락에 승보사찰 송광사와 태고 총림인 선운사가 있다. 임경업 장군이 세웠다는 낙안 읍성 민속마을도 있다.

여수시

● 석창성지, 걸어오다가 멈춰버린 바위들

여수시 여천동

이곳은 옛 백제의 원촌현, 통일신라의 해읍현, 고려 초기의 여수현이었다가 조선 초기에 순천 도후부에 합쳐졌던 고을터이다.

고려말에 왜구의 침입으로 쇠퇴하였다가 조선 초기에는 인구가 늘어났으며, 왜구가 침입할 것에 대비하여 15세기 중엽에 석보를 쌓아 위급할 때 인근의 주민들과 병마절도사 영에서 군사를 지원받아 이곳을 지키도록 하였다.

세종 때부터 시행된 잡색군의 조직에 의하여 창고를 마련해 곡식을 비축하고, 만약의 사태에선 읍성의 역할을 했던 곳이다.

그 후 중종 17년(1522년)에 상주하던 군사는 돌산포로 옮겨가고 오직 주민들이 스스로 방위하던 곳이다.

전설에 의하면 옛날 이곳을 지나던 어느 도승이 도술로써 10리 안에 있는 돌과 바위를 스스로 걸어오게 하여 차곡차곡 쌓아 성이 되고 이윽고 완성되자, 가까이 오고 있던 바위들은 모두 석창성을 향하여 멈췄다고 전해진다.

강진군

● 용혈굴과 용혈암

강진읍의 서남쪽 12Km 지점 석문리 월하마을 뒷산(주민들은 용혈산이라고도 부름) 중턱에 용혈굴이 있다. 이 굴은 입구에 두 개의 구멍이 있고 천장에 또 한 개의 구멍이 있어 모두 세 곳에 구멍이 나 있다.

굴속에는 맑은 물이 고여 있어 3개의 구멍과 함께 천연의 신비경을 이루었다

고 하는데, 현재는 물이 고여 있던 흔적이 사라져 아쉬움이 남는다.

전하는 말에 의하면 이 굴에서 큰 용이 출현하여 승천하였는데 이때 세 마리의 용이 승천함으로써 굴에 세 개의 구멍이 생겼다고 한다.

굴 안에는 용이 베고 잤다는 용 베개가 있어 신비감을 더해준다.

한편 이 용혈굴 밑에는 옛날 만덕산 백련사의 소속 암자인 용혈암이 있었다고 한다. 이 암자는 고려 불교계의 새로운 혁신 기풍을 마련한 원묘국사 요세가 만년에 머물렀디고 전힌디. 또 백련사가 배출한 8국사 중 천인, 천책, 무외 정오 등 유명한 3국사가 강학하던 곳이기도 하다.

● 보는 각도마다 불화의 눈이 따라다닌다는 무위사 후불탱화관음보살

무위사가 완성된 후 사찰의 번영을 위하여 백일기도를 드렸다.

마지막날 의복이 남루하고 얼굴이 찌든 한 거사가 절 문을 들어서는데 주지승이 그를 보니 행색은 추하나 얼굴에는 청아한 빛이 돌고 깊은 수도의 경지에 이른 고승임이 풍겼다.

법당에 모시니, 그는 들어가자마자 법당문을 모두 잠그고 "앞으로 49일간 아무도 이 안을 들여다보지 말라."고 당부하였다.

49일째에 주지승이 하도 궁금해 법당 문에 구멍을 뚫고 안을 들여다보니 파랑새 한 마리가 입에 붓을 물고 그림을 그리고 있었다. 거의 그림을 마치고 마지막 관음보살의 눈에 눈동자를 그리려는 찰나, 인기척을 느낀 새는 붓을 떨어뜨리고 어디론가 날아가 버렸다(이와 비슷한 얘기가 상주의 '북장사 괘불' 과

부안의 '내소사'에도 전해져 온다).

그 이야기를 뒷받침해 주듯 후불탱화 관음보살상에는 눈동자가 없으며 가운데 본존불의 눈은 얼마나 잘 그렸는지 보는 사람의 눈길을 따라다닌다고 한다 (이와 비슷한 얘기가　에도 전해온다).

교통 안내

1) 광주 종합버스터미널에서 강진행(20분 간격)이나 해남행(20분 간격) 직행버스 이용. 성전면에서 하차, 1시간 20분 소요

2) 성전에서 무위사까지 군내버스(하루 4회)나 택시 이용, 15분 소요

3) 강진 시외버스터미널에서 무위사행 군내버스 이용, 하루 4회, 25분 소요

고흥군

● 소박맞은 여인들이 가보아야 할 봉황산

해발 199m의 이 산은 고흥의 자연공원으로서 충혼탑이 있고 봉황정과 남휘루가 있어 많은 사람들이 산책을 즐기는 곳이다. 높이 30m 이상 되는 이 바위는 가운데가 패이고 중간보다 조금 위에 마치 음핵처럼 박혀 있다. 이곳부터 풀과 관목류가 자라 사람들은 이 바위를 여성의 성기에 비유한다.

이 바위가 사람들의 입에 오르게 된 것은 하필 이 바위가 마주보고 있는 신호리에서 처녀들의 가출이 잦았던 때가 있었기 때문이다. 처녀들이 바람나 가출하는 것이 이 바위 때문이었다는 것이다.

이 여근곡은 바위와 바위 틈이라 사철 물이 찔끔거린다. 남편에게 소박맞은 여인이 이 물을 마시면 남편이 마음을 돌이킨다고 한다.

교통 안내

고흥읍 소재지→버스터미널 가기 전 사거리에서 좌회전(15m)→봉황산 진입로 표시

곡성군

●신숭겸과 용마

고려 건국에 공이 큰 신숭겸 장군은 목사동면 구룡리 뒷산 비래봉의 정기를 받아 태어났다.

신숭겸이 보성강의 용탄 여울에서 목욕을 하는데 큰 바위굴에서 용마가 나와 장군에게 다가오자 그는 즉시 이 말을 타고 5리 정도의 거리인 유봉리의 산을 날았다. 그로부터 그 산 이름을 신유봉(申遊峰)이라 부르게 되었고, 용마가 나온 바위를 용암이라 부르게 되었다.

그 후 왕건이 견훤의 군대에게 대패하여 사방팔방으로 밀려드는 적군에 포위되었고, 목숨이 위태로운 지경에 빠지자 신숭겸은 다급히, "전하. 제가 전하의 옷을 입고 적을 유인하는 동안 안전한 곳으로 피하시옵소서." 하고 말했다.

왕건은 신숭겸의 완강한 요청에 못 이겨 옷을 벗어주었다. 왕건의 옷을 입은 신숭겸은 적들을 다른 곳으로 유인했다.

"저기다. 저자가 왕건이다."

견훤의 군사들이 우르르 몰려가자 그 사이에 왕건은 다른 곳으로 피하여 목숨을 구할 수 있었다.

수많은 백제군사들에게 포위된 신숭겸 장군은 사력을 다해 적군을 막다가 장렬히 최후를 마쳤다. 신 장군이 죽자 용마는 땅에 떨어진 신숭겸의 머리를 물고 고향의 인접지인 태안사 뒷산에 가서 3일간을 슬피 울다가 굶어 죽었다고 한다.

이곳에 장군의 무덤을 만들었는데, 매년 3월 16일 산제와 함께 신숭겸의 제사를 지내고 있다.

● 칙간바위와 철갑옷 바위

목사동면 신유봉 밑 전가에 신 장군의 훈련터가 있고, 그 옆 밭고랑에 부치돌
(대변 본 자리의 양편돌)이 지금도 남아 있는데 아무나 거기다 발을 붙이지 못
한다고 한다.

어떤 사람이나 한번 대변을 보고자 부치돌에 앉으니 그만 엉덩이가 딱 붙어
서 떨어지지 않다가 3일 만에 떨어졌다고 한다. 이것은 신숭겸 장군이 화장실
로 사용한 것으로 추측되고 있다.

또한 죽곡면 화자산 중턱에 철갑옷 바위가 있는데, 바위로 장절공 신숭겸 장군
이 평상시에 훈련하면서 입던 철갑옷을 감춰 두었다가 꺼내 입던 곳이라고 한
다. 그래서 철갑옷 바위라 부르게 되었다.

한때 어느 총각이 나무하러 갔다가 호기심에 바위 위에 있는 철갑옷을 입어
보려고 하자 몸이 바위에 붙어서 3일 만에 겨우 떨어졌다고 한다.

일제 때 왜경들이, "전설이란 유무한 것이다." 라고 망치로 바위를 부수니 갑
자기 뇌성벽력이 일고 폭풍이 몰아쳐 혼비백산하여 돌아갔다고 한다.

● 정갑산굴, 신묘한 전설과 보물을 지키는 지네

정갑산굴은 곡성읍 서계리 동락산 기슭에 있으며, 곡성읍에서 삼지면으로
넘어가는 괴치재 왼쪽에 최악산(697m) 중턱 계곡에 서쪽을 향하고 있다.

금성농장 입구 약간 위의 국도변 주변에서 바라보면 굴 앞 2m 지점에 높이
20m 가량의 암벽이 있고 암벽과 이 굴 사이에 6m 가량의 폭포가 있다.

그 폭포에 이르러 오른쪽 암벽을 보면 앞에 있는 암벽보다 5m쯤 낮은 암벽
에 3각형으로 뚫린 정갑산굴을 발견할 수 있다.

이 굴의 폭은 3~5m이며 깊이는 6m가량인데 밖에서 보면 여자의 생식기와
비슷하다. 굴 안은 깊어 갈수록 좁아지고 높이 80cm 가량의 좁은 굴이 4~5m
계속되다시피 하며 10명이 앉을 수 있을 만큼 넓어진다.

이 굴속에는 맑은 물이 담긴 샘이 있고 그 샘에는 은으로 만든 주발 뚜껑이 물
을 떠먹도록 돼있으나, 이 주발 뚜껑을 가지고 나오려면 굴속에 팔뚝만큼 큰
지네가 도사리고 있어서 가지고 나오지 못한다고 한다.

이 굴의 끝이 어디까지인지 아는 사람은 없다. 다만 굴 끝이 남원과 경주까지 통해 있다고만 전해져 온다.

정갑산이라는 사람이 이곳에 언제쯤 살았는지는 아는 이가 없지만 이 굴에서 정갑산이라는 자가 부하 10만 명을 데리고 살면서 괴치재를 넘는 주민들을 괴롭혔다고 전해오고 있다. 그래서 굴 이름이 정갑산장이다.

이 굴 근처 골짜기를 굴이 있다 하여 일명 '굴박굴'이라 부르는데, 서계리 마을이 180여 년 전에 형성되었으므로 정갑산은 그 이전에 살았을 것으로 여겨진다.

정갑산은 힘이 장사이고 독살스러웠는데 전북 남원 일대까지 도둑질을 다녔다고 한다. 정갑산은 특히 이 고개를 지키고 있다가 사람들의 몸을 터는 것은 물론, 결혼 행렬을 방해하고 신부를 잡아다 욕을 보인 뒤 길옆 웅덩이에 버렸기 때문에 이 웅덩이를 지금도 '각시소'라 부른다.

이 각시소는 국도 밑 천수답 사이 계곡에 있다. 재미있는 일은 이 각시소 서쪽 산기슭에 정갑산 어머니의 묘소가 있다는 사실이다. 그러나 이 묘를 주민들이 파서 쑥찜질을 해버렸다고 한다.

정갑산의 행패를 들은 한 도사가 정갑산이 신출귀몰하여 도둑질을 하는 것은 그 선조가 산고양이 소에 묻혀 있기 때문일 것이므로, 이를 찾아 파서 쑥찜질로 그 지기를 빼버리면 정갑산이 맥을 못 쓸 것이라고 주민들에게 일러주었다.

주민들은 정갑산의 어머니 묘를 찾아내자 도사가 일러준 대로 이 묘를 파서 그 뼈에 쑥찜질을 해버렸다.

이때 한참 남원골에서 도둑질을 하던 정갑산이 갑자기 맥이 풀려 죽어 버렸다고 한다.

이때부터 정갑산 도둑떼의 산고양이 같은 도둑질이 끊겼는데 정갑산 굴에는 정갑산이 훔쳐다 놓은 금은 보화가 잔뜩 감춰져 있을 것이나, 이것을 지키는 지네 때문에 들어갈 수가 없다고 한다.

구례군

●신비의 당몰샘

상사마을은 구례군 간전면 양천마을과 함께 전국 최장수 마을 가운데 하나이다. 이곳 사람들은 장수의 비결로 심산유곡의 깨끗한 환경과 '당몰샘' 을 꼽는다. 지리산 산줄기 왕시루봉 상사마을에는 '지리산 약초뿌리 녹는 물이 다 흘러든다' 는 당몰샘이 있다.

지난 1986년 고려대 예방의학 팀이 이 당몰샘의 수질을 분석한 결과 대장균이 단 한 마리도 검출되지 않은 전국 최상의 물로 판명되었다.

교통 안내

구례읍에서 19번 국도→하동 방면→18번 국도 화엄사 방면→마산면 소재지→청천초등학교 지나서 우회전→상사마을 구례읍에서 화엄사가는 군내버스(30분 간격 운행) 마산면 소재지 하차→상사마을 도보로 5분 소요

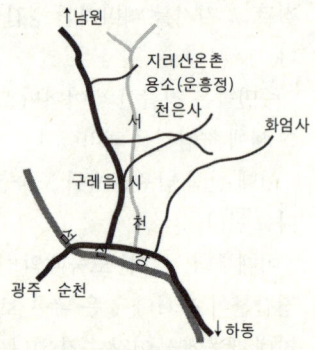

● 운흥정과 용소

산동면 좌사리

세종 4년(1422년)때 하연이라는 사람이 전라도 도관찰 출척사 병마도 절제사로 와 백성들의 형편을 살피기 위해 전라도 지방을 두루 살펴 다니다가 남원

중방현 객사에서 유숙한 일이
있었다.

어느 날 잠자리에 들었는데 꿈
속에서 백발노인이 나타나, "나
는 뒷산 용소의 용이오. 오늘 이
곳 관리들이 당신을 대접하기
위해 잉어 5마리를 잡아갔는데,
그 잉어들은 나의 손자들이니
당신이 살려주면 한 가지 소원을 들어주겠소." 하고 시 한 수를 주고 사라졌다.

용문산을 아홉 번 오르고
큰 바닷물을 세 번 마셨는데도
아직 용이 되지 못한 이때
장유자라 하는 자에게 잡혀갔나이다.

깜짝 놀라 꿈에서 깨어난 하 감사는 관리들에게 혹시 잉어를 잡은 사실이 있
다면 즉시 가져오라고 하였다.

꿈속에서 말한 그대로 다섯 마리의 잉어가 있었다. 이것은 하 감사의 음식을
대접하기 위해 잡아온 것이었는데 다섯 마리의 잉어 가운데 한 마리가 곧 죽으
려고 하자 하 감사는 급히 명하여, "이 잉어를 잡은 장본인을 즉시 대령시키도
록 하라." 하였다.

곧 어부가 객사에 끌려왔다.

"너는 누구이며 왜 잉어를 잡았는지 그 연유를 고하라."

"저는 이 고장에서 고기잡이를 하며 살아가는 장유자라고 하옵고 제가 잡은
잉어가 워낙 크고 귀하여 이것을 감사님께 선물로 드리려고 했던 것입니다."

"그대의 정성은 고맙지만 지체없이 이 잉어들을 다시 산동 못에 넣어주어
라."

명령을 받은 어부는 지체없이 시키는 대로 산동 못에 잉어들을 놓아주었다.

이런 일이 있은 후 3일이 지난 어느 날, 하 감사가 잠이 들었는데 꿈속에서 지
난번에 나타났던 백발노인이 나타나, "손자들을 구해 주셔서 고맙소이다. 소
원이 있으면 말해 보시오." 하고 말했다.

"아직까지 용의 모습을 본 사람이 없으니, 내 소원은 용의 모습을 한번 보는 것입니다."

"날이 밝으면 산동 못으로 나오시오."

꿈에서 깨어난 하 감사는 설레는 마음에 한숨도 못 이루고 날이 밝기만을 기다리다가 드디어 날이 밝아오자 산동 못가로 나갔다.

잠시 후 갑자기 하늘이 어두워지고 못 전체에 안개가 자욱히 끼더니 못 속의 물이 부글부글해지면서 시커먼 물체가 왼쪽으로 굽이치다가 다시 오른쪽으로 굽이치더니 마침내 머리를 드러내는 것이었다.

놀란 하 감사였지만 바짝 정신을 집중하고 용의 모습을 똑똑히 보려고 눈을 크게 떴다. 용의 머리는 말머리만 하고 흰 수염에 머리에는 검은 뿔이 나 있었다. 몸은 누런 황룡이었는데 잠시 후 사라져 버리고 말았다.

지금도 이 용소 부근의 바위에는 수없이 많은 글들이 새겨져 있는데 그 중에서 용을 본 하연 감사가 쓴 '용흥사(龍興詞)' 라는 글과 '용견죽하(龍見竹下)' 라는 글이 새겨져 있다.

그 후 오랜 세월이 흐른 뒤, 하 감사의 후손들이 용소 옆 비각 건너편에 견룡유적(見龍遺積)의 비각과 운흥정(雲興亭)을 세웠다. 산동면 좌사리 심원계곡 남쪽 상류에 있다.

하 감사가 용을 보았다는 사실을 증명하듯 남긴 용견시(龍見詩)를 소개한다.

산동의 바윗돌은 크고 높으며
산동의 푸른 물은 깊고 깊도다
황국화로 빚은 술 즐거운 이때
구월이라 가을 풍경 장히 좋구나
사람은 풍치를 한껏 누리며
용은 물위에 기뻐하도다
내 너를 어찌하고 홀로 즐기랴
차운산 먼 곳의 안개도 상서롭다

하연(河演, 1376년~1453년)
자는 연량(淵亮), 호는 경재(敬齋), 본관은 진주이다.
조선 세종 때의 인물로 영의정까지 올랐으며 후에 벼슬을 내놓고 낙향하여 경기도 시흥시 신천동 계란마을에서 여생을 보내다가 세상을 떠났다.

운조루

이 집은 영조 42년(1766년)에 당시 삼수부사를 지낸 유이주가 건립한 것으로 조선시대 양반가의 대표적인 집이다.

집터는 풍수지리설에 의하면, 남한 3대 길지의 하나로 금환락지의 형국을 이루고 있다고 한다. 현재 유이주의 10대손이 관리하고 있다.

집의 구성은 一자형 행랑채와 T자형 사랑채, ㄷ자형의 안채가 중문간 행랑채로 서로 연이어져 있고, 사당이 동북부에 자리잡고 있다. 구조 양식은 민도리집으로 공포를 사용하지 않았으며 지붕은 사랑채, 안채가 연이어져 있으나 합각을 형성, 팔각지붕을 이루고 있다.

운조루라는 택호는 '구름 속의 새처럼 숨어 사는 집'이라는 뜻과 '구름 위를 나는 새가 사는 빼어난 집'이라는 뜻도 지니고 있다.

한편 운조루 창건 과정에서는 운조루가 명당의 증거라는 사실이 발생해 사람들의 관심을 끌었다. 집터를 잡고 주춧돌을 세우기 위해 땅을 파는 도중 어린아이의 머리 크기만한 돌거북이 출토되었다. 이는 운조루의 터가 비기에서 말하는 금귀몰니(金龜沒泥)의 명당임을 입증하는 것이라 해석되고 있다.

이 돌거북은 운조루의 가보로 전해져 내려오다가 안타깝게도 지난 1989년에 도난을 당하여 이제는 볼 수가 없다.

운조루의 또 다른 가보는 홍살문에 걸려 있는 호랑이 뼈다.

유이주가 평북 병마절도사로 부임하면서 삼수갑산을 넘게 되었는데, 새재에 이르러 호랑이를 만나게 되었다. 기록에 의하면 채찍으로 그 호랑이를 잡아 가죽은 영조대왕께 바치고 뼈는 잡귀가 침범하지 못하도록 운조루 홍살문에 걸어 두었던 것이 오늘날까지 전해져 내려오고 있다. 이 일로 유이주는 영조대왕으로부터 박호장군이란 칭호를 얻게 되었다. 그런데 이 호랑이 뼈는 민간에 만병통치약으로 알려져 있을 뿐만 아니라 남편의 바람기를 잡는 데도 효험이 있다는 소문이 나돌면서 인근마을은 물론 타지에서 온 여인들이 조금씩 갉아 가는 바람에 수난을 당하고 있다고 한다.

교통 안내

구례읍에서 19번 국도를 따라 하동 방면으로 3.5km 정도 가다 보면 토지주유소가 나오는데 이곳에서 좌회전하여 오미리 마을로 1km쯤 직진하면 오미리가 나온다.

함평군

● 농바우와 신비한 용샘

함평읍에서 서쪽으로 약 4km쯤 달리면 함평읍 석정리 석두마을에 이른다.

석두마을에서 200m쯤 가면 일명 돌머리 코주배기라고 불리는, 유달리 바다를 향해 돌출되어 있는 해안이 있다. 여기는 항상 바닷물이 철썩이며 갯벌에는 굴, 고막 양식장이 있어 부촌을 이루고 있다.

석두마을 코주배기 해안에는 괴이한 암반으로 형성된 바위가 있는데, 괴석이 차곡차곡 쌓여 장롱 모양을 이루고 있어 농바위라 한다.

전설에 의하면 서해바다의 용신이 평상시에 바다의 보배를 이곳 농바위 속에 감추어 두었다가 바다 흉년이 들면 조금씩 급여하여 바다를 믿고 사는 어촌마을의 기근을 면하게 해주었다고 한다. 이에 감사하는 마음으로 마을 사람들은 해마다 용신제를 올렸다는 전설이 전해지고 있다.

지금도 제를 올렸다는 제단의 흔적이 남아 있으며 농바위 옆에는 용샘이라 불리는 옹달샘이 있다. 이 샘은 아무리 가물어도 마르지 않으며, 바닷가에 있지만 물맛 또한 전혀 짠맛이 나지 않는다고 한다.

● 포항정의 신기한 소나무

엄다면 화양리 포항정 뒷산에 둘레가 3.5m가량 되고 수령이 약 250년쯤 되는 소나무가 있다.

지금부터 200년쯤 전에 엄다면 화양리 정양마을과 포항정 마을에 '서명중'이란 성과 이름이 같은 두 사람이 각기 앞뒤 마을에 살고 있었다. 포항정 마을 서씨는 마음이 곱고 착한 데 비해 정양 마을 서씨는 심술이 사납고 마음씨가 바르지 못했다.

그런데 오래 전부터 포항정 마을 서씨는 병을 앓고 있었다. 날이 흐린 어느 날 밤, 병고에 시달려 잠을 못 이루고 엎치락뒤치락하고 있는데 밖에서 이상한 기척이 있어 문틈으로 바깥을 살펴보니 검정 옷을 입은 세 사람이 쑥덕거리고 있었다. 언뜻 든 생각에 자신을 데리러 온 저승사자인 것 같았다. 그는 부인을 깨워, "밖에 있는 사람들이 저승에서 나를 데리러 온 사자들이 분명하니 급히 마당에 짚을 깔고 사자 밥을 지어 대접하시오."라고 했다.

남편의 말을 들은 부인은 진수성찬은 아니지만 정성껏 음식을 마련하여 그들을 대접했다. 식사를 마친 세 사람은 잘 먹었다는 말을 하고 떠났다. 얼마 후 다시 그 세 사람이 나타나서, "하마터면 실수로 당신을 데려갈 뻔했구려. 내가 당신의 친절에 보답하는 뜻으로 한 가지 일러주고 가겠소. 이 마을 뒷산 소나무에는 이 마을을 수호하는 수호신이 살고 있소. 정성스레 잘 보호할 것이며 당신도 더 착한 마음으로 여생을 살기 바라오. 그럼 우리는 갑니다." 하고는 어디론가 사라졌다.

그 후로 저승사자가 일러준 포향정 뒷산 소나무를 잘 보호해 주었으며, 나무에 올라가면 몸이 나무에 붙어 버린다는 전설 때문에 마을 사람들은 어느 누구도 올라가지도, 손을 대지도 않는다고 한다.

무안군

●상처에 좋은 물이 흐르는 승달산 갈마봉바위

무안군을 동서로 가르고 청계면과 몽탄면을 경계로 하고 있는 이 산은 목포 유달산과 쌍벽을 이루고 있는 명산이다. 법천사, 목우사지 등 문화유적이 많고 자연경관이 뛰어나서 아침 산책을 즐기는 등산객들로 사랑을 받고 있다. 고려 인종 때 원나라 승 원명이 제자 500여 명과 함께 오도를 터득한 후 승달산이라 명하였다.

옛날 자손이 없던 부인들이 이 바위에서 기도하면 자손을 얻는다는, 남자의 생식기와 똑같은 형태의 바위이며 이 갈마봉 바위에서 기도를 하고 물을 마시면 소원이 이루어진다고 한다. 그리고 여기에서 나오는 물은 솜으로 찍어 바를 수 있도록 조금밖에 나지 않는다고 하는데, 피부의 상처에도 이 물을 찍어 바르면 낫는다고 한다.

승달산 등산 코스

제1코스 : 목포대→목포대 농장→하루재→법천사→목우암→수원지(4km)

제2코스 : 목포대→매봉→사자바위→하루재→솔동재→목포대(7km)

제3코스 : 목포대→월선제→수월동→하루재→법천사→목우암→수원지(4km)

보성군

● 손상시키면 혼줄나는 백암바위

보성군 문덕면 운곡리 부락 건너편 길가에 방치되어 있는 이 차돌바위에는 군사 2천 명이 사흘 동안 먹을 수 있는 식량이 들어 있다고 한다.

이런 말을 듣고 어떤 사람이 정으로 이 차돌바위를 몇 번 치자 갑자기 뇌성벽력이 일어나서 더 이상 바위를 깰 수 없었다고 한다. 그 뒤에도 몇 사람이 미신이라며 바위를 깨려고 하자, 그 사람이 불구자가 되어 버렸고, 또 한 사람은 죽어 버렸다고 한다. 그 뒤로는 이 차돌바위에 손을 대는 일이 없어졌고 지금까지 길가에 그대로 놓여 있다. 아무 데나 자기 이름 새기기를 좋아하는 사람들은 명심해야겠다.

● 낙태 영혼의 해탈기도가 가장 영험한 대원사

문덕면 죽산리 천봉산 중턱에 자리하고 있는 대원사는 신라 지증왕 때 아도화상이 창건하였다는 유서 깊은 절이다. 극락전의 달마대사 벽화는 무위사 벽화와 버금가는 명작으로 불교 문화의 귀중한 사료가 되고 있다.

이 절은 풍수지리설에 의하면 봉황이 내려앉은 형국이며 여성의 자궁에 해당한다고 한다. 그러므로 이 절에서는 낙태아를 위해 지장보살을 세우고 '태아령 천도'를 위한 지장기도를 봉행하고 있다.

'태아령' 이란 낙태되어 죽어간 어린 영혼을 천도시키는 기도를 말한다.

이곳은 죄를 씻고 영혼을 고통에서 해탈시켜 주는 가장 영험한 곳으로 알려져 많은 여인들이 찾고 있다.

주변의 관광 명소

사평 유원지, 유마사, 주암호, 서재필 생가 및 공원

교통 안내

화순 사생에서 대원사까지는 보성 군내버스가 하루 3회 정기 운행되고 있다. 대원사까지 20여 분 소요. 천봉사에서 대원사 코스는 산행의 기점과 종점이 전혀 다르므로 승용차가 오히려 더 불편하다.

● 공룡알 화석과 공룡뼈

보성군 득량면 비봉리

비봉리 해안가에 공룡알 화석지대가 발견되어 전 세계 학계를 놀라게 하고 언론에 크게 보도되었는데 바로 이 화석지대에서 또다시 공룡 뼈가 발견되어 대단한 화제를 불러일으키고 있다.

발견된 공룡 뼈는 아기공룡의 뼈로 추정되며 팔뼈와 다리뼈들이 암석덩어리에서 발견되었다.

특히 흥미 있는 점은 공룡 알은 모두 식물성으로 추정되는데 이번에 발견된 뼈는

육식 공룡일 것이는 것이다. 앞으로 이 지역에 자연사 테마박물관을 건립하게 되면 많은 관광객들에게 볼거리를 제공할 수 있어 기대가 되고 있다.

신안군

흑산도

●귀신나무로 불리는 초룡목

흑산면 진리마을에 초룡목이 있는데 이 나무에 대한 신비하고도 무서운 얘기가 있다. 초룡목 나뭇가지를 꺾어 불전에 놓으면 귀신을 부른다 하여 이곳 사람들은 이 나무를 귀신나무라고도 부른다. 미신과 비과학적인 얘기처럼 들리지만 호기심이 많은 사람들이 자주 찾고 있다.

● 무서운 용나무

용나무는 수령이 자그마치 수백 년을 헤아리는 노거수이다.

모양이 마치 용처럼 비스듬히 누워 있어 용나무라 불리고 있다. 이 용나무에 대한 전설을 소상히 아는 사람은 아무도 없으나 이 나무의 가지를 베면 석양이 될 때마다, "아이고 내 팔이야." 하는 소리가 들려 지금도 그 나뭇가지에 손을 대는 것을 피한다고 한다.

한때 외지인이 이 용나무로 장롱을 만들려고 가지를 베어냈다가 횡사했다는 얘기가 전해 내려오고 있다.

동네사람들은 또 이 용나무 아래에 모여 노는 어린이들이 질병 등 아무런 사고 없이 성장한다 하여 감사함을 표하기 위해 칠월칠석에는 어린이를 가진 부모들이 술과 떡을 마련하여 이 나무에 제사를 올린다고 한다. 온 동네사람들이 술과 떡을 나눠 먹으며 농악놀이와 그네 타기 등으로 하루를 즐겁게 보낸다고 한다.

목포항 여객선터미널에서 동양 골드호, 남해 스타호, 대흥호 등의 쾌속선이 하루 4회 출발(07 :
50, 08 : 10, 13 : 30, 14 : 00) 흑산도까지 2시간 소요.

일반선 동원 1호와 동원 2호[번갈아가며 매일 1회(09 : 00) 출발. 흑산도까지 4시간 40분 소요]

●흑산면 홍도리 기암괴석들

돔바위

어느 날 강태공이 낚시를 하다 깜박 졸고 있는데 갑자기 물고기가 낚싯줄을 물고 도망가자, 깜
짝 놀란 낚시꾼이 힘껏 낚싯줄을 뒤로 잡아당겼다. 그랬더니 낚싯줄에 걸린 돔 한 마리가 날아
가나가 바위에 무늿혔다. 이 바위에는 돔의 형상이 찍혀 있다.

흔들바위(아차바위)

아차 하면 떨어질 듯 걸려 있는데 배가 바로 이 밑을 지나게 되어 아찔한 스릴을 맛볼 수 있다.
옛날 힘센 장수가 이곳에 위태롭게 바위를 걸쳐 놓았는데, 마음씨 나쁜 사람이 그 아래를 지나
가면 떨어진다는 전설이 있다.

원숭이바위

용왕의 잔치에 참석했던 한 원숭이가 홍도의 아름다운 경치에 취해 고향으로 돌아가지 않았다.
그러나 훗날 고향이 그리워져 해변가에 나와 먼 고향을 그리다가 돌로 굳어 버려 생긴 바위라
고 한다.

ET바위

모양이 흡사 외계인 ET 형상을 하고 있어 ET바위라 붙여졌다.

지도바위

한반도 지도를 닮았으며 이 바위가 위치한 산에서 내려다보는 주위 풍경은 마치 한 폭의 동양
화 그 자체이다.

시루떡바위

옛날에 용왕께 시루떡을 만들어 바쳤는데, 시루떡이 설익어 화가 나서 내동댕이쳐 버리자 그대
로 바위가 되었다고 한다. 모습이 신기하게도 설익은 시루떡을 엎어놓은 형상을 하고 있다.

주전자바위

손잡이가 없는 주전자 모양을 하고 있어 주전자바위라 붙여졌다.

보석동굴

홍도의 천연동굴 가운데 대표적인 이 동굴은 화려하고 영롱한 빛을 발하고 있어 보는 이로 하

여금 황홀함을 자아낸다. 또한 이곳 천장에서 떨어지는 물방울을 마시면 몸에 좋다고 한다.

콜라병동굴

커다란 바위 한가운데를 누군가가 기계로 뚫어서 만들어 놓은 듯하며, 콜라병과 흡사한 모습을 하고 있다.

〈홍도 일주 유람선 출항시간〉

평일 : 07 : 00～12 : 30(2회) 소요시간 2 : 20～2 : 30

성수기 : (7～9월) 06 : 00～17 : 00(수시)

(선박 : 목포～홍도)

	운항시간	횟수	소요시간
평일 4회 운항 :	오전 07 : 20～07 : 40	2회 출항	홍도 출항 10 : 10～10 : 30
	오후 13 : 20～13 : 40	2회 출항	홍도 출항 16 : 10～16 : 30
여름 8회 운항 :	오전 06 : 00～08 : 10	4회 출항	홍도 출항 08 : 10～10 : 30
	오후 12 : 00～14 : 20	4회 출항	홍도 출항 14 : 10～16 : 30

● 용출굴

신안군 임자면 광신리 부락 해안선에 위치한 '용 낳은 굴'인 용출굴은 높이 8m, 길이 150m, 폭 7m의 동굴로 용이 나와 승천했다는 400년 전의 전설이 흐르고 있다.

이 굴은 조수가 만조일 때를 제외하고 늘 사람이 구경할 수 있으며, 풍경은 물론이고 아무리 폭서라도 굴속에 10분만 있으면 냉기가 들어 이빨이 달달 떨려서 버티기가 괴로워진다.

이곳이 점차 알려지자 각 지방에서 해수욕 겸 피서객들이 계속 늘어나고 있다. 특히 이 굴은 12문턱으로 되어 있으며 굴 사방 석벽에는 24시간 얼음처럼 차가운 물이 떨어지고 있다. 이 굴을 관람하려면 손전등을 준비해야 한다.

● 신비의 소나무바위

비금 노씨의 묘지 뒤에는 큰 굴이 있었고 그 굴 옆에는 큰 소나무가 있다.

묏자리가 좋아 노씨 자손에 대장이 났었는데, 하루는 서울에서 난이 일어나 왕의 부름을 받고 서울로 가는 도중 난이 평정되어 장군이 능력을 발휘하지 못하고 돌아올 때 노씨의 묘 뒤에 있던 큰 소나무에 까치가 알을 낳았다고 한다. 그런데 구렁이가 올라와 알을 먹자 하늘에서 벼락을 때려 구렁이는 죽고 벼락은 큰 바위로 변했다. 큰 바위는 소나무 옆에 소나무와 같이 자랐는데 언제나 소나무의 높이와 똑같다고 한다.

지금도 소나무와 바위는 똑같이 서 있어서 어떻게 보면 소나무가 자라지 않는 것 같고, 어떻게 보면 바위도 소나무만큼 똑같이 자라는 것 같다고 한다.

● 떡메산

옛날 도고리 마을에 산더미 만한 바위산이 공중에 떠왔는데, 이 바위산에는 장군이 말을 타고 있었다. 원래 그 산은 비금 용소리에 내려앉으려고 했는데, 용소리에 이르기 전 도고리와 가산리 중간쯤 이르렀을 때 마침 아이 난 여인이 피묻은 속옷을 빨고 있다가 이를 봤다.

"오메, 떠온다 떠온다 떡메산." 하고 소리쳤다. 순간 부정을 탔는지 공중에 떠 있던 산이 그 자리에 내려앉아 버렸다. 그것이 지금의 떡메산이다. 지금도 산의 바위 위에는 장군이 두던 바둑판이 새겨져 있으며, 우산처럼 생긴 우산바위 장군의 신발 자국이 남아 있는 '신바위' 등이 그대로 남아 있다.

우이도

●당신(堂神)의 영험

도초면 우이도 대촌리

당산에 대변을 본 주민이 당신의 노여움을 사서 전신이 마비되어 반신불수가 되었다고 한다. 또한 개고기를 먹고 당에 들어간 사람이 벙어리가 된 사람도 있고 정신이상자가 된 사람도 있었다. 또 당산에 열린 과일을 따먹으면 입술이 부르튼다고 한다.

암태도

●벗섬, 거인장군의 훈련장과 기암들

암태면 송곡리

암태면에서 동쪽 끝으로 가면 '벗섬'이라 불리는 조그마한 섬이 있다.

옛날에 이 섬에는 아주 힘센 장사 한 사람이 살면서 심신을 단련하고 있었다. 이 장사는 벗섬 꼭대기와 건너편의 우뚝 솟은 박달산 꼭대기에 쇠줄을 매어놓고 약 5리 되는 거리를 쇠줄을 잡고 왔다갔다하는 훈련을 거듭했다. 장사가 훈련하는 광경을 바라보고 있으면 마치 줄타기하는 곡예사의 재주풀이를 보는 것 같았다.

전설을 뒷받침하듯 박달산 꼭대기에는 지금도 솥 모양의 돌과 생활도구 비슷한 물건들이 여러 곳에 흩어져 있는 것을 발견할 수 있다. 장사가 쇠줄을 매었다는 벗섬 꼭대기 바위에는 구멍이 뚫려 있고 구멍 가장자리에는 쇠꼬챙이가 박혀 있다.

압해도

● 굴박산의 구렁이

압해면 복룡리

중촌에서 바라보이는 곳에 효지라는 섬이 있고 이 섬을 이루고 있는 산을 굴박산이라 한다.

이 섬에 사이좋고 행복하게 사는 세 식구가 있었다. 그러던 어느 날 난데없이 큰 구렁이 한 마리가 집에 나타나자 겁먹은 식구들이 도망쳤으나 구렁이는 계속 뒤쫓아왔다. 더 이상 도망가지 못할 만큼 진이 빠진 식구들은 모든 것을 체념하고 구렁이의 처분만을 기다리고 있는데, 구렁이는 어찌된 영문인지 입에 물고 있던 먹이를 사람들 앞에 놓고 슬그머니 사라졌다. 식구들은 구렁이를 눈물겹도록 고맙게 생각했다.

구렁이는 매일같이 이 섬에서 먼 바다를 헤엄쳐 이 집에 먹이를 구해다 주었다. 구렁이는 굴에 살면서 이 섬을 지키며 자기가 해야 할 일이 무엇인가를 찾아 착한 일을 해주곤 했다.

몇 년 뒤 구렁이가 병들어 죽자, 사람들은 산기슭 양지바른 곳에 곱게 장사지내 주었다.

후세 사람들은 죽은 구렁이의 혼이 영원히 이 섬을 보호하기 때문에 잘살고 있다고 믿고 있다. 지금도 굴박산 봉우리에서 약간 내려가면 꼬불꼬불하고 이상야릇하게 생긴 굴이 있는데, 이 굴이 바로 착한 구렁이의 굴이라고 하며 '굴바우'라 부르고 있다.

영광군

●까치가 만든 조각품인 불갑사 대웅전

불갑산(516m) 기슭에 자리잡은 불갑사는 백제 침류왕(384년)때 마라난타 존자가 백제에 불교를 전래하면서 제일 처음 지은 불법도량이라는 점을 반영하여 절 이름을 부처불, 첫째갑, 불갑사라 하였다고 한다.

'동국여지승람'에 불갑이라 표기되어 있는 이 사찰은 국내 삼갑 사찰 가운데 가장 오래된 사찰로 알려져 있다.

이곳 대웅전은 건물 규모는 보잘것없지만 각종 조각이 특이하다. 창살무늬는 보기 드문 눈송이 설문이며, 대들보에서는 용이 기둥을 타고 내려오는 오소리를 쫓는 형국을 하고 있다. 불상 위를 덮고 있는 닷집 또한 일품으로, 이 대웅전의 조각은 건축 당시 이름 있는 조각가가 찾아와 스스로 일할 것을 자원하며 만들었다 한다.

이 조각가는, "내가 일을 끝마치는 동안 절대로 부정한 여자들이 드나들지 못하도록 해달라"고 당부했다.

몇 달이 지나도 나오지 않고 일만 계속하므로 밥을 해 나르던 여인이 하도 궁금해 문틈으로 엿보았더니 조각가는 그만 피를 토하고 죽고 그 피는 까치 한 마리가 되더니 멀리 날아갔다고 한다. 이 때문에 대웅전 창살무늬는 일그러지고 말았으며 집을 완성한 뒤 그 조각가를 기념하기 위해 불상 뒤쪽 벽에 까치 그림을 그렸다. 지금도 이 대웅전 벽에는 재미있는 까치 그림 두 폭이 남아 있다.

불갑사 참식나무

천연기념물 제112호로 지정된 불갑면 불갑사 8,400평 경내에 자생하는 나무로 녹나무과에 속하는 상록활엽 교목이다. 이 나무는 특히 신경통에 특효가 있다.

교통 안내

〈승용차편〉 영광에서 23번 국도→함평 방면(8km)→불갑면 소재지→불갑초등학교 앞에서 좌회전→(900m)→내산서원(2.5km)→불갑사

〈버스편〉 영광읍→불갑사행 시내버스 이용, 9회 운행(20분 소요)

영암군

●월출산, 천상으로 들어가는 비밀의 석문

정씨 성을 가진 사람이 탐관오리
들이 득실대자 벼슬을 그만두고 자
기를 따르던 사람들을 데리고 경치
좋은 곳을 찾아 남쪽으로 갔다.

일행은 월출산에 이르자 감탄을
금치 못했다. 신비하게도 정씨가 꿈
에서 자주 본 산과 같은 곳이었기 때
문이다. 일행은 발걸음을 재촉하여 해질 무렵에 월출산에 도착하였다.

정씨는 일행들에게, "이곳은 영원히 행복하고 아름답게 살 수 있는 곳이며 꿈
속에서 내가 신령님을 따라간 곳이었다. 이곳 어딘가에 별천지로 들어가는 문
이 있었다."

말을 마치고 나서 낯익은 길을 찾듯 별천지로 들어서는 입문인 정천대로 들
어섰다.

정씨가 큰 바위를 옆으로 밀어 제치자 사람이 겨우 엎드려 들어갈 수 있는 정
도의 동굴이 보였다. 일행이 모두 동굴로 들어서자 동굴이 넓어지더니 넓은 세
상이 나타났다.

꿈속에서 보았던 환상적인 세계로 온갖 아름다운 꽃들이 만발하여 피어 있
고 바위들은 각각 금은 보석으로 되어 있었다. 백발노인이 큰 지팡이를 짚고
대궐 같은 집에서 나오더니, "오시느라 수고했소이다. 이곳은 그대들이 마음
놓고 살 곳이외다." 하더니 갑자기 사라졌다.

일행은 이곳에서 행복하게 살았는데 이 정천대는 통로가 한 개뿐이며 보통
사람의 눈으로는 발견할 수 없는 석문으로 되어 있기 때문에 발견하지 못한다
고 한다.

등산 코스

천황사→구름다리→시루봉→바람폭포→말바위→광암터→통천문→천황봉

광암터에서 등산로를 따라 계속 올라가면 월출산 최고봉인 천황봉(해발 808m)으로 통하는 바위굴이 있는데 이름하여 통천문이라 부른다.

교통 안내

〈승용차편〉 1) 나주에서 13번 국도를 타고 영암읍 도착, 오등석탑에서 포장도로로 진입하여 천황사에 들어서거나 불티재까지 간다. 2) 강진에서 829번 국도를 타고 불티재에 도착한다.

〈버스편〉

영암에서 천황사까지 군내버스가 6시 20분부터 3차례 운행

● 구정봉의 신령암

높이가 10여 척이 되는 정상의 큰바위에 오르면 20여 명 가량 설 수 있는 평평한 바닥에 9개의 웅덩이가 패여 있어 구정봉이라 한다. 혹심한 가뭄에도 마르지 않는 신비의 웅덩이다.

천황봉과 구정봉을 잇는 주능선을 중심으로 사면에 펼쳐진 산세는 기막힌 경관이며 기암의 전시장이다. 용암사터 아래 용암에는 구름 차, 마차, 사슴차 등 세 개의 돌차가 있다(용암사지 출처).

온산에 범바위, 여인바위, 신하바위, 망부석, 남근바위(좆바위), 음혈(보지바위) 등 별별 이름의 기묘한 바위들이 헤아릴 수 없을 만큼 많다.

구정봉에는 9마리의 용이 산다고도 하며 신라 때 도선국사가 당나라에 보복할 때 디딜방아를 찧으면 당나라의 재인들이 하나씩 죽었다는 디딜방아를 찧던 자국이 있다고 한다.

또한 달 밝은 밤에 하늘의 아홉 선녀가 구정봉에 내려와 목욕하는데, 구림촌 마을에 사는 초동이 옷 한 벌을 감춰 버리는 바람에 승천하지 못한 선녀와 초동이 결혼하여 행복하게 살았다는 전설도 있다.

● 구정(九井)의 신령암 (혹은 三動岩)

설화 1

삼동석은 구정봉을 이르는 것이 아니고 월출산에 열 사람이 움직이나 한 사람

이 움직이나 그 흔들림이 똑같은 동석 세 개가 있어 이를 이르는 것이라 한다.

설화 2

삼동석(움직이는 세 개의 돌) 때문에 영암에 큰 인물이 태어난다고 하여 중국인들이 3개 모두를 떨어뜨렸다. 그 가운데 하나가 스스로 원래 위치로 올라가자 신령한 바위라 칭했는데, 영암이란 지명도 신령한 바위라는 데서 유래된 것이라 한다(동국여지승람).

● 영험한 미륵불

칠치계곡 입구에 650여 년 전 고려말엽께 만든 것으로 추측되는 음각 미륵불이 있다.

이곳에서 600여 년 전 영암읍에 사는 최씨 집에 고용살이를 하는 장씨가 살았는데 몸이 약해 힘든 일에는 항상 남에게 뒤지며 산에 나무를 하러 가면 남에게 빼앗기기 일쑤였다. 힘이 약한 것을 한탄하던 장씨는 생각 끝에 주인에게 "앞으로는 나무하러 갈 때마다 '숫태밥'을 따로 정결하게 싸주세요." 하였고, 그는 매일 미륵불을 찾아가 정성껏 기도했다.

1백 일째 되던 날, 낮잠을 자고 있는데 꿈속에 부처님이 현몽하여, "너의 지성이 갸륵하구나. 네 몸을 쇠줄로 묶어 주랴, 아니면 동아줄로 묶어 주랴?" 하고 물었다. 장 머슴은 "동아줄로 묶어 주십시오" 하고 대답했다. 부처님은 즉시 동아줄로 꽁꽁 묶은 뒤 사라졌다.

장씨는 잠에서 깨어나면서 자신도 모르게 기지개를 켰는데 동아줄이 우드득 끊어지며 힘이 용솟음쳤다. 나무 치기도 기구를 쓰지 않고 맨손으로 산더미같이 해치우는 등 천하장사가 되었다.

이 전설을 따라 오늘날도 이 미륵불 앞에서 소원성취를 기원하는 사람들의 발길이 끊이질 않고 있다.

● 신비한 샘물(약천)

영암군 도포면 영호리

영호리의 한 부잣집에서 늘그막에 아들을 보게 되었다. 그런데 커가면서 등이 오그라져 곱추가 되고 말았다.

부끄러워 밖에도 나가지도 못하고 집에만 갇혀 있던 도령은 어느 날 아무도 모르게 밖으로 나가 세상 구경을 신나게 하였다.

하루는 여기저기 지나다가 목이 말라 마침 들에서 물을 뿜어 올리는 곳에 가서 물을 한 바가지 얻어 마셨는데, 이상하게도 구부러졌던 등이 펴지기 시작했다. 이런 일이 있은 후 논바닥에 있었던 이곳을 '약천' 이라 불렀으며 이 소문을 들은 환자들이 전국에서 몰려들었다.

완도군

●청해진, 신비의 장보고 장군샘

완도군청이 있는 완도 본섬 동쪽으로 장좌리 앞바다에 전복을 엎어놓은 듯 둥글넓적한 섬 장도(일명 장군섬)가 있다.

마을에서 장도까지의 거리는 약 180m쯤 되고 하루 두 차례씩 썰물 때는 바닥이 드러나 걸어갈 수 있다. 이곳은 통일신라시대의 유명한 장보고 장군과 그가 이룩한 청해진의 유적지다. 당시 유적으로 장도에 외성과 내성이 있었다고 전하며 현재 유적발굴 조사가 활발히 진행되고 있다.

이곳에서는 당시 화려했던 모습을 엿볼 수 있는 여러 유적과 유물이 발견되고 있으며 유적으로는 청해진성, 와당편 다수, 토기편, 사당, 법화사지터 등이 있다.

물이 빠졌을 때는 장도 남쪽 갯벌에서 원래 청해진을 방비하기 위해 굵은 통나무를 섬 둘레에 박아 놓았던 것인 목책의 흔적을 볼 수 있다. 장좌리 부락 해안가에 있는 장군샘은 청해진 때부터 현재까지 1천 년을 변함없이 솟구치고 있는 신비의 샘이다. 물맛의 상큼함이 그만이다.

교통 안내

해남읍에서 13번 국도를 따라 미황사 방향으로 31.4km 가면 813번 지방도로가 교차하는 남창 주유소 앞 사거리→사거리에서 13번 국도를 따라 달도를 지나 완도대교 건너면 두 갈래 길(여기가 완도 초입으로 주유소에서 약 3km)→왼쪽 13번 국도로 완도읍 방향으로 11km쯤 가면 오른쪽에 장좌리 청해초등학교가 있고 왼쪽에 마을 건너 장도가 있다.

● 죽어서도 살아 있는 영혼의 관왕묘와 관운장 신(神)

관왕묘는 중국의 삼국시대에 촉한의 장수로 유비를 도운 관운장을 모신 사당이다.

중국에서는 문인들이 공자를 성인이라 하여 문묘에 모시고 추앙하지만 무인들은 관운장을 악비와 함께 모시고 무묘라 하여 군신으로 모신다. 곳에 따라 관제노야 묘라 하여 관운장을 모시는데, 이 관운장 신을 섬기면 복을 받고 장수하며 전쟁에서 필승한다고 믿는다.

명나라 군사들은 왜병을 무찌르기 위해 우리 나라에 원군으로 와서도 그들의 풍속에 따라 관왕묘를 짓고 관운장 신에게 제사하여 전쟁을 했다고 한다.

관운장인 관우의 묘를 관왕묘라고 하는 것은 관운장이 죽은 뒤 무안왕으로 추존했기 때문이다. 특히 임란 때 관왕묘가 생긴 뒤에 1백 년쯤 뒤에 왕위에 올랐던 숙종이 아들 경종을 관우 장군을 꿈에 보고 잉태해 낳았다. 이후 관왕묘에 대한 정성이 더해졌다.

현재 고금도 덕동의 충무사 경내에 있는 관왕묘비도 숙종 39년인 1713년에 세운 것이다.

고금도에는 이 관왕묘가 일제 중엽까지 있었으며, 영조대왕이 내린 탄보묘라는 현판이 걸려 있었다. 이 현판은 영조가 왕위에 오른 뒤 그의 부왕이 '관왕의 꿈을 꾸고 태어난 분' 이란 뜻으로 탄보묘라 했다.

사람들은 관운장신은 선악의 사정을 관할한다고 믿기에 이르렀다. 제에 대한 정성도 대단해 매년 3월 5일경의 경칩과 10월 23일경의 상강절 등 두 차례에 제사했다.

춘추대제 때면 병영 등 인근 무관은 물론이고, 6개 고을 군수들이 참여했다. 정성이 부족했던 어느 고을 군수가 갈 길이 멀어 이곳에서 하룻밤을 자다가 관우 장군이 꿈에 나타나 호통을 치는 바람에 혼비백산하여 떠난 일까지 있었다고 한다.

교통 안내

1) 완도항에서 고금도까지 선박 이용. 7회 운항(20분 소요)

2) 강진군 마량면에서 고금도까지 철부선 하루 20여 회 운항(왕복 5분 거리)

진도군

● 금골산의 쌀구멍과 마애여래좌상의 배꼽 비밀

일명 상골산이라고도 부른다. 해발 193m의 금골산은 그 자체가 기암괴석의 모양을 하고 있고 신비롭게도 암석이 쌀의 색깔을 띠고 있으며 오묘한 예술 조각품을 연상시켜서 감탄을 자아내게 한다.

산 아래에는 금성 초등학교가 있는데 그곳에는 보물 529호로 지정된 5층 석탑이 있다. 산 중턱에는 쌀 구멍의 전설을 안고 있는 굴암이 있고, 밑으로 내려다보이는 둔전평야와 사방으로 펼쳐진 산과 봉우리는 한 폭의 그림 같다.

이 산 중턱에 있는 굴속에는 노 스님과 상좌스님이 살았는데, 암석 벽의 구멍에서 매일 두 사람분의 식량이 나와 아무 곤란 없이 지냈다고 한다.

그들은 옛날부터 내려오는 말이, "아무리 쌀이 필요한 일이 생겨도 정량 이상은 받을 수 없으니 욕심 내지 말고 나오는 쌀만 받아먹고 살아야 한다."고 전해 내려오기 때문에 이것을 지켰다.

그러던 어느 날 많은 손님이 찾아오자 나오는 쌀로는 부족하여 마을에 가서 쌀을 구해오려 했는데, 어둡고 험준한 길이므로 내려가지 못했다. 그래서 저녁에 배가 고플 것을 걱정한 나머지 쌀 나오는 구멍을 쑤셨다. 그러자 그 후로는 이 굴에서 한 톨의 쌀도 나오지 않았다고 한다.

지금도 이 굴에 가면 마애여래좌상의 큰 조각이 있고 신기하게도 배꼽 부분에 깊게 패인 자국이 남아 있는데, 이 구멍에 돌을 던져 넣으면 아들을 낳을 수 있다는 전설이 있다.

교통 안내

목포→영산호 하구둑→목포공항→해남 방면→해남 우수영→진도대교→(5분)→금골마을 오른쪽

● 돌묘 [石墓] 와 꽁돌

어라미끼(꽁돌이 있는 관매도 바닷가의 지명. 왕돌미끼라고도 함)에 내려온 하늘장사가 가지러온 꽁돌이 방금 하늘에서 떨어진 것처럼 살짝 얹혀 있는 듯 하다.

꽁돌의 직경은 4~5m 정도의 원형인데 마치 거인이 왼손을 펴서 받쳐든 모양으로 꽁돌 중하단에 움푹 패인 홈이 손바닥의 손금까지도 새겨져 있는 듯 그 형체가 뚜렷하다.

꽁돌 바로 앞에는 마치 인위적으로 조각하여 놓은 듯 길이 1m 정도의 돌묘가 일품이다. 상단에는 금관 모양의 돌묘가 덮어 씌워져 있고, 묘 주위에는 개울처럼 고랑이 패여 있다.

뿐만 아니라 돌묘 좌우 하단에는 이와 비슷한 묘 형태의 돌이 2개나 있다. 왕돌산 아래 돌묘로부터 5m 거리에 연대도 이름도 알 수 없는 실제의 묘가 전설 속에 잠들어 있다.

관매도 2구인 관호 마을 뒷재를 넘으면 남쪽으로 탁 트인 검푸른 파도가 끝없이 펼쳐지며 바닷가에 있다.

옛날 옥황상제가 애지중지하던 꽁돌을 두 왕자가 실수하여 지상으로 떨어뜨리자 옥황상제는 하늘장사에게 꽁돌을 가져가게 했다. 꽁돌을 가지러 온 하늘장사가 그것을 들어올리려던 차에 은은하게 들려오는 거문고 소리에 매혹되어 넋을 잃고 말았다.

또 두 명의 사자를 보내어 하늘장사를 데려오게 하였으나 두 사자들마저도 거문고 운율에 취하여 일어설 줄 모르자 이를 안 옥황상제가 진노하여 그 벌로 앉아 있던 그 자리에 돌무덤을 만들어 묻히게 했다고 한다. 그 뒤 자기들의 실수로 일어난 이 일을 고민한 두 왕자도 이곳에 내려왔다가 거문고 소리에 취하여 넋을 잃게 되자 옥황상제가 화가 나서 영원히 바닷물 속에 잠기도록 섬을 만들어 버렸으니 그 섬이 바로 형제섬이다.

● 학미중 드랭이굴

어라미끼의 왼쪽 50~60m 해안 절벽 하단에는 닻을 걷던 닻걸래 굴이 있고 오른쪽으로 같은 거리의 정도에 선녀들이 꽁돌을 엿보았다는 엿바굴(음성굴)

이 있다. 여기를 지나노라면 깎아 세운 듯한 절벽 아래로 바닷물이 출렁이며 '내가 여기에 왜 왔던가!' 할 정도로 온몸이 저려오는 스릴을 느낄 수 있다.

이곳을 지나서 북쪽 방향의 산등성을 넘어 해변에 이르면 비오는 날 밤 할미 도깨비가 나온다는 할미중드랭이 굴이 나온다. 너무 깊고 음산하게 생긴 굴이어서 온몸을 오싹하게 한다. 더더욱 무섭게 만드는 것은 횃불을 들고 들어가도 저절로 불이 꺼지고 이상한 소리가 들리는지라 감히 끝까지 들어간 사람이 없어 그 길이를 알 수 없다고 한다.

관광 코스

관매도 해수욕장→하늘다리→방아섬→독립문→형제섬 (13km, 1시간 30분 소요)

교통 안내

	운행시간	배차 간격	소요시간
(군내버스) 진도읍~팽목	06 : 00~19 : 30	10회	0 : 30
(선박) 목포~관매도	09 : 00	1회	5 : 00
목포~조도	08 : 40	1회	
팽목~조도	07 : 30~17 : 30	4회	0 : 40
조도~관매도	09 : 30	1회	0 : 30
팽목~관매도	06 : 00~17 : 20	5회	1 : 00

(팽목~조도, 팽목~관매도 노선은 매년 여름 성수기에 증편 운항) 3~4회

(조도에서 관매도행 차량만 운반하는 철부선 1회 운항. 농협 주관)

※ 2개 마을에서 민박이 가능하고 관매초등학교에서도 야영이 가능하다.

장성군

●신비의 영천(靈泉)

이 샘은 바닥에서 방울방울 물방울이 솟아오른다 하여 방울샘이라고도 부르는데 물이 솟아오르는 것도 영묘할 뿐만 아니라 국가의 길흉대사를 예견해 나라에 큰일이 있을 때에는 그 물빛이 변한다는 전설을 가지고 있다.

길흉에 따라 변하는 물빛은 병란이 있을 것 같으면 붉은 색으로, 전염병이 돌

것 같으면 흑색으로, 풍년이 들 때면 백색으로 변한다고 한다. 그래서 동학혁명 때와 6·25 전쟁 때에는 실제로 물이 적색으로 변했다고 한다.

이 우물에는 5cm 내외의 '중고기'라는 물고기가 수백 마리 살아 수면을 가릴 정도지만 마을 사람들은 이 고기를 절대로 잡거나 먹지 않는다.

이 샘에 방울이 이는 것은 샘 밑에 용왕이 있어 숨쉬기 때문이라는 것이며 이 샘에 사는 물고기는 용왕궁의 사자들이라고 믿고 있다. 이 샘은 물맛이 좋아 예로부터 약수로 이용했으며 지금도 마을 우물로 이용하고 있다.

교통 안내

장성읍에서 장성호를 향해 국도 1호선을 달리다가 고속도로 굴다리를 지나 LG정유 광고판을 보고 우회전하여 영천리로 들어가면 된다.

장흥군

● 정력이 약한 사람에게 권할 만한 사인암

사인암은 장흥과 강진의 남서쪽 경계에 있다. 절벽 밑에는 높이 2m, 길이 2m 정도의 굴이 패여 있고 바로 앞에 높이 10m 정도의 바위가 우뚝 서 있어 마치 여인의 음부와 남자의 남근을 연상시킨다. 이 때문인지 요즘도 자식 없는 여인들은 이 바위 앞에 와서 치성을 드리고 있다. 정력이 약한 사람들은 굴속에 들어가서 굴 천장에서 떨어지는 물을 받아 마신다고 한다.

이 바위에 1455년 김필이 사인벼슬을 지내다가 낙향하여 정각을 짓고 지낸 뒤 이 바위를 사인암으로 부르게 되었다고 한다. 이 정각에서 1백여m 떨어진 석굴 위에는 김필이 새겼다는 영상이 80cm가량 크기로 음각되어 있다.

교통 안내

장흥읍→2번 국도 강진 방면→사인정(3km) 목포→강진→장흥읍 못 미처 왼쪽

해남군

● 눈물 흘리는 충무사의 명량대첩비

명량대첩비는 최근 두 차례나 믿지 못할 영험이 나타났다.

국가의 대난이 예상될 때면 땀 흘리듯 검은 물이 흘러나와 나라의 장래를 근심한 충무공의 충절이 살아난 것이라고 한다. 1950년 6·25전쟁과 1980년 5·18 민중항쟁 때 이 비는 두 번 눈물을 흘렸다고 한다.

명량대첩비는 1965년 보물 503호로 지정, 1966년에는 사당이 지어졌다. 그 후 1975년 성역화를 위한 조경사업을 시작해 충무공 탄신일에 고 박정희 대통령이 친필한 충무사라는 현판을 걸었으며 매년 4월 28일 제향하고 있다. 충무사에 봉안된 충무공 영정은 1966년 이당 김은호 화백이 그린 것이다.

두륜산(대둔산)

두륜산은 해남의 진산이다. 한반도의 서남단 벼랑에 우뚝 솟아 남해와 접해 있다. 정상인 가련봉(703m)을 비롯해 동쪽으로 노승봉, 고계봉, 서쪽으로 빙 둘러 두륜봉, 도솔봉, 연화봉, 혈망봉, 향로봉 등 8개의 봉우리를 이루고 있다. 대흥사 입구의 울창한 삼나무 수림과 졸졸거리는 맑은 냇물, 두륜봉의 구름다리와 거기서 보는 일출·일몰은 장관이다. 가을엔 오색 찬란한 단풍이 아름답고 4월 중순쯤 만개하는 동백꽃은 두륜산의 백미에 속한다.

도로 안내

해남읍 버스터미널 앞에서 완도 방면 13번 국도를 따라 읍내를 벗어나면 길 왼쪽으로 대둔사 가는 827번 지방도로가 나온다. 827번 도로로 가다 보면 신기리에서 두 갈래 길인데 오른쪽 807번 지방도로로 계속 가면 대둔사 입구 숙박단지가 보인다. 숙박단지 끝에 있는 매표소에서 절까지 운행하는 경내버스가 수시로 운행된다(3분 소요).

교통 안내
해남읍에서 진도방면 18번 국도를 따라 34km쯤에 위치한다. 진도대교 북단이다.

●대흥사 천불전, 가사의 효험

구전에 따르면 초의선사의 스승인 완호(玩虎)스님이 처음 천불전을 짓고 경주에서 생산된 옥석으로 조각을 하게 했다. 10명의 조각가가 6년에 걸쳐 완성한 천불을 3척의 배에 나눠 싣고 울산과 부산 앞바다를 지나 대흥사로 향했다.

항해 도중 한 척의 배가 울산진에서 풍랑를 만나 표류하다 일본 장기현(長岐縣)에 밀려가니 일본인이 3백여 개의 옥불(玉佛)을 만나자 서둘러 절을 짓고 봉안하려고 했다. 그러나 이 불상늘이 일본인의 꿈에 나타나 "조선국 해남 대흥사로 가는 중이니 이곳에 봉안해서는 안 된다."고 깨우쳐 일본인들이 옥불을 거둬들여 해남으로 보냈다.

일본을 거쳐 온 옥불은 밑바닥에 '日' 자가 새겨져 있어 이를 입증하고 있다. 천불전에 안장된 옥불들은 신도들의 꿈에 나타나 다시 한 번 기이함을 보였다. 경상도 지역 신도들의 꿈속에서 불상들이, "가사를 입혀 달라."고 한 것이다. 결국 신도들은 가사를 만들어 입혔다. 지금도 4년마다 새 가사를 만들어 입히고 있다. 갈아 입히고 남은 가사는 모조리 신도들이 챙겨가는데 이 가사를 소지한 사람은 무병장수하고 만사형통한다고 한다.

등산 코스(제 1 코스)
주차장(1km,15분)→대흥사(1.8km, 50분)→북암(0.6km, 20분)→만일암터(0.76km, 25분)→두륜봉(1.3km, 30분)→진불암(1.7km, 30분)→대흥사(1km, 15분)→주차장

●천불과 큰북의 울음

강진에 있는 정수사는 신라 애자왕 원년(AD 800년)에 창건되었다. 당초에는 이곳 천계산 중턱에 묘적사와 쌍계사가 있었는데 묘적사는 천불을 모셨으며, 쌍계사는 북과 종을 소장하고 있었다. 그러나 사세가 기울면서 융성했던 위업은 일부분 흔적만 남겨졌고 절을 관리할 여력이 부족하여 천불과 큰북 등을 해남 대흥사로 옮겨가게 되었다.

달구지에 싣고 가던 천불과 큰북이 슬픔에 목이 메여서였던지 사당이 당전

마을 앞을 지날 때 큰북이 한없이 울었다고 한다.

●천상의 공주가 조각한 마애여래좌상(보물 제48호)

대흥사 북미륵암의 암벽에 조각된 고려시대의 마애여래좌상으로 높이는 4.2m이다. 옛날 천상에 살던 태자와 공주가 어쩌다 천황의 노여움을 사서 지상으로 쫓겨왔다.

지상으로 아들딸을 내려보내게 된 황후는 천황 몰래 이들 남매에게 은밀히 "지상에 내려가거든 부처를 섬기고 너희들의 성의를 다해 중생을 제도하는 데 도움을 주도록 석불을 각각 1개씩 만들어라. 그러면 너희의 죄가 사면되어 나와 아버지를 만날 수 있으리라." 하였다.

두륜산에 내려온 두 남매는 어머님 말씀대로 석불을 조성키로 하고 누나는 북암에서, 남동생은 혈망봉 밑 남암에서 일을 하되 누이는 양각을, 동생은 음각을 하기로 했다.

남매는 1km쯤 떨어진 거리에서 각각 열심히 일했다. 그러나 완성 전에 해가 지려고 했으므로 두 암자의 중간 지점인 만일암 터에 해를 잡아 매두고 일을 끝마쳤다.

지금 만일암 터에는 거목과 5층 석탑 및 석등부재들만 남아 있고 음각석불은 선각만 희미하게 보일 뿐 이끼로 덮여 있다.

등산 코스(제2코스)
주차장(30분)→일지암(40분)→만일암 터(25분)→두륜봉(1시간 20분)→북암(45분)→주차장

달마산 – 바위 병풍 기암 30리

남도의 금강산답게 공룡의 등줄기처럼 울퉁불퉁한 암봉으로 형성되어 있으며, 특히 바위능선과 함께 억새풀과 상록수가 어우러져 장관을 이루는 것이 특징이다.

산을 오르는 도중 돌더미가 흘러내리는 너덜지대를 통과하기 때문에 산행이 쉽지는 않으며 곳곳에 단절된 바위 암벽이 있다. 마타혈, 용정, 민어굴, 문바위, 금샘, 도솔암지, 서굴, 수정굴 등이 있으며 신비한 전설을 간직한 미황사를 안고 있다.

등산 코스

서정리(2km, 30분)→미황사(1km, 1시간)→정상, 봉수대(4km, 6시간)→도솔봉(30분)→마련마을

도로 안내

해남읍 버스터미널 앞에서 완도 방면 13번 국도를 따라 약 20km쯤 가면 현산면 농협 앞이다. 농협 앞에서 완도 방면으로 8.3km 더 가면 길 오른쪽에 쌍용정유 월송주유소 앞이다. 여기서 0.5km 더 가서 오른쪽 월송리 가는 1번 군도로로 우회전한다. 이 길을 따라 송지 방면으로 5km쯤 가면 서정리 서정초등학교를 지나게 되고 학교를 지나면 곧바로 길 왼쪽으로 미황사 가는 길이다.

(완행버스) 해남→월송→서정리 06 : 10~14 : 05 4회(40분 소요)

●미황사의 용담굴과 금샘

미황사는 신라시대 의조화상이 창건한 사찰이다.

1692년 숙종 18년에 병조판서를 지낸 민암이 지은 '미황사 사적기'에는 창건에 얽힌 이야기가 기록되어 있는데, 신라 35대 경덕왕 8년(749년) 땅끝 사자포 앞바다에 홀연히 석선(石船) 하나가 나타났다.

그 배에서는 아름다운 범패 소리가 들려왔는데 사람들이 나아가면 멀어져가고 돌아서면 가까이 오기를 며칠 동안 계속하였다. 이에 의조화상이 두 사미승과 향도 1백여 명을 데리고 목욕재계하고 기도하니 그제야 배가 육지에 닿았다.

배 안에는 금으로 된 뱃사공과 금함, 검은 바위가 있었다. 금함을 열어보니 화엄경, 법화경, 비로자나불, 문수보살, 보현보살, 40성종, 53선지시, 60나한, 탱화 등이 가득 차 있었다. 이것을 내려 임시 봉안하고 검은 바위를 깨뜨리자 검은 소 한 마리가 뛰쳐나오더니 순식간에 큰 소가 되었다.

이날 밤 의조화상이 꿈을 꾸었는데 금인(金人)이 나타나, "나는 우전국(인도) 왕인데 이곳 산세가 1만 불을 모시기에 좋아보여 인연토로 삼았다. 경전과 불상을 소에 싣고 가다가 소가 누워 일어나지 않는 곳에 절을 세우라."고 일렀다.

다음날 의조화상은 그대로 했고, 소가 달마산 중턱에 이르러 한 번 넘어져 누운 자리에 통교사를 짓고 마지막으로 넘어져 일어나지 못한 곳에 미황사를 지었다고 한다.

해남읍 버스터미널 앞에서 완도 방면 13번 국도 따라 약 20km쯤 가면 현산면 농협 앞이다. 여기서 완도 방면으로 8.3km 더 가면 길 오른쪽에 쌍용정유 월송주유소가 있고 0.5km 더 가서 오른쪽 월송리 가는 1번 군도로로 우회전한다. 이 길을 따라 송지 방면으로 5km쯤 가면 서정리 서정초등학교를 지나게 되고 학교를 지나면 곧바로 왼쪽으로 미황사 가는 길이 나온다.

〈완행버스〉 해남→월송→서정리 06 : 10~14 : 05 하루 4회(40분 소요)

● 용담굴(음부샘)

도솔암에서 다시 아래로 1백m 내려가면 '용담' 이라는 샘이 나온다. 이곳에는 어른 4~5명이 들어갈 수 있는 굴속에 1년 내내 마르지 않는 맑은 물이 고여 있다.

미황사를 창건한 의조화상이 도를 닦으며 낙조를 즐기던 곳인데 '용담' 은 제주도 산방굴사의 천장샘과 함께 우리 나라에서 몇 안 되는 '하늘에서 나는 샘' 이다.

즉 굴속에 있는 샘에서만 볼 수 있는 현상으로 굴 천장에 드러난 물길에서 나는 물이 굴 바닥에 떨어지면서 샘을 파고 고인 것이다.

재미있는 것은 여자의 음부와 영락없이 닮았으며 여자가 소변을 볼 때처럼 위에서 물이 찔끔찔끔 쏟아져 내린다는 것이다.

이를 영험한 자연현상으로 믿고 오래 전부터 굿을 하고 복을 비는 사람들이 줄을 이어 용샘 주위에는 그들이 밝혀놓은 촛불이 꺼지지 않는다.

또한 용샘이 있는 굴 안에는 3m 정도 높이의 바위벽에 2개의 굴이 뚫려 있는데 이 굴을 용굴이라 하며 이 굴속에서 2마리의 용이 나와 승천했다고 한다. 바위 앞에서 용이 입을 벌려 바위가 뚫리고 용이 뿔로 받아 바위에 뿔구멍이 생겼다고 전하기도 한다.

용굴 주위는 으스스할 정도로 서늘해서 피서하기에 좋다. 용담의 물맛은 텁텁하면서도 짜릿하다. 용담 물은 가끔 누런 빛을 띠는데 하늘로 올라가던 황룡이 아쉬움에서 자신의 몸에 난 가루를 샘 벽에 묻혀두고 갔기 때문이라고 전해진다. 용굴은 깊이를 알 수 없으나 굴에서 신발을 떨어뜨리면 진도 앞바다에 나타난다고 한다.

● 문바위재, 신비의 황금샘

달마산의 문바위재라 불리는 정상 부근에서 갈대밭을 헤치고 동쪽으로 가파른 고갯길을 50m쯤 내려가면 앞이 확 트인다. 바로 이곳의 거대한 바위틈에 샘이 하나 뚫려 있는데 땅바닥으로부터 사람 가슴 높이쯤에서 바위 벽이 수평으로 1m 정도 패여 들어간 자리에 0.3~0.4m 깊이로 석간수가 고여 있고, 남은 물은 조금씩 이끼 긴 돌 틈새로 넘쳐흐른다.

수면이 온통 '금가루'로 덮여 있는 금샘은 바가지를 내밀어 금가루를 흐트러뜨리고 물을 떠보면 맑은 물만 가득 채워지는데, 이처럼 신비한 샘 이야기는 여러 곳에 전해지고 있다.

동국여지승람 기록에 의하면 "전라도 낭주(郎州)의 속현을 송양현이라고 하는데 실로 천하에 궁벽한 곳이다. 그 현의 경계에 달마산이 있는데 북쪽에는 두륜산이 접해 있고, 삼면은 모두 바다에 닿아 있다. 산꼭대기 동쪽에 1천 길이나 되는 벽 아래 미타혈이라는 구멍이 있는데 대패로 민 듯하고, 칼로 깎은 듯한 것이 두세 사람은 앉을 만하다. 그 구멍으로부터 남쪽으로 1백여 보를 가면 높은 바위 아래 네모난 연못이 있는데 바다로 통하고 깊어 바닥을 알 수 없다. 물은 짜고 조수에 따라 늘었다 줄었다 한다."라고 기록되어 있으며 고려 때 무예라는 스님이 적은 설명에도 나온다.

금샘은 물맛이 유난히 차갑다거나 독특한 점은 없으나 목구멍으로 넘어가는 느낌은 확실히 부드럽다. 거기다 이 샘은 예로부터 피부병은 물론 만병통치의 명약으로 알려지고 있다. 또 서쪽에서 나와 동쪽으로 흐르는 서출동류수는 큰 바위 산의 정기와 함께 아침햇살의 정기를 고스란히 담고 있다.

신비의 생명천으로 불리는 '금샘'의 비밀을 푸는 열쇠는 달마산 전체를 이루고 있는 석질(石質)에서 찾을 수 있다. 달마산은 산의 연맥이 강진 석문산으로부터 남서쪽으로 이어온다.

강진의 석문산은 우리 나라에서도 몇째 안 가는 한국유리의 규사 채취장이 있는 곳이다. 석영이나 수정이 많이 나오는 석질인데 이 연맥의 끝자락에 위치한 달마산의 석질 또한 주변에서 쉽게 볼 수 없는 차돌(산돌) 성분이다. 실제로 산의 곳곳에 작은 수정들이 촘촘히 박힌 것을 볼 수 있다.

이처럼 석영이 주성분인 석질의 영향으로 금샘의 빛을 연출했을 거라고 추정하고 있다. 흔히 구암, 즉 석영이 많이 나오는 곳에는 바위에 게르마늄이 많다고 한다.

교통 안내

미황사에서 오른쪽으로 난 숲길 등산로를 따라 올라가면 달마산의 문바위재라 불리는 정상 부근이 나온다. 여기서 갈대밭을 헤치고 동쪽으로 가파른 고갯길을 50m쯤 내려가면 앞이 확 트이는데 바로 이곳에 샘이 있다.

제주도 편

●삼성혈과 삼신인

제주시 1도 2동

제주도의 고(高), 양(良:후에 梁), 부(夫)는 삼성씨족의 시조 신화이며 탐라 (耽羅)의 개국신화이기도 하다. 삼성혈은 삼신인이 태어난 구멍이란 뜻으로 삼신인이 나왔던 혈(穴)은 삼각형 모양으로 서로 마주보고 자리하고 있는데 모흥혈이라 불렸다.

맏이를 양을나(良乙那), 둘째를 고을나(高乙那), 셋째를 부을나(夫乙那)라 했는데, 삼신인이 솟아난 웅덩이에는 물이나 눈이 스며들지 않으며 주변 나무 들이 웅덩이를 향해 배향하고 있는 모습이 경이로움을 더한다.

삼신인은 사냥을 하며 살았는데 어느 날 이들은 자줏빛 흙으로 봉해진 목함 이 동녘 바닷가에 떠 있는 것을 발견하고 그 목함을 열었는데, 안에는 석함이 있고 자줏빛 옷에 붉은 띠를 두른 사자가 나타났다.

다시 그 석함을 여니 푸른 옷을 입은 처녀 세 사람과 송아지, 망아지, 그리고 오곡 씨앗이 나왔다.

사자가 말하되 "나는 벽랑(일본)국 사자다. 우리 임금님이 세 딸을 두시고 말 하되 서해 가운데 신인 세 사람이 내려와 장차 나라를 세우고자 하나 배필이 없 다. 이에 나로 하여금 세 왕녀를 모시고 가도록 해왔으므로 마땅히 배필을 삼 아서 대업을 이루도록 하라."고 이르고는 흰 구름을 타고 사라져 버렸다.

세 사람은 나이순에 따라 장가들고, 물 좋고 기름진 땅으로 나아가 활을 쏘아 거처할 땅을 정하였는데, 양을나가 거처한 곳을 제1도라 하고, 고을나가 거처 한 곳을 제2도라 하였으며, 부을나가 거처한 곳을 제3도라 하였다.

삼신인이 거주하였다는 제1도, 제2도, 제3도는 지금의 제주시 일도동, 이도 동, 삼도동으로 제주 시 가의 중심지이다.

그리고 세 처녀가 표착 한 동쪽 바닷가는 지금의 남제주군 성산읍 온평리 라는 것이 문헌이나 전설 상에 나타나 있다. 온평 리에는 세 처녀가 올라올

때 찍혔다는 말 발자국이 바닷가 바위에 남아 있고, 또한 삼신인이 혼인하였다는 '혼인지(婚姻池)'라는 못이 있다. 그리고 삼신인이 벽랑국의 삼공주를 배필로 정한 후 터전을 정하기 위해 화살을 쏘았다는데 그 화살이 꽂혔던 3개의 돌멩이, 즉 삼사석(三射石)이 제주시 화북동에 남아 있다.

●제주섬과 설문대 할망

설문대라고 하는 여신이 있었는데 키가 하늘까지 닿는 거녀여서 한라산을 베개 삼고 누우면 다리가 제주시 앞 바다에 있는 관달심에 길쳐졌다고 한다. 또 빨래를 하려면 관탈섬에 놓고 발로 밟고, 손은 한라산 꼭대기를 짚고 서서 발로 문질러 빨았다고 한다.

또 다른 이야기는 한라산을 엉덩이로 깔고 앉아 한쪽 다리는 관탈섬을 디디고 한쪽 다리는 서귀포시 앞바다의 지귀섬(또는 대정읍 앞바다의 마라도)을 딛고 서서 구좌읍 소섬(牛島)을 빨래돌로 삼아 빨래를 했다고 한다.

또 제주시 오라동의 한내(漢川) '고지렛도'라는 곳에 모자 모양으로 구멍이 패인 큰 바위가 있는데, 이 바위는 설문대 할망이 썼던 감투라고 한다. 또한 성산읍 성산리 일출봉에 높이 솟은 기암이 있는데, 이 바위는 높이 솟은 바위 위에 다시 큰 바위를 얹어 놓은 듯하며 이것은 이 할머니가 불을 켜보니 등잔이 얕으므로 다시 바위를 하나 더 올려놓아 등잔을 높인 것이라 한다. 설문대 할망이 등잔으로 썼다 해서 이 바위를 등경돌(燈擎石)이라 부르고 있다.

어쨌든 설문대 할망이 얼마나 거대했었는가를 능히 알 수 있다. 이렇게 너무 키가 컸으므로 할머니는 옷을 제대로 입을 수가 없었을 것이 뻔하다.

어느 날 이 할머니는 바다 한가운데에 제주섬을 만들기로 하고 치마폭에 흙을 담아 나르기 시작했다.

조금씩 섬의 모양이 나타나기 시작했고 흙을 나르느라 치마는 구멍이 뚫려 그 구멍에서 흘린 흙이 지금의 오름(기생화산)이 되었다고 한다. 이윽고 섬 하나를 만들고 보니 산이 너무 높아 하늘에 흐르는 미리내까지 닿았다.

이에 한라산(하늘에 닿을 듯 높은 산이라는 뜻)이라고 이름 짓고 봉우리를 깎아서 던져 버렸다. 그 봉우리가 날아가 떨어진 곳을 산방산이라고 한다.

설문대 여신은 제주민에게 비단 속옷을 한 벌 만들어 주면 섬과 육지 사이에 다리를 만들어 주겠다고 했다. 사람들은 열심히 99동(1동이 50필)의 명주를 모았지만 허릿감으로 쓸 명주 1동이 모자라 명주 속옷을 입지 못하자 다리를 놓는 일을 중지해 버렸다. 그 자취가 조천면 조천리와 신촌리 앞바다에 있다. 바다에 흘러 뻗어간 바위 줄기가 바로 그것이라고 한다.

설문대 여신은 짝이 없어 외롭던 참에 자기와 비슷한 거구의 남성이 나타나자 혼인을 하여 아들 500명을 낳아 길렀다.

이들은 한라산 일대에서 사냥을 하면서 살아갔는데 항상 먹을 것이 부족하여 죽을 쑤어 아들들을 먹이곤 했다. 죽솥은 어마어마하게 커서 솥전에 올라가 죽을 저어야 할 정도였는데, 어느 날 어머니인 여신이 죽을 젓다가 발을 잘못 디뎌 그만 죽솥에 빠져 죽고 말았다. 집에 돌아온 아들들은 죽솥에서 죽이 끓고 있는 것을 보고 달려들어 먹어댔다.

그러나 막내아들은 죽을 먹지 않고 어머니를 찾았는데 죽솥의 바닥이 드러날 무렵 사람의 뼈가 들어 있었다. 어머니가 죽솥에 빠져 죽은 줄을 안 아들들은 한라산 영실로 들어가 돌이 되고 말았다.

막내아들은 어머니를 먹은 형들과 같이 있을 수 없다며 서귀포 앞바다 외돌개로 가서 선돌이 되었다. 설문대의 영혼은 젊었을 때 즐겁게 지냈던 이곳에 내려와 어부와 잠수들을 보호하겠다고 했고, 어부와 잠수들은 설문대의 영혼을 이곳에 모시고 매달 음력 초하루와 보름에 제사를 지내주게 되었다.

● 당개(당포)

남제주군 표선면 표선리

'당캐'는 표선리를 대표하는 고유 지명 중 하나다. 표선리 41번지에서 표선리 45번지 일대를 가리키는 당캐는 표선리 포구에 설문대 할망당이 있는 데서 유래했다는 설과 아주 오래 전에 이 포구에서 당나라로 진상하는 조공선이 떴다고 해서 붙여졌다는 설 등이 전해져 온다.

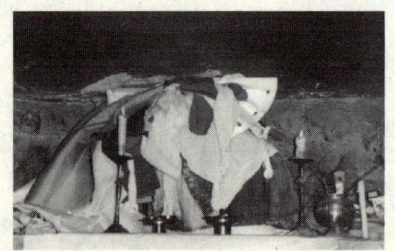

이 당캐 포구에는 현재 옥돔과 자리돔, 소라, 쥐치 등 수산물을 이용한 물회 등을 선보이며 입맛을 돋우는 음식점이 여러 곳 있어 별미를 즐기려는 식도락가는 물론 일반인들의 발길이 잦다. 또 포구 진입로에는 '당두둑'이라는 또 다른 고유 지명을 가진 곳이 있는데 이곳은 설문대 할망당이 있는 '두둑'이라 하여 붙여진 것으로 알려져 있다.

특히 겨울에는 표선리 앞 바다의 한모살(백사장)에서 모래가 날아들어 이곳에 쌓인다. 워낙 많은 모래가 날리다 보니 지형이 바뀔 정도여서 자구책으로 사방공사를 하여 소나무를 심고 방복을 금지하기도 했다.

또 당캐 포구 인근에는 제주 민속촌이 자리잡고 있어 관광객들의 발길이 끊이지 않는다. 할망당에는 지금도 음력 4월이면 잠수 어민 등 마을 부녀자들이 집안과 바다의 안녕을 빌기 위해 찾는다고 한다.

●명복신(神)과 생식신(神)

제주시 용담동

복신미륵(서자복)

이 상의 제작 연대는 확실하지 않으나 고려시대로 추정되며 자복, 자복신, 자복미륵, 서미륵, 큰어른으로 불려오고 있다. 재료는 다공질 현무암이며 높이 2.73m, 둘레 3.15m의 기자석상이다. 이 미륵은 민간에서 명복신으로 숭배되어 왔으며 용왕 신앙과 복합되어 해상 어업의 안전과 풍어, 출타 가족의 행운을 지켜 준다고 믿고 있다.

동자미륵

동자미륵 또는 동자보살은 높이 약 70cm, 둘레 100cm로 그 형태가 남자 성기 모양인데 여기에 걸터앉아 치성을 드리면 아들을 얻는다고 한다. 구좌읍 제주시 용담 1동 용화사 경내에 있다.

구좌읍

● 희생된 처녀들의 넋이 서린 김녕사굴

구좌읍 김녕리

김녕사굴은 구좌읍 김녕리 만장굴 바로 옆에 있는 천연 용암동굴로 이 굴속에서 살았다는 거대한 뱀과 그 뱀을 퇴치한 서련 판관에 관한 전설이 전해 내려온다. 무시무시하고 을씨년스러운 동굴로 많은 사람들에게 탐험의 묘미를 불러일으키는 동굴로 유명하다.

김녕리에서 만장굴로 가는 길에 자리한 이 굴은 주굴 길이 700여m의 S자형 용암동굴이다. 지금은 출입금지가 되어 있지만 한 번 들어가볼 만하다. 이 굴을 들어갈 때는 반드시 손전등을 준비해야 한다.

하얀 모래가 잡초와 함께 널려 있는 길을 따라 접근하면 뱀을 퇴치한 제주목사 서련의 비석이 보인다. 여기에서 아래 길로 더듬어 내려가면 잡초에서 빠끔히 보이는 동굴 입구가 사람을 빨아들일 듯 입을 벌리고 있다. 이곳이 바로 TV '전설의 고향'에도 소개되었던 주굴의 입구다.

동굴로 들어가는 입구는 널찍하다. 손전등을 들어 굴의 벽면을 자세히 보면 꼭 뱀 무늬처럼 되어 있어 더욱 섬뜩해진다. 들어가는 곳마다 커다란 바위들이 여기저기 흩어져 있는데 아마 천장에서 굴러 떨어진 듯하다.

들어갈수록 발 아래는 차가운 지하수 물이 발을 적신다. 또한 천장에서 물방울이 조금씩 떨어지는데 암흑 속에 빠져 있는 동굴에서 낙수소리가 매우 크고 구슬프게 들려온다.

이 천장의 물은 옛날 제물로 희생되었던 제주 처녀들의 원혼이 원망으로 흘린 눈물이라 하며 이 물을 맞으면 장수한다고 전해지기도 한다.

조심스레 더 들어가면 굴의 입구가 극히 좁아지며 맨 끝부분에 이르면 약간 높은 둔덕을 형성하는 굴이 보인다. 희한하게도 이 굴의 모습이 꼭 뱀의 꼬리부분처럼 길고 가늘다. 여기까지가 굴의 끝이다.

굴을 탐사하고 암흑 속에서 축축한 기운과 한기를 느끼며 천천히 밖을 향해 나올 때 동굴 초입으로 밀려드는 햇살의 광경은 직접 느껴보지 않고는 표현하기 어렵다.

이 굴속에는 옛날 큰 뱀이 살았었다 히어 '뱀굴'이라 부르게 되었는데, 뱀은 엄청나게 커서 다섯 섬들이의 항아리만큼이나 몸통이 컸다고 한다.

이 뱀에게 매년 처녀를 한 사람씩 제물로 올려 큰굿을 했었는데, 만일 이 굿을 하지 않으면 그 뱀이 곡식 밭은 물론 마을에 재앙을 가져왔다. 양반 집에서는 딸을 잘 내놓지 않았고 무당과 같은 천민의 딸이 으레 희생되게 마련이었으며, 따라서 무당이나 천민의 딸은 시집을 가지 못하는 일이 종종 발생했다고 한다.

그럴 즈음, 조선조 중종 때 서련(徐憐)이라는 판관이 부임하여 왔다. 그의 나이 19세였다. 서 판관은 이 뱀굴의 소문을 듣고 괴이한 일이라며 분개하였다.

그는 곧 술과 떡과 처녀를 올려 굿을 하도록 하고, 몸소 군졸을 거느리고 김녕 뱀굴에 이르렀다. 굿이 시작되어 한참 진행해 가자, 과연 그 어마어마한 뱀이 나와 술을 먹고 떡을 먹고 처녀를 잡아먹으려는 것이었다. 이때 판관은 군졸과 더불어 달려들어 창검으로 뱀을 찔러 죽였다. 이것을 본 무당이 판관에게 "빨리 말을 달려 성안(지금의 濟州市)으로 가십시오. 어떤 일이 있어도 뒤를 돌아보아선 안 됩니다." 하고 외쳤다. 판관은 무사히 성(城)동문 밖까지 이르렀다. 이때 군졸 한 사람이 "뒤쪽에 피비[血雨]가 옵니다." 하고 외쳤다.

"피비가 오는 법이 있느냐?"

판관은 무심코 뒤를 돌아다보았고 그 순간, 그는 그 자리에 쓰러져 죽었다.

교통 안내

제주 시외버스터미널에서 동회선 시외버스로 만장굴 입구까지 40여 분 소요. 만장굴 입구에서 매표소까지 순환버스 운행, 3분 소요.

●김녕굴당의 주신인 태자 '괴뇌깃도'

구좌읍 동김녕리

당신(堂神)의 원조인 소천국의 열여섯째 아들에 관한 일화이다.

괴뇌깃도는 어느 날 조천읍에 밭갈이를 나갔는데, 때마침 지나가던 중이 밥 좀 달라고 하여 자신의 점심밥을 내주었다.

막상 점심때가 되자 중이 남긴 밥을 차마 먹을 수는 없고 배는 고파 밭 갈던 소를 잡아먹고 나서 쟁기의 손잡이를 자기의 배에 대고 밭을 다 갈아놓은 다음 집으로 돌아왔다. 그러자 부모는 노발대발하면서 무쇠상자 속에 가두고 서른여덟 개의 자물쇠를 채워 바다에 띄웠다.

무쇠상자는 떠내려가다가 흑산호 가지에 걸렸는데 용왕이 상자를 가져다가 자기 딸들에게 열게 하였다. 마침 셋째 딸이 열게 되었고, 용왕은 강남 천자국을 평정하러 간다는 괴뇌깃도의 말을 듣고 셋째 딸과 혼인을 시켰다. 그러나 괴뇌깃도가 너무 많이 먹는 바람에 창고가 텅 비게 되어 용왕국이 망할 지경에 이르렀다. 용왕은 이들 부부를 쫓아내 버렸다. 두 부부는 강남 천자국에 가서 나라의 변란을 평정해 주고 그 포상으로 탐라국 땅을 한쪽 얻어서 돌아왔다.

거구의 장정으로 변모하여 찾아온 자식을 본 부모는 무섭고 놀라서 도망해 버려 백록담에 올라가 살았다. 김녕의 큰 당한집은 아들이 없어 소천국에 가서 사정 이야기를 하고 승낙을 받아 괴뇌깃도를 양자로 삼아 한라산을 내려왔는데 입산봉에 자리하고 앉았으나 어느 누구 하나 물 한 모금 대접해 주는 사람이 없었다.

화가 난 괴뇌깃도는 조화를 부려 계절을 당겨 김녕에만 9, 10월이 되도록 하였고 흉년이 들게 하니 사람들이 심방을 청해다 굿을 하고 괴뇌깃도에게 어디 좋은 곳에 좌정하면 웃어른으로 모시겠다고 간청하였다.

이에 노여움이 풀린 그가 윗동산 팽나무 밑의 굴속으로 들어가 소리영에 좌정하였다. 그 뒤부터 사람들이 제를 지내오는데 "제물로는 3년에 한 번씩 돼지

를 잡아 올리되 반드시 100근이 찬 놈으로 하라."는 지시대로 따르므로 '돌제'
라 불리고 있다.

　동김녕 김녕중학교 가는 길의 밭길로 난 도로 안에 위치해 있다.

서귀포시

● 보름웃님과 서귀본향당(西歸本鄕堂)

서귀포시 송산동

　1770년대에 송씨 집안에 일흥(逸興)이라는 사람이 도평(道枰)과 도성(道
聖)이라는 두 아들을 두었다. 서귀 본향당의 당시 이름은 '보름 웃님'이다. 보
름 웃님은 본래 홍토나라 비우나라의 대가집 아들인데 어느 해 중국으로 여행
을 하던 중 대신의 집에 유숙하러 들어갔다가 그 대신의 딸을 보고 그 출중한
미모에 반해 버렸다.

　"세상에 저토록 아름다운 여인이 있다니!"

　그는 여인을 본 후 속이 타고 가슴이 끓어올라 혼인 승낙을 받아내야겠다고
결심하고 대신에게 딸과의 결혼을 청했다. 그러자 대신은 "그대가 나와 바둑을
두어 그대가 이기면 혼인을 승낙하겠네." 하였다.

　보름 웃님이 바둑을 두어 대신을 이기자 마침내 결혼을 하게 되었다. 꿈에도
오매불망하던 여인과 첫날밤을 보낼 생각을 하니 보름 웃님의 마음은 불덩이
같이 달아올랐다.

　이윽고 황홀한 첫날밤을 맞이하게 된 보름 웃님은 신부 곁에 다가가 떨리는
손으로 신부의 너울을 걷어보다가 그만 소스라치게 놀라고 말았다. 작은딸에
게 반하여 청혼을 했는데 곰보에다 추녀인 큰딸(고산국)을 맞게 된 것이다. 낙
담하여 땅이 꺼져라 한숨을 내쉰들 이미 때는 늦어 버렸다.

　큰딸은 남편이 자기를 전혀 거들떠보지 않고 냉담하여도 전혀 아랑곳하지
않고 남편을 하늘처럼 받들었다. 보름 웃님은 부인을 홀대해도 지극 정성으로
자신을 보살피는 부인의 마음을 모르는 것이 아니었으나 마음은 늘 작은딸에

게 있어 그리움에 사무치어 마침내 처제를 남몰래 불러내어 함께 제주도로 도망와 버렸다.

그때만 해도 제주도는 암흑 천지였는데 보름 웃님이 도착하여 한라산의 말라죽은 구상 나뭇가지를 꺾어 세 번을 치니 닭이 되어 울기 시작하면서 대명천지로 바뀌었다.

한편 버림받은 큰부인은 똑똑하고 무예에 능한 여장부였다. 천기를 받아 이들이 제주도로 도망간 것을 알고 남장을 하고 1천 근짜리 무쇠 활에 1백 근짜리 화살을 들고 칼을 차고 축지법을 써서 달려왔다.

이에 당황한 보름 웃님은 풍운조화를 부려 섬 전체를 안개와 비로 캄캄하게 덮었으나 고산국이 창과 부채를 휘둘러 안개와 비를 거둬 버렸다.

고산국은 이들을 만나 분을 삭힌 후 여동생에게, "우리가 이대로 고향에 돌아가면 남부끄러운 일이니 여기서 살되 네가 어머니 성을 쓰면 살려주겠다."고 하였다. 그리하여 동생은 지씨를 써서 '지산국'이라 불리게 되었다.

고산국이, "우리가 각각 활을 쏘아 활이 떨어진 곳에 거처를 정하기로 하자." 하며 활을 쏘니 흙담에 떨어져 서홍마을(지금의 서귀포 서홍동)을 차지하고 보름 웃님은 문섬으로 떨어져 서귀동 아랫마을을 차지하였으며 지산국은 동홍마을(지금의 서귀포 동홍동)을 차지하게 되었다.

이때부터 세 지역의 땅과 물을 가르게 되었는데 동·서홍마을 간에는 결혼은 물론 밭을 매매할 수도 없도록 했다. 특히 서귀 본향당에 다니는 사람들은 닭이 천지를 밝게 하였기 때문에 제를 지내는 날에는 닭고기를 먹지 않으며 닭고기를 먹은 사람은 이곳에 가지 못한다고 한다.

매년 정월 초하루에는 과세문안대제, 2월 13일에는 영등 손맞이제, 7월 13일에는 마풀림제, 12월 13일에는 동지제를 지냈다.

지금은 세태가 변해 전만큼 많은 사람들이 찾아가지는 않으나 일부 주민들에 의해 명목을 유지하고 있다.

서귀 본향당은 서귀포시 삼일빌딩이 있는 아카데미 극장 뒤편에 있는데, 이 길 아래로는 주민들이 예로부터 솔동산이라고 부르는 동네가 나온다. 솔동산에서 아래로 내려가면 천지연 폭포를 갈 수 있고, 정방폭포도 쉽게 갈 수 있다.

※ 오창명의 <제주의 오름과 마을 이름> 중에서 일부 발췌함.

● 절오름 (재재기오름)의 조록이당

서귀포시 보목동

보목동 동쪽에 자리잡고 있는 이 오름(95m)은 절오름이라고도 부르는데 이것은 이 오름 남쪽 중턱에 있는 굴에 암자가 있다고 해서 붙여진 이름이다.

굴 암자는 재재기 오름의 남쪽 등성이에 있으며 KBS 서귀포 중계소와 오름 뒤로 나가는 길가에서 볼 수 있고 바위 굴은 입구 쪽이 6~7m, 깊이 5~6m, 높이 6m 가량이며 밑으로는 매우 가파르게 비탈져 있고 바위 양쪽으로 송곳 같은 벼랑바위가 솟아 있다.

재재기 오름에 있는 조금(작은) 오름이 있는데 이 위에서 조망하면 마을 풍경이 시원스레 담긴다. 여기에서 한 가지 빠뜨리지 말고 봐야 할 것은 '망보는 돌' 인데 재재기 오름과 조금 오름 사이에 있는 높고 거대한 암석이다.

제주의 비극인 4 · 3 당시 이곳에서 망을 봤던 곳이라 해서 붙여진 이름이라고 한다. 볼수록 기괴하다.

또 하나의 볼거리는 재재기 오름 동남쪽 등성이에 손가락으로 밀면 금방이라도 굴러내릴 것 같은 위태로운 두 개의 거대한 바위가 있는데, 보는 이로 하여금 아슬아슬하게 만든다. 이 바위가 바로 문드린 돌이다. '문드리다' 는 제주 방언으로 '떨어뜨리다' 라는 뜻이다.

거대한 대문을 달아놓은 듯하다 하여 '문돌' 이라고도 한다. 이 바위 밑에 솟는 석간수가 있는데 물맛이 일품이다. 또한 이 오름에는 조록이당이 있는데 여기에는 신비한 전설이 깃들여 있다.

옛날 이 마을에 고기를 잡아서 생계를 꾸려가는 일곱 형제가 있었다. 어느 날 이 형제는 모두 바다로 고기잡이를 나갔는데 그날 따라 좀 멀리 나가서 작업을 했다. 그런데 갑자기 바다에 진한 안개가 끼면서 거센 풍랑이 일자 우선 가까운 섬에 대피하게 되었고, 그곳은 제주도에서도 멀리 떨어진 외눈박이 섬이라는 곳이었다.

섬에 이른 일곱 형제는 두리번거리면서 인가를 찾아 요기라도 해야겠다고 생각하며 길을 따라 갔다. 섬의 한 구석에서 희미하게 빛나는 불빛이 보여 다가가, "주인장 계십니까?" 하고 물었다. 그러자 문이 열리더니 무섭게 생긴 노파가 얼굴을 빠끔히 내밀고 형제들을 찬찬히 훑어보았다.

"풍랑을 피하기 위해 이곳에 도착했는데 하룻밤 묵어갈 수 있습니까?"

이 말은 들은 노파는 유하도록 하고 작은방으로 안내하였다.

저녁 밥상을 받고 형들은 맛있게 식사를 하는데 국맛이 이상하다고 생각한 막내는 먹는 시늉만 하였다. 지친 몸에 배가 부르도록 요기를 하고 나니 스르르 잠이 와 모두들 잠에 빠졌지만 막내는 분위기가 이상하다고 여겨 잠든 척하고 바깥 동정을 살폈다.

한참 후에 밖에서 두런두런 하는 소리가 들렸다.

"여보, 하루방. 오늘 내가 좋은 식사거리를 잡아 놨다우."

"잘했네. 모처럼 할망 덕택에 기름진 음식을 먹어보게 됐군."

"지금 이들이 잠에 골아 떨어져 세상 모르고 자고 있으니 아침이 되면 잡아먹도록 합시다. 힛힛."

이들은 바로 식인종이었던 것이다. 이 사실을 안 막내는 다급하게, "형님, 큰일났소. 어서 일어나 도망가야 해요." 하고 형을 마구 깨웠다.

"웬 호들갑이야, 졸려 죽겠는데."

"이곳은 식인마을이에요. 서둘지 않으면 우리는 모두 죽게 돼요."

그들은 집안의 동태를 살피고 소리 없이 집밖으로 도망쳐 나오는데 성공했다. 칠흑 같은 어둠 속을 넘어지고, 또 넘어지며 정신없이 도망쳐 나온 지 얼마나 됐을까? 기진맥진한 형제들은 어두컴컴한 길가에 웬 백발노인이 앉아 있는 것을 보았다.

"사람이다. 살았구나. 할아버지에게 도움을 청하자." 하고 노인에게 사정 얘기를 하였다. 그러자 노인이 대답했다.

"내가 그대들을 도울 테니 꼭 내 말대로 하라. 집에 도착할 때까지 절대로 뒤를 돌아보거나 말을 해서는 안 된다. 이것을 지키지 않으면 다시 이곳으로 되돌아오게 된다는 점을 명심하라."

"어르신, 감사합니다. 이 은혜 죽어도 잊지 않겠습니다."

그들은 노인의 도움으로 배를 타고 보목리 앞에 당도하게 되었다. 죽음의 문턱에서 살아났다는 긴장이 일시에 풀리는지 큰형이, "이제는 살았구나." 하고 말을 하고 말았다. 그 순간 그들은 다시 그 섬에 다시 와 있었다.

놀란 이들은 다시 그 노인을 붙잡고 하소연을 하니, 노인은 그들을 배에 태워 무사히 그들의 집으로 돌아오게 해주었다. 그래서 그들은 그 노인의 은혜에 보답하려고 그 노인을 절 오름 아래에 당집을 지어 모셨다. 그 후 그 당에 모신 노인은 이 마을을 지켜주는 신으로 마을사람들에게 숭앙 받는다고 한다.

● 괴물이 살았던 명알이소 (明謁伊沼)

남제주군 안덕면 화순리

화순리 안덕계곡 하류인 황개천 위쪽에 있는 명알이소는 여름철이면 주민들이 수영장으로 이용하기도 하는데, 옛날 이 소에 문어과라고만 알려진 정체불명의 괴물인 '명알'이 살았다고 한다. 그런데 밀물 때면 인근 임야지에 방목중인 소를 잡아먹기 때문에 사람들은 이곳을 몹시 두려워했다.

이를 보다 못한 구운문(具雲文)이라는 장사가 이 괴물을 처치하기로 마음먹고 큰칼을 품고 연못 가까이 갔다. 사람의 인기척이 나자 괴물은 발 여덟 개를 물 밖으로 내밀고 더듬었다. 구 장사는 큰칼을 휘둘러 한 번에 한 발씩 잘라 버렸다. 괴로워하던 괴물이 머리를 물 밖으로 내밀자 칼로 후려쳐서 머리를 모두 잘라 죽였다.

이 괴물이 죽고 난 후부터는 소나 마을사람들이 안심하고 이 연못을 이용하게 되었다고 한다.

대정읍

● 가파도, 까마귀바위와 바람바위

남제주군 대정읍

기암괴석의 돌 조각 전시장으로 유명한 가파도는 토대가 암반으로 이루어져 있어 마치 돌 조각 전시장을 연상케 한다. 또 검은 조약돌이 널려 있는 조약돌 해안은 경관 중의 경관이다.

낚시하기에도 최고의 장소인 가파도의 상동항 오른편에는 할망당이 자리잡고 있다.

한 해 동안 바다의 풍랑을 잠재우고 고기잡이가 잘 되도록 마을 사람들이 이곳에서 제사를 지내고 있다. 할망당은 상동항에서 3분 거리이다. 근처에 민박집과 가게가 없으므로 물을 가지고 가는 것이 좋다.

하동 포구 바닷가에 있는 이 돌은 모양이 까마귀 모양을 하고 있어서 붙여진 이름이다.

이 바위는 태풍을 일으키는 바위라 하여 주민들은 매우 신성시하며 함부로 만지거나 위에 올라서지 않는데, 만에 하나 그렇게 하면 가차없이 태풍이 몰아친다고 한다. 이 섬을 찾는 여행객들은 이 점을 명심해야 할 것이다.

교통 안내

제주도의 모슬포 항에서 배편이 있다. 모슬포→가파도(가파도→모슬포) 08 : 30, 13 : 00(09 : 00, 13 : 30) 1일 2회 왕복, (30분 소요)

한경면

●차귀도 오백장군 바위

북제주군 한경면 고산리

차귀도는 제주도의 많고 많은 섬 중에서도 빼어난 절경을 자랑하는 섬이다. 섬에 안기는 듯한 단애의 비경이 푸른 물결과 희롱하듯 교태와 위엄을 두르고 있고 평평한 들판과 주변에 있는 와섬과 지실이섬를 거느리고 있는 기암 등의 절경이 눈부시게 펼쳐진다. 그러나 차귀도가 가장 아름다울 때는 해질 무렵, 불타는 듯한 노을이 바다를 태우듯 물들일 때다.

이 차귀도는 일명 죽도라고도 불리는데 장군석이 위풍 당당히 솟아 있는 것도 볼 만하다.

차귀섬의 오백 장군석은 대정읍의 바굼지오름(簞山)에서 환히 보인다. 어느 해였던가, 어떤 지관(地官)이 바굼지오름에서 묏자리를 보게 되었다. 지관은 정자리를 하나 고르고는 "이 묏자리는 좋긴 한데 차귀섬의 오백장군이 보이는 게 하나 흠이다."라고 했다.

이 말을 들은 상제는 "묏자리만 좋으면 그것쯤 없애는 것은 어렵지 않습니다." 하고 차귀섬으로 건너갔다. 그래서 곧 도끼로 그 바위를 찍기 시작했으나 워낙 큰 바위라 없앨 수가 없었다. 그래서 차귀섬의 오백장군석에는 도끼로 찍어 턱이 진 자국이 지금도 남아 있다는 것이다.

교통 안내

제주시에서 해안 일주 도로를 타고 고산리까지 시외버스로 1시간 정도이며, 차귀도를 갈 수 있는 포구인 자구 내까지는 15분 정도를 더 걸어 들어간다. 여기서 뱃길로 10분 정도 들어가면 된다.

안덕면

●산방굴사, 한계 요정 산방덕의 눈물

남재주군 안덕면 사계리

화순항 서쪽에 온통 절벽으로 이루어진 산방산 중턱에 영주 12경 가운데 하나인 산방굴사가 있다. 산방산의 서남쪽 중턱 절벽에 길이 10m, 너비와 높이가 각각 5m 되는 굴이 있는데 이 동굴은 고려의 혜일법사가 법도량으로 썼던 곳이며 그는 이곳에서 입적했다.

굴 안의 법당에서는 스님이 불경을 외우고 있고 천장 한복판에서는 수정같이 맑은 물방울이 사시사철 눈물처럼 떨어져 고인 물을 이곳을 찾아오는 관광객들이 반드시 한 모금씩 마신다.

이 물에 얽힌 슬프고도 신비한 전설이 있다.

옛날 산방산 아래 마을 화순리에 천민의 신분인 고성목이라는 사람이 화순리의 큰터라는 곳에 살면서부터 일약 큰 부자가 되었다. 화순리에 살고 있던 미모가 뛰어난 산방덕이란 여인을 아내로 맞이하여 행복하게 살고 있었는데 항상 고성목의 아내의 미모에 눈독을 들이고 있던 원님의 모략으로 남편을 가두어 버리고 날마다 여인네를 희롱하려고 치근댔다.

산방덕은 세상의 욕심과 추함을 한탄하며 산방굴로 들어가 자취를 감춰 버렸는데 본시 산방덕은 천계의 요정으로 인간 세상에 나와 인간으로 화하여 살고자 했던 것이다. 지금도 산방굴 천장에서 떨어지는 물방물은 그때 산방덕의 영혼이 남편을 그리며 슬피 우는 눈물이라고 전해진다.

표선면

● 물이 거슬러올라가는 노단새미와 거슨새미

표선면 토산 1리

웃토산(토산 1리)과 알토산(토산 2리) 사이에 같은 구멍에서 용출한 두 개의 샘이 있다. 이 가운데 '노단새미(샘)'는 토산 1리 영천사 앞 언덕 밑에서 솟아 나오는 바닷가로 흐르는 샘물이고, 거슨새미(샘)는 길가의 잡목 숲 언덕배기에서 한라산 쪽으로 거슬러 흐르는 샘으로 유명하다. 물의 흐름이 역으로 거슬러 올라간다는 자체가 신비한 일이다. 여기에는 호종단(고종달)과 관련된 전설이 내려오고 있다.

옛날 중국에서는 제주섬에서 태어날 장수가 천하를 통일할 징조를 보이자 제주의 혈맥을 끊기 위해 호종단이라는 풍수사를 보냈다. 호종단은 종달리로 들어와 남쪽을 향하여 혈맥을 찾아내어 끊어 나갔다. 호종단이 이곳 토산으로 거의 도착할 무렵에 한 농부가 밭을 갈고 있었다. 그때 갑자기 고운 처녀가 나타나 농부에게 다급하게 사정을 하였다.

"저기 저 물을 여기 놋그릇에 떠다가 저 소길마 밑에 감춰 주세요."라고 통사정을 하자 농부는 알았다며 그렇게 해주니 순간 행기(놋그릇) 물 속으로 쏙 들어가 사라져 버렸다. 그 순간 두 샘의 물이 말라 버렸다는 것이다. 그때 호종단이 지리서를 들고 개 한 마리를 데리고 이곳에 도착하여 그 농부에게, "여기 꼬부랑낭(꼬부라진 나무) 아래 행기 물이 어디에 있소?"라고 묻자 농부는 시치미를 뚝 떼고 모른다고 했다. 이때 개가 자꾸만 소길마 밑으로 파고들려고 하자 농부는 버럭 화를 내며, "이 개가 내가 먹을 점심을 탐하다니." 하고 지팡이로 개를 쫓아냈다.

호종단은 고개를 갸웃거리며 근처를 샅샅이 뒤졌으나 끝내 발견하지 못하고 떠나 버렸다. 놋그릇 물에서 나온 여자는 농부에게 고맙다고 하고 사라졌는데 이 여인이 바로 수신이었던 것이다. 그래서 종달리(구좌)에서 표선 토산리에 이르기까지 호종단이 혈맥을 자른 곳에서는 샘이 모두 말라 버렸으나 토산의 이 두 개의 샘은 지금도 물이 펑펑 솟아 나온다.

교통 안내

토산초등학교 간판이 보이는 곳에서 500m쯤 직진하면 영천사 입구가 보인다. 영천사로 들어가면 거슨새미가 있고 조금 더 가면 노단새미가 있다.

성산읍

● 조용하고 아늑한 섭지코지

성산읍 신양리

코지는 곶을 의미하는 제주 방언이다. 신양리 마을에서 신양 해수욕장을 지나 1.5km 정도 들어가면 언덕에 돌로 쌓은 정사각형의 봉화대가 있는데 이곳 일대를 '섭지코지' 라 한다. TV드라마 '여명의 눈동자' 를 촬영한 곳이기도 한 이곳은 아직은 잘 알려지지 않았지만, 바다가 삼면으로 둘러싸인 아주 조용하고 아늑한 곳이다.

섭지코지는 봉화대와 삼성혈에서 나온 삼신인과 혼례를 올린 세 여인이 목함을 타고 도착했다는 황금알이 있다.

교통 안내

해수욕장에서 성산 일출봉까지는 승용차로 5분, 섭지코지는 3분, 혼인지는 10분 정도 소요된다. 고성에서 신양까지 마을버스 이용 1시간마다 운행, 6분 소요. 고성에서 3Km 정도, 도보로 20~30분 소요.

● 삼신인이 결혼식을 올린 혼인지

성산읍 은평리

성산읍 온평리에서 한라산 쪽으로 500m 올라가면 혼인지라는 연못이 있다.

삼성혈에서 나온 삼신인이 목함을 타고 지금의 온평리 바닷가에 나타나 짝을 맺게 되는데, 그들이 합동 결혼식을 올렸다는 작은 연못이다.

혼인지 바로 옆에는 삼신인이 혼례를 올린 후 신방을 차렸던 조그만 굴이 있는데 그 굴이 세 갈래로 되어 있어 전설의 신빙성

을 더해주고 있다.

그때 세 공주가 담겨 있었다는 나무 상자가 발견된 해안은 황루알이라 불리는데, 여기에는 세 공주가 암반을 디딘 발자국이 뚜렷이 남아 있다.

교통 안내

제주시에서 동회선 시외버스로 온평리까지 1시간 20분, 일주도로에서 북서쪽으로 80m. 서귀포에서 동회선 시외버스로 1시간 10여 분 소요.

●용궁으로 들어가는 입구인 용굴올레

성산읍 신천리

남해 용궁으로 들어가는 문이라는 용굴올레는 신천마장 아래 바닷길에 위치하고 있으며 이 바닷가에는 용의 머리처럼 생긴 기암괴석들이 즐비하여 용머리라고도 부른다.

용머리 해안의 용머리 바로 앞 바다 속에 일직선으로 길다랗게 뻗어 있는 골짜기가 형성되어 있는데, 뭍에서 보면 검푸른 물결이 항상 일렁인다. 이 바다는 주변의 다른 바다에 비해 수심이 매우 깊으며 물질을 극도로 기피하는 곳이기도 하다.

옛날 이곳의 윗동네에 살고 있던 송씨가 혼자서 자주 이 용굴올레에서 물질을 하였는데 어마어마하게 큰 전복이 보였다.

"이크! 이게 웬 떡이냐." 하고 그는 전복을 따려고 욕심을 내어 빗창으로 전복을 찔렀다. 그 순간 정신이 아찔해지더니 정신을 잃었다.

한참 후에 정신을 차려보니 강아지 한 마리가 나타나 꼬리를 흔들며 따라오라는 시늉을 했다. 송씨가 강아지를 따라가 보니 우악! 이건 별천지였다. 다른 세상으로 들어온 것이다.

송씨는 넋을 잃고 주변을 둘러보고 있었는데 눈부시게 아름다운 여인이 나타나, "그대는 어디서 온 사람이오?" 하고 물었다. 송씨는 "정의고을에 사는 사람인데 전복을 따려고 하다가 정신을 잃게 되었소."라고 말했다.

여인은 이곳은 남해용궁이라 세상 사람은 들어오지 못하는 곳이며 용왕이 이 사실을 알게 되면 죽음을 면치 못할 것이라며 송씨를 안내해 주었다.

여인은 송씨에게, 인간 세상에 나가고 싶으면 꼭 지켜야 할 것이 있는데 절대로 뒤를 돌아보지 말고 곧장 가야 한다고 말해 주었다.

이 말을 들은 송씨는 그렇게 하겠노라고 했다. 용궁을 벗어날 무렵 송씨는 다시 한 번 진귀한 용궁의 별천지를 보고 싶어서 뒤를 돌아보았는데 갑자기 사방이 암흑으로 변했다. 깜짝 놀라 앞을 보니 수문장이 가로막고 서서, "감히 여기가 어디라고 왔느냐?" 하면서 불호령을 내렸다. 송씨는 자초지종을 말하고 살려달라고 애원을 했다.

수문장이 가엽게 여겨 살려주겠다고 하자마자 처음 보았던 강아지가 나타나 뒤따라 나오니 '용궁올레' 까지 나오게 되었다. 이제는 살았구나 하고 기쁨에 벅차 있는데 그 순간 바닷물이 용트림하듯 거품이 일더니 용궁올레 옆에 거대한 칼날 같은 바위가 솟아올랐다. 이는 세상 사람이 남해용궁으로 다시는 들어오지 못하도록 막기 위한 경고인 셈이었다.

그 바위가 칼날이 위로 선 것과 같은 모양을 하고 있어 '칼선다리' 라 불린다.

교통 안내

서귀포→남원→표선→성산→신천리 남해상사 안으로 들어가서 해변초소 부근

참고자료 (가나다순)

강진의 설화

강화군지

거창군지

건천읍지

경주시군지

고도경주

고노 익산순례

고려지방 지명유래집

고령문화원

고성군지

고즐고을

고창군 구비문학

고흥군지

괴산군지

곡성군 문화유적

구례군 문화유적

구미시 내 고장 전통가꾸기

금산군지

김제문화

나주의 설화

남원관광

남제주군 고유지명집

남해군지

내 고장 성주

논산군지

단양군지

단양읍지

목포문화원 마파지

무안 사람들의 이야기와 노래

문경지

보은군지

봉화문화원

부안군지

북제주군 문화유적

삼국유사

상주지

서귀포시 지명유래집

서천군지

서해문집

선산군지

속초 구전설화집

승주군지

신라의 전설

신안관광

안동의 설화

양구군지

양양군지

양평군지

여천군지

연기군지

영가의 맥

영광군지

영남의 전설

영덕군지

영산태백

영암의 전설

영월군사

영일군사

영주군지

영주시 내 고장 전통

영춘면 남종리 허인

영춘면 남천리 윤수경

옥주의얼

완도의 외딴 섬들

완주군지

우리 고장 전통 영남의 전설

울릉군지

음성군지

인제군시

임실문화

장성문화

장수군지

정선군지

진안군지

창녕군지

청도군지

청도 내 고장 전통문화

청송군지

충북전설지

충주야사

태백문화

태백민속지

태백의 설화

태안군지

평창군지

함평 지명유래

합천군지

해남관광

화성군지

사진자료

강원도 삼척시 근덕면사무소 김진용
강원도 태백문화원 김강산
경북 경주시 건천읍 금척리 안병문
경북 예천읍 읍사무소
서귀포시 김순석
전남 곡성군 목사동면 사무소 이순만
전남 목포시 배인철
전남 보성군 정원재
제주관광대학 사진영상과
제주도 가파리 사무소
제주시 T/C관광

국내외 여행 가이드

여행작가와 함께 환상과 감동의 여행을 떠나 보세요!

BIC 레저기획개발원에서는 추억 만들기 테마여행과 레저 및 레크레이션 이벤트 행사,
여행에 관한 정보, 자료 등을 제공해 주고 고객이 원하는 여행을 전문가들이 직접 기획, 고품격 환상의
여행마당을 준비하고 있습니다. 차원이 다른 감동의 세계로 안내해 드릴 것입니다.

구분	테마별 기행 Program
해외여행 테마기획	**문학답사기행** – 유럽 일대 문학거장들의 체취와 발자취를 더듬는 여행 **역사탐방기행** – 업적의 역사가 숨쉬는 원시 유적지와 사적지를 찾는 여행 **오지탐험기행** – 태고의 원시와 자연이 그대로 숨쉬는 체취를 느껴보는 여행 **신비탐험기행** – 미지의 세계와 신비한 선설의 세계를 찾아 떠나는 어엥 **휴양레저기행** – 인도양과 남태평양의 원주민과 환상의 바다 물결을 볼 수 있는 여행 **해양레저기행** – 잠수함, 해저세계, 스쿠버 스킨다이빙, 윈드서핑, 씨크루저, 　　　　　　　　침몰선 탐사 등을 하는 여행 **음식별미기행** – 동서양 및 각국의 음식 별미를 맛보는 여행 **정글사파리기행** – 아프리카의 정글 탐험을 스릴로 느낄 수 있는 여행 **해상유람기행** – 초호화 유람선과 태고의 빙하세계로 떠나는 여행 **성지순례기행** – 성지의 숨결을 마음에 담는 여행
국내여행 테마기획	**답사순례기행** – 문학, 역사, 사적, 박물관, 전적지, 국토 순례 여행 **건강테마기행** – 기훈련, 극기훈련, 산악훈련, 활법, 써바이벌게임, 군입소훈련 체험 여행 **휴양레저기행** – 승마, 사냥, 사격, 온천, 탐석, 서바이벌, 스키, 온천, 탐조여행 **항공레저기행** – 패러글라이딩, 행글라이딩, 경비행기, 열기구 체험 여행 **해양레저기행** – 잠수함, 스쿠버다이빙, 스킨다이빙, 바다낚시, 리프팅, 침몰선 탐험 여행 **오지탐방기행** – 국내외 오지마을(산간지역)을 찾아 나물과 약초캐기 여행 **섬 탐방 기행** – 외딴 섬의 원시 비경과 유명 섬에서의 수영, 낚시 여행 **신비모험기행** – 무시무시하고 신비한 전설 소재지 답사 여행 **외국인과 함께 하는 문화기행** – 외국인과 친교를 나누며 회화도 배우는 문화답사 여행
레저기획	**행사 중 이벤트 시상 내용** 사진촬영대회, 장기자랑대회, 백일장대회, 산악등반 독도법대회, 낚시대회, 담력훈련대회, 요리경연대회, 수영대회, 서바이벌게임 대회
기타업무	레크레이션 기획–각 기업 단체 연수회, 교회 소풍, 수학여행, 대학생 MT, 사회단체 이벤트 대행 (여행 가이드 및 일정 기획) 테마여행 및 개별여행을 원하시는 분은 전화로 신청하십시오.

레저기획 전문컨설팅 여행마당 프로덕션

BIC 관광레저기획개발원

여행작가, 영어저술가 대표 배인철
Fax (061)277-7296 H.P 011-601-4826

앗! 이런곳도

1판 인쇄 · 2001년 7월 10일
1판 발행 · 2001년 7월 15일

지은이 · 배인철
펴낸이 · 이종천
펴낸곳 · 오늘
등록일 · 1980년 5월 8일, 제10-104호
주소 · 서울시 마포구 용강동 45-8
전화번호 · 719-2811(대)
팩스 · 712-7392

http://www.oneul.co.kr
http://www.o-neul.com
Email : oneull@netsgo.com

ISBN 89-355-0382-7 03980